Albert Eulenburg

**Die hypodermatische Injection der Arzneimittel**

Albert Eulenburg

**Die hypodermatische Injection der Arzneimittel**

ISBN/EAN: 9783744633031

Hergestellt in Europa, USA, Kanada, Australien, Japan

Cover: Foto ©berggeist007 / pixelio.de

Weitere Bücher finden Sie auf **www.hansebooks.com**

Die

# HYPODERMATISCHE INJECTION

der

# ARZNEIMITTEL.

Nach

physiologischen Versuchen und klinischen Erfahrungen

bearbeitet

von

## Dr. ALBERT EULENBURG,

Privatdocent und Assistenzarzt der chirurgischen Universitäts-Klinik
in Greifswald.

Eine

von der Hufelandschen medicinisch-chirurgischen Gesellschaft

gekrönte Preisschrift.

Mit einer lithographirten Tafel.

Berlin, 1865.

Verlag von August Hirschwald,

Unter den Linden Nr. 68.

Dem

Geheimen Medicinalrath und Professor

Herrn

# Dr. Bardeleben

in

Verehrung und Dankbarkeit

gewidmet

vom

Verfasser.

# Vorrede.

---

Noch vor kaum anderthalb Decennien konnte man nicht
ohne einen Schein von Berechtigung darüber Klage erheben, dass bei dem ungeahnten Aufschwung aller medicinischen Hülfswissenschaften die eigentliche Wissenschaft
des Helfens — die Therapie — verhältnissmässig leer
ausgegangen sei. Anhänger pessimistischer Richtungen,
an denen es bekanntlich in der Medicin nie gefehlt hat,
sprachen nicht blos von einem Stillstand, sondern von
einem Rückschritt im Vergleich zu jüngst vergangenen
Epochen. Bei dem Einsturz jeder morschen therapeutischen Ruine rügten sie, dass das neue Wohngebäude
nicht schon längst in geziemender Vollendung daneben
stehe. — Heutzutage dürften diese „laudatores temporis
acti" und „calumniatores sui temporis" kaum noch den
Beweis der Wahrheit antreten können. Abgesehen von
der Umwälzung, die sich unmerkbar, aber stetig auf allen
Gebieten der Therapie vollzog, um letztere auf die allein

rationelle Basis physiologischer und clinischer Beobachtung zu erheben, haben wir in einzelnen Specialdisci-
plinen eine Reihe der wichtigsten und bedeutungsvollsten
therapeutischen Errungenschaften zu begrüssen, wie sie
in so glänzender Originalität und so rascher Aufeinander-
folge noch kein anderes Zeitalter der Medicin producirte.
— Ueberall aber, wo wir einen wesentlichen Fortschritt
auf therapeutischem Gebiet wahrnehmen — bei den Erkrankungen der höheren Sinnesorgane, wie bei denen
der Haut, der Luftwege, bei unzähligen Muskel- und
Nervenleiden u. s. w. — überall finden wir denselben
begründet und charakterisirt durch das erst in unserer
Zeit zu vollem Bewusstsein erwachte und mit reichen
Mitteln durchgeführte Bestreben, den therapeutischen
Eingriff auf das pathologisch veränderte Organ
zu localisiren und dem ärztlichen Handeln somit ein
festes, von dem Einfluss wechselnder Systeme und Theo-
rieen unberührtes Substrat zu verschaffen.

Die Localtherapie ist der Stolz unserer medicinischen Gegenwart; in ihr beruht die Hoffnung der Zukunft.
Der Spiegel, welcher nicht nur den Blick des Arztes,
sondern auch das heilsame Medicament oder Werkzeug
in die Tiefe verborgener, scheinbar für Auge und Hand
unzugänglicher Körperhöhlen leitet — er ist das passendste Symbol der künftigen Heilkunst, der eine exacte
Diagnostik die Leuchte voranträgt, um den Feind auf

seinem eigenen Gebiete — nicht, wie bisher, auf neutralem Terrain — zu suchen und zu vernichten.

Ich habe diese Betrachtungen nicht unterdrückt, weil auch der Gegenstand dieses Buches, die hypodermatische Injection der Arzneimittel, ein Zweig von dem Baume der Localtherapie — weil gerade die örtliche Wirkung auf functionell gestörte Nerven es ist, der die subcutane Methode ihre Entstehung und ihre werthvollsten (wenn auch nicht alleinigen) Anwendungen verdankt. Ueber Ursprung und Zweck meines Buches und was sonst hier zu erwähnen ist, kann ich mich kurz fassen.

Seit längerer Zeit mit Studien über die hypodermatische Application der Arzneimittel beschäftigt, musste ich mir die Frage vorlegen, warum ein so schätzbares und durch seine Einfachheit jedem Arzte zugängliches Verfahren noch keineswegs den verdienten Grad allgemeiner Anerkennung und Verbreituug gefunden habe. Die längere Ignorirung des Verfahrens und das noch fortbestehende Misstrauen vieler Practiker gegen dasselbe schien mir hauptsächlich auf zwei Ursachen zu beruhen: einmal auf dem Mangel einer exacten physiologischen Basis, welche die Vorzüge der Injection vor anderen Applicationsweisen wissenschaftlich begründete, und auf dem ebenso fühlbaren Mangel specieller therapeutischer Indicationen für die hypodermatische Anwendung der ein-

zelnen Medicamente. Die erstere, die physiologische Seite
des Verfahrens wurde von den Autoren entweder nur
nebenher oder gar nicht beachtet, indem man gewisse
Vorzüge desselben als selbstverständlich annahm oder
aus zweideutigen therapeutischen Resultaten allein fol-
gerte, ohne nach stricten Beweisen dafür zu suchen.
Aber auch präcise therapeutische Indicationen liessen
sich aus den verhältnissmässig spärlichen Erfahrungen
der einzelnen Autoren nicht ableiten; und eine das vorhandene Material zusammenfassende und theilweise er-
gänzende Arbeit war nicht vorhanden. —

Unter diesen Umständen gewährte mir die von der
Hufeland'schen Gesellschaft im Jahre 1863 gestellte
Preisaufgabe: „Wirkungsweise und therapeutische
Anwendung der hypodermatischen Injectionen,
begründet durch physiologische Versuche und
klinische Erfahrungen" eine willkommene Anregung,
den Kreis meiner Untersuchungen, soweit es Zeit und
Gelegenheit erlaubten, über die ursprünglich gesteckten
Grenzen hinaus zu erweitern.

So entstand die vorliegende Arbeit; sie hat sich des
Beifalls derer zu erfreuen gehabt, für deren Beurtheilung
sie zunächst bestimmt war. In wiefern durch dieselbe
eine Zusammenfassung der bisherigen Leistungen und
eine Ausfüllung der vorhandenen Lücken, wie ich sie
erstrebte, auch wirklich erreicht ist — darüber mögen

diejenigen entscheiden, welche dem Gegenstande, um den
es sich handelt, ein practisches und theoretisches Interesse zuwenden. Hier mögen indessen noch einige, die
Art der Bearbeitung selbst betreffende Bemerkungen Platz
finden.

Der weitaus überwiegende Theil der therapeutischen
Beobachtungen und die Mehrzahl der Krankengeschichten
sind von clinisch behandelten Patienten entnommen. Der
Rest vertheilt sich auf Kranke, die sich entweder in ambu-
latorischer (policlinischer) oder in Privatbehandlung be-
fanden. Natürlich gewähren die der ersten Categorie an-
gehörigen Fälle wegen der andauernden Controlle eine
viel reinere und zuverlässigere Beobachtung, und ich
glaubte daher auch auf diese ein vorzugsweises Gewicht
legen zu müssen.

Was die Krankengeschichten betrifft, so ging ich
hier von der Ansicht aus, dass eine detaillirte Beschrei-
bung der einzelnen Fälle nur da am Platze sei, wo die
Wirkung der Injectionen gerade durch die individuellen
Verhältnisse eine besondere Modificirung und Färbung
erhielt. Wo dieselbe dagegen über einen gewissen stereo-
typen Charakter nicht hinausging und der Verlauf in Hinblick auf das Thema kein wesentliches Interesse darbot,
habe ich in der Regel gar keine Krankengeschichten an-
geführt, und nur über Zahl und Charakter der behandelten
Fälle summarisch berichtet.

Die einschlägige Literatur wurde mit möglichster
Vollständigkeit benutzt; einzelne (namentlich in älteren
Jahrgängen ausländischer Journale veröffentlichte) Abhandlungen waren mir leider im Original nicht zugänglich, und
konnte ich über dieselben daher nur nach Auszügen und
Jahresberichten referiren. Der etwas verzögerte Druck
des Werkes machte, um neuere fremde und eigene Beobachtungen noch einzuschalten, eine Reihe von Nachträgen
erforderlich, die dem Texte angehängt sind.

In dem ganzen Gange und in den Ergebnissen meiner
Untersuchungen glaube ich wenigstens der Klippe einer
einseitig sanguinischen Auffassung, einer sich leicht auf-
drängenden Parteinahme für den Gegenstand dieser Arbeit
durchaus fern geblieben zu sein. Namentlich habe ich
mich bemüht, die therapeutischen Erfolge auf das Nüch-
ternste zu beurtheilen, und lieber in den Verdacht zu
weit gehender Skepsis zu gerathen, als ein durch Neuheit
bestechendes Verfahren mit dem halb unerträglichen, halb
komischen Fanatismus mancher zeitgenössischen Autoren
zu glorificiren.

Berlin, den 15. Januar 1865.

**Dr. Albert Eulenburg.**

# Inhalts-Verzeichniss.

---

# Allgemeiner Theil.

# Erstes Kapitel.

## Historischer Ueberblick.

Unter hypodermatischer oder subcutaner Injection versteht man die Einspritzung medicamentöser Flüssigkeiten in das Unterhautzellgewebe des Körpers.

Das Wort „subcutan" wird hier nicht allein in dem Sinne gebraucht, in welchem man von subcutanen Verletzungen, Operationen u. s. w. redet, sondern es ist dabei zugleich und vorzugsweise das Terrain der Einspritzung in's Auge gefasst. Demnach sind alle Injectionen medicamentöser Flüssigkeiten, die nicht in das Unterhautzellgewebe, sondern in geschlossene, von serösen Membranen ausgekleidete Körperhöhlen, in Theile des Gefässystems, neugebildete Gewebsräume u. s. w. stattfinden, von unserer Betrachtung vollständig ausgeschlossen.

Die hypodermatische Injection ist ein neues, erst seit einem Decennium geübtes Verfahren; jedoch lehnt sich dasselbe an gewisse ältere, sogenannte örtliche Methoden der Arznei-Application so eng an und verläuft mit ihnen in einer solchen historischen Continuität, dass wir seine Geschichte nur im Zusammenhang mit diesen älteren Methoden auffassen und darstellen können. Da letztere, wenigstens zum Theil, noch heut in der Medicin Geltung beanspruchen, werden wir sie später auch ihrem Werthe nach mit der hypodermatischen Injection in Parallele zu stellen haben.

Alle die hier zusammenzufassenden Methoden haben das Gemeinschaftliche, dass bei ihnen das Hautorgan als Applicationsstätte für Arzneimittel benutzt wird. Wesentlich die Tiefe der zur unmittelbaren Aufnahme des Arzneikörpers dienenden Hautschicht, ihre grössere oder geringere Entfernung von der Oberfläche, constituiren den Unterschied und bestimmen die relativen Vorzüge der einzelnen Methoden. Da wir nun am

1 *

Hautorgan von aussen nach innen drei Lagen oder Schichten
unterscheiden — die Epidermis, die eigentliche Cutis (δέρμα)
und das subcutane Zellgewebe —, so ergeben sich hieraus von
selbst als Hauptmethoden die epidermatische, die endermatische und die hypodermatische. Jede derselben lässt
freilich in der Ausführung Modificationen zu, welche die Zahl
der hierhergehörigen Verfahren erheblich vergrössern.

### 1. Epidermatische Methode.

Die Arzneimittel werden mit der unverletzten
und normalen Oberhaut in Berührung gebracht. Eine
Applicationsform, die wohl so alt ist, wie die Medicin selbst.
Die Bäder, Fomentationen, Cataplasmen, Salben, Linimente
u. s. w. gehören hierher, und geben Zeugniss, dass man diese
Methode ebenso oft zu rein örtlichen Zwecken, als zu Wirkungen auf den Gesammt-Organismus in Gebrauch zog. In neuerer
Zeit unterschied man, je nachdem die Mittel einfach mit der
Körperoberfläche in Contact gebracht oder auf derselben verrie-
ben wurden, ein epidermisches und ein iatraleptisches
oder anatripsologisches Verfahren. An der Resorption durch
die unverletzte äussere Haut zweifelte man wenigstens im Anfange dieses Jahrhunderts noch nicht. Chrestien und Brera
gründeten darauf das Verfahren, pulverige Substanzen, deren
Resorption beabsichtigt wurde, mit organischen Säften (Speichel,
Galle, Magen- oder Pancreassaft) gemischt einzureiben, in der
Idee, sie auf diese Weise gewissermassen schon verdaut, dem
Organismus zuzuführen. (Cispuoische Methode.) Forget
empfahl besonders das Einreiben in die dünnwandige Achselhöhle. (Maschaliatrie.) Endlich wollten Klencke und
Hassenstein den constanten electrischen Strom zu Hülfe nehmen, um mittelst desselben Arzneistoffe jeder Art von der äusseren Haut in den Körper oder einen bestimmten Körpertheil
zu übertragen. (Galvanische Application, oder chemisch-
electrische Heilmethode.)

Alle diese Bestrebungen mussten, soweit es sich dabei um
eine Resorption der äusserlich applicirten Arzneimittel handelte,
sehr an Credit verlieren, seitdem die exacten Untersuchungen
neuerer Physiologen und Chemiker die Existenz eines solchen

Vorganges, die Möglichkeit einer Resorption und Diffusion bei
unverletzter, nicht aufgequollener oder chemisch veränderter Epidermis mehr und mehr problematisch gemacht haben. Es ist
hier nicht der Ort, auf diese noch immer von Zeit zu Zeit (namentlich in den Schriften der Badeärzte) neu auftauchende
Streitfrage näher einzugehen; nur soviel sei bemerkt, dass gerade
die mit den grössten Cautelen angestellten Versuche von Kráuse
und Braune — letztere besonders über Jodresorption — für
die Aufnahme flüssiger, selbst flüchtiger Stoffe durch die Haut
höchst ungünstig ausfielen.

Wenn die therapeutische Empirie scheinbar dann und wann
zu anderen Ergebnissen führt, so müssen in jedem derartigen
Falle die Bedingungen und Wirkungen noch sorgfältiger erwo-
gen, die Möglichkeiten einer chemischen Alteration der Epidermis oder einer Absorption von den Mund- und Respirations-
schleimhäuten aus vollständig widerlegt werden. Jedenfalls wird
dadurch das Gewicht feststehender physiologischer Thatsachen
nicht erschüttert, und der bedenkliche Zweifel an dem Werthe
der Methode im Allgemeinen, selbst von gewissen abenteuerlichen
Auswüchsen abgesehen, um nichts vermindert.

### 2. Endermatische Methode. *)

Die Arzneimittel werden mit der gefässhaltigen
und daher resorptionsfähigen Cutis in directe Berührung gebracht. Am einfachsten geschieht dies, indem zufällig vorhandene Substanzverluste der Haut, Wunden, Geschwüre,
Fistelgänge u. s. w. als Applicationsstätten benutzt werden. Allein diese existiren nicht überall, und die Cutis ist an solchen
Stellen keine normale mehr. Man könnte daher eine oberflächliche Hautwunde künstlich durch einen kleinen Schnitt bilden
und in der Tiefe derselben das Arzneimittel deponiren, wie dies
zu experimentellen Zwecken an Thieren häufig geschehen ist.
Der gewöhnlichen Ansicht gemäss hält man es jedoch für minder grausam und in der Praxis beim Menschen empfehlenswer-

---

*) Von Einigen auch als „subdermale" bezeichnet. Abgesehen davon,
dass subdermal eine Vox hybrida, ist der Ausdruck schon wegen seiner offen-
baren Identität mit „subcutan" oder „hypodermatisch" für die ältere Methode
nicht passend.

ther, die Epidermis in mehr oder weniger grosser Ausdehnung durch ein Blasenpflaster abzuheben und das Mittel auf die so entblösste (jedenfalls vorher in Entzündung versetzte) Fläche der Cutis zu appliciren. Dies von Lembert und Lesieur (1823) eingeführte Verfahren trägt vorzugsweise den Namen des endermatischen oder auch des emplastroendermatischen. Nachdem Piorry und Andere dasselbe, namentlich bei Neuralgieen, empfohlen, haben sich Hofmann, Schubert, Ahrensen, Richter specieller damit beschäftigt, und Trousseau hat (1848) über die Resorption der so applicirten Substanzen Versuche angestellt. In der Praxis hat sich das Verfahren fast ausschliesslich bei Neuralgieen Eingang verschafft; man applicirte hier narcotische Alcaloide, namentlich Morphium, während die Anwendung anderer Mittel, wie des Chinins oder excitirender Substanzen (Moschus, Campher), in dieser Form eine sehr vereinzelte blieb. Das Medicament wurde entweder als Pulver auf die entblösste Cutis gestreut, oder in Salbenform eingerieben. — Broca wollte Naevi und cirsoide Aneurysmen durch das endermatische Verfahren heilen, indem er die Vesicatorfläche mit Liq. ferri sesquichl. (in einer bestimmten Verdünnung) bedeckte: ein Verfahren, das, soviel mir bekannt, wenig Nachahmung gefunden. —

In seltenen Fällen hat man statt der Vesicantien auch den Major'schen heissen Hammer benutzt; so noch neuerdings Demme für die Application von Woorara bei Tetanus. — Auch das Durchziehen kleiner, mit Morphiumlösung getränkter Setons durch eine Hautfalte ist als Modification des endermatischen Verfahrens in Vorschlag gebracht worden.

### 3. Inoculation.

Auf der Gränze zwischen endermatischer und hypodermatischer Methode steht die Inoculation. die Ueberführung der Arzneimittel durch Impfung — da hierbei je nach der (absichtlich oder unabsichtlich) verschiedenen Tiefe des Impfstichs das Medicament bald in oberflächliche, bald in tiefere Schichten der Cutis, oder in das subcutane Zellgewebe gelangt. Auch dieses Verfahrens haben sich die Physiologen schon seit längerer Zeit bedient, z. B. Fontana (bei seinen Versuchen mit Viperngift) vor fast hundert Jahren; dagegen ist seine Anwendung in der Therapie, abgesehen von der Vaccination, durchaus neu. Der Erfinder der Inoculationsmethode ist Lafargue, dessen erste Versuche seit 1836 datiren. Seine Bestrebungen sind in Deutschland verhältnissmässig wenig bekannt und gewürdigt, auch in Lehrbüchern nur beiläufig berührt, so dass eine etwas ausführlichere Wiedergabe derselben am Platze sein dürfte.

Das ursprüngliche Verfahren von Lafargue ist folgendes: Man macht aus dem Medicament (in Pulverform) durch etwas Wasserzusatz eine Masse von Pomadenconsistenz, taucht das Instrument (eine gewöhnliche Impf- oder Haferkornlancette) ein, und macht damit an der durch den Schmerz oder den Verlauf des Nerven etc. vorgeschriebenen Stelle 5, 10, 20 und mehr Stiche dicht neben einander, bis die vorher abgemessene Dosis vollständig geimpft ist.

Später gab Lafargue ein zweites, complicirteres Verfahren an, welches er „inoculation hypodermique par enchevillement" nannte. Das Wesentliche dabei ist, dass das einzuführende Medicament (Morphium, Atrop. sulf., Veratr. nitr.) die Form kleiner, solider Cylinder erhält, welche wegen ihrer Härte und Festigkeit die Bezeichnung von Pflöcken (chevilles) verdienen, dabei aber sehr löslich und von kleinerem Caliber sein müssen, als die gleich zu erwähnenden Nadeln. Es werden z. B. 1—2 Theile (Ctgrmm.) einer dicken Schleimlösung, Gummi arab. und Aq. dest. ana, mit 5 Theilen Atrop. sulf. und 4 Theilen Zucker vermischt; die Masse, von Pillenconsistenz, zu einem schmalen, 12 Ctm. langen Cylinder ausgerollt, dieser in kleine Stücke von je 50 Mm. Länge zertheilt und getrocknet. Man bekommt also 25 Cylinder, die je 2 Mgrmm. Atrop. sulf. enthalten; die Dosirung ist somit eine hinreichend genaue. —

Zur Ausführung des Impfstichs gebrauchte Lafargue anfangs eine Art Scarificateur, später kleine Stahlnadeln mit Troikart- oder besser mit Lanzenspitze. Diese werden, wie eine Impflanzette, schräg zur Haut aufgesetzt, 60—70 Mm. tief eingestossen, zurückgezogen, und nun sogleich mit Hülfe der Finger ein solcher „cylindre médicamenteux" in die Wunde geführt, um daselbst seiner allmäligen Auflösung unter dem Einfluss der Gewebsflüssigkeit und der animalischen Wärme entgegenzugehen.

Wenn bei sehr contractiler Haut die kleine Stichwunde nicht
hinreichend klafft, soll man zuerst die Oeffnung derselben mit
einer feinen Canüle dilatiren, deren unteres Ende eine Art Nische
zur Aufnahme des Cylinders besitzt. Während man mit der
rechten Hand die Canüle fixirt, schiebt man mit Daumen und
Zeigefinger der linken die Nadel in die Canüle und drängt so
den Cylinder in dem subcutanen Wundcanal abwärts. —
Lafargue (Arzt in St. Emilion, woraus bei Schöman
irrthümlich ein „St. Emilion" als Miterfinder der Inoculations-,
methode geworden ist) gab von seinem Verfahren der pariser
Academie Kenntniss, in deren Auftrage Martin-Solon einen
sehr günstig lautenden Bericht abstattete. Er selbst rühmt dasselbe vorzugsweise bei Neuralgieen und Rheumatismen. In ähnlicher Weise empfahlen es Valleix, Rynd, Cazenave, Mal-
gaigne und Hayem. — In Deutschland wurde die Inoculation
besonders von M. Langenbeck befürwortet, dessen Verfahren
im Allgemeinen mit dem älteren Lafargue'schen übereinstimmt;
nur bedient er sich einer löffelförmig gestalteten Impfnadel, an
welcher, um das Abgleiten des Medicaments zu verhindern, ein
das Löffelchen schliessendes Deckblättchen angebracht ist. Er
impfte u. A. mit Vortheil bei Neuralgieen eine Mischung aus
Moschus und Campher, Ol. amygd. und Ung. tart. stib., und
bewirkte bei veralteten Hautleiden (Lepra vulgaris, Mentagra)
Heilung durch Einimpfen frischer Vaccine in die erkrankten
Hautstellen. Hieran schliessen sich die vorzüglich von Sperino
und Boekh gepriesenen Erfolge der Syphilisation, die als eine
besondere Anwendung der Inoculation zu betrachten ist; ferner
das Impfen von Vaccine, von Crotonöl (Ure) und von Tartarus
stibiatus (Dubreuil) bei erectilen Geschwülsten.

#### 4. Hypodermatische Methode.

Die Arzneimittel werden unter die Cutis, in die
Räume des subcutanen Zellgewebes gebracht. Obwohl
dieser Zweck sich, wie schon angegeben, durch Impfung und
natürlich auch durch eine die Haut trennende Incision erreichen
lässt, so entspricht demselben doch als das weitaus sicherste,
bequemste und zugleich schonendste Verfahren, welches alle anderen überflüssig macht, die Injection, die wir daher als sub-

cutane oder hypodermatische Methode κατ' ἰξοχήν bezeichnen dürfen.

Die hypodermatische Injection wurde seit 1853 von Alexander Wood in Edinburg angewandt; die erste Notiz darüber erschien 1855. Wood kam bei dem Gebrauche einer kleinen Fergusson'schen Spritze zur Injection von Liq. ferri sesquichl. in einem Falle von Naevus auf den Gedanken, mittelst desselben Instruments bei Neuralgieen eine narcotische Flüssigkeit (Lösungen von meconsaurem Morphium, Tinct. Opii acet. u. s. w.) in das Zellgewebe in der nächsten Umgebung des kranken Nerven einzuspritzen, um so ausser der allgemeinen, vielleicht noch eine directe (örtliche) Wirkung zu erzielen. Diese Voraussetzung fand durch eine Reihe glücklicher Erfolge bei Prosopalgie, bei Neuralgia intercostalis und Ischias Bestätigung. B. Bell, der Wood's Verfahren zuerst nachahmte, benutzte ausser den Opium-Präparaten bei Neuralgieen auch Atropin, und machte dabei die Wahrnehmung, dass die vom Atropin herrührenden Vergiftungssymptome durch nachträgliche Morphium-Injection schwanden. Oliver und Rynd injicirten nur Morphium bei Neuralgieen (Prosopalgie, Ischias), wogegen Hunter ausser den schon erwähnten Mitteln auch Tinct. Cannabis ind., Tinct. Aconoti und Chloroform subcutan anwandte. Aus zahlreichen Versuchen an Menschen und Thieren schloss er, dass diese Substanzen bei der Injection nicht nur rascher und energischer wirkten, als vom Magen aus, sondern auch unter Verhältnissen, wo auf eine Wirkung bei innerem Gebrauche überhaupt nicht zu rechnen sei. Er hielt die hypodermatische Application bei narcotischen und sedativen Mitteln für besonders zweckmässig, betrachtete übrigens den Ort der Einspritzung (auch bei Neuralgieen) als gleichgiltig, und meinte, dass man denselben öfters wechseln müsse, um übeln localen Folgen vorzubeugen.

In Frankreich fand das Verfahren durch Béhier, Arzt am hôp. Beaujon, Eingang, der seine Versuche in einer an die Pariser Academie gerichteten Mittheilung (1859) bekannt machte. Er behandelte in dieser Weise 60 Kranke, und zwar 53 (meist neuralgische Affectionen oder Rheumatismen) mit Atropin — darunter 3: mit radicalem Erfolge; die übrigen (Lähmungen verschiedener Art) mit Strychnin. Auch er kommt zu dem

Resultate, die subcutanen Injectionen wirkten viel schneller und sicherer, als jede andere Application der Arzneimittel, selbst die endermatische, und empfiehlt sie daher nicht nur bei Neuralgien und Paralysen, sondern überhaupt, wo eine möglichst rasche und kräftige Totalwirkung des Mittels wünschenswerth ist. Weitere Versuche von Becquerel (in 21 Fällen), von Hérard und namentlich von Courty illustrirten besonders die günstige Wirkung der Morphium- und Atropin-Injectionen bei Neuralgieen durch zahlreiche Belege. Ebenso fielen auch die im kopenhagener Krankenhause und die von der Amer. med. association vorgenommenen Versuche entschieden zu Gunsten des Verfahrens aus, und verschafften demselben bald weitere Verbreitung. — In Deutschland gab zuerst A. v. Franque (1860) eine kurze Mittheilung über die Wood'sche Methode und über 45 damit behandelte Fälle verschiedener (meist neuralgischer) Affectionen. Eine eingehendere Arbeit erschien 1861 von Semeleder, der bei einer grossen Anzahl klinischer, meist chirurgischer Patienten die Injectionen von Morphium der inneren Anwendung dieses Mittels substituirte, und sich ihrer sowohl zur Hervorrufung allgemeiner Narcose, als zur örtlichen Schmerzstillung bei neuralgischen, entzündlichen oder überhaupt mit Schmerz verbundenen Affectionen, und endlich zur localen Anästhesirung bei kleinen operativen Acten (Cauterisation u. dgl.) mit Vortheil bediente. Weitere Mittheilungen über die therapeutische Anwendung von Morphium- und Atropin-Injectionen veröffentlichten bald darauf Scholz, Jarotzky und Zülzer, Hermann, O. von Franque, Südeckum, die im Einzelnen manchen schätzbaren Beitrag lieferten, ohne jedoch etwas wesentlich Neues hinzuzufügen; und Gleiches gilt von zahlreichen casuistischen Mittheilungen der letzten Zeit, die hier nicht speciell aufgeführt werden können. Als hervorragend sind dagegen zwei Arbeiten v. Graefe's zu erwähnen, die nicht nur über den physiologischen Antagonismus von Morphium und Atropin höchst lichtvolle Aufschlüsse gaben, sondern auch zum ersten Male die speciellen Indicationen des Verfahrens, wenn auch nur auf dem Gebiete der Augenheilkunde und nur für ein Mittel (das Morphium), klar und erschöpfend präcisirten. —

Aus der anfangs fast ausschliesslichen Benutzung bei Neuralgieen und schmerzhaften Localaffectionen war das neue Verfahren allmälig herausgetreten, und namentlich hatte sich der subcutanen Anwendung der Narcotica auch bei Motilitätsneurosen ein ergiebiges Terrain dargeboten. So wurde bei Tetanus das Atropin von Benoit, Fournier, Dupuy, Crane, St. Cyr, Deneffe — besonders aber das Woorara von Cornaz, Follin, Gintrac, Broca, Vulpian, Langenbeck, Gherini, Schuh und Anderen angewandt und empfohlen. Ebenso wurden Atropin oder Morphium bei Epilepsie von Brown-Séquard, bei Chorea von Levick, bei Tic convulsif von Oppolzer, bei Blepharospasmen von v. Graefe, bei Eclampsie von Hermann, bei hysterischen Contracturen von Boissarie, bei Delirium tremens von Hunter, Ogle, Semeleder und Lorent subcutan injicirt.

Das Strychnin wurde ebenfalls von verschiedenen Autoren bei paralytischen Affectionen in dieser Weise applicirt; namentlich sah Courty von den Strychnin-Injectionen sehr günstige Erfolge bei Facialis-Lähmungen und Paraplegie: ferner wurden dieselben von Neudörfer und Waldenburg gegen Stimmband-Lähmungen, von Bois gegen Enucresis, von Frémineau gegen Amaurose, von Wood, Foucher und Dolbeau gegen Mastdarmvorfall in Anwendung gezogen. —

Die subcutane Injection des Chinins wurde von Chasseaud (in Smyrna) empfohlen, der dieselbe in 150 Fällen von Intermittens, wo der innere Gebrauch durch gastrische Störungen contraindicirt war, mit dem besten Erfolg vornahm. Nachgeahmt wurde dieses Verfahren von Goudas, M'Craith und Moore, welche seine Wirksamkeit bestätigten und speciell hervorhoben, dass man mittelst dieser Methode nicht nur den bevorstehenden Fieberanfall unterdrücken, sondern auch den bereits eingetretenen Anfall (selbst bei perniciöser Intermittens) sicher coupiren könne. —

Neuerdings wurden die hypodermatischen Injectionen noch zu verschiedenen, wesentlich chirurgischen Zwecken mehrfach verwerthet. Hierher gehört die von Nussbaum für Operationen empfohlene (auch von der soc. de méd. in Versailles durch Thierversuche bestätigte) Verlängerung der Chloroform-Anästhesie durch subcutane Injectionen von Morphium. — Luton (in Rheims) schlug vor, die Einspritzung örtlich irritirender Substanzen in thierische Gewebe zur Etablirung einer künstlichen Entzün-

dung von variabler Intensität zu benutzen, und vindicirte diesem
als „substitution parenchymateuse" bezeichneten Verfahren eine
sehr ausgedehnte Anwendung, namentlich bei tiefen Knochen-
leiden und bei Geschwülsten. Hierher lässt sich Bourguet's
Heilung einer Pseudarthrose durch Ammoniak-Injection zwischen
die Bruchenden rechnen; ferner sind die Injectionen von Morphium bei Extrauterinschwangerschaft (Friedreich), von Liq.
ferri sesquichl. bei cavernösen Geschwülsten (Wood, Richet,
Appia, Demarquay, Schuh, Pauli, Ellinger) und Goldsmith's Brom-Injectionen bei Hospitalgangrän hier zu erwähnen. —

Wie schon aus dieser kurzen Uebersicht hervorgeht, ist der
Kreis der Fälle, in denen sich das hypodermatische Verfahren
bisher anwendbar gezeigt hat, ein ziemlich umfangreicher. Jedoch ist im Voraus zu bemerken, dass ein grosser Theil der vorliegenden Beobachtungen noch ganz vereinzelt dasteht und erst
der ferneren Bewährung und Bestätigung bedarf, während andere durch die Unbestimmtheit der Mittheilung an Werth verlieren, und im Ganzen erst auf wenigen Gebieten und bei sehr
wenigen Mitteln die Vorzüge des hypodermatischen Verfahrens
definitiv festgestellt sind. Ueberhaupt machen sich auch hier
in reichstem Maasse alle die Schwierigkeiten geltend, welche
fast nie ausbleiben, wo es sich um die Beurtheilung und Verwerthung therapeutischer Erfahrungen handelt: zumal da wir
so wenig gewöhnt und oft so wenig in der Lage sind, bei Anstellung therapeutischer Versuche mit derselben Schärfe und der
Einhaltung aller Cautelen, wie beim physiologischen Experiment,
zu Werke zu gehen.

----

### Literatur.

(Bei den älteren Methoden sind nur die wichtigsten, allgemeineren Abhandlungen
citirt.)

#### 1. Epidermatische Methode.

V. M. Brera, Anatripsologie oder die Lehre von den Einreibungen, die eine
neue Methode enthält, durch Einreibungen mit thierischen Säften und verschiedenen Substanzen, die man innerlich zu geben pflegt, auf den Körper
zu wirken. Aus dem Ital. von J. Gyrl. 2 Bde. Wien 1800—1801.

A. J. Chrestien, de la méthode iatroliptique ou observations pratiques sur
l'administration des remèdes à l'extérieur dans le traitement des maladies
internes. Montpel. 1804. — Deutsch von C. H. J. Bischoff, Berl. 1805.

Klencke, Zeitschr. der Wiener Aerzte, Mai 1846.
Hassenstein, Chemisch-elektrische Hellmethode. Leipz. 1853.

Ueber Resorption durch die Haut:

Krause, Wagner's Handwörterbuch der Phys., Art. „Haut", II. p. 173.
Lehmann, Schmidt's Jahrb. d. Med. 1855, VII. p. 116.
Kletzinsky, Prager Vierteljahrsschr. 1854, Bd. XI. p. 70.
— Wochenbl. d. Zeitschr. d. Wiener Aerzte, 1855 Nr. 21.
Braune, De cutis facultate jodum resorbendi, diss. inaug. Lipsiae 1856. (Im
    Auszuge: Virchow's Archiv, Bd. XI.)

### 2. Endermatische Methode.

A. Lembert, Essay sur la méthode endermique. Paris 1828.
G. A. Hofmann, Hufeland's Journ. 1833, Jan., Febr.
A. L. Richter, Die endermatische Methode durch eine Reihe von Versuchen
    in ihrer Wirksamkeit geprüft. Berlin 1835.
A. Ahrensen, Dissert. de methodo endermatica. Kopenh. 1836.
Frd. Schubert, De methodi endermaticae ratione nec non applicatione.
    Aschaffenburg 1841.

### 3. Inoculation.

Bulletin de l'académie, T. I. p. 249 (Bericht von Martin-Solon über das
    Verfahren von Lafargue).
Valleix, Guide du médecin praticien, 3me éd., t. IV. pp. 313 und 332.
Lafargue, Bull. de thér., t. XXXIII. p. 19 (1847).
— ibid. t. XLII. p. 475.
— — t. LIX. p. 27.
— — t. LX. pp. 22 und 150 (1861).
Rynd, Dubl. med. press., 12 März 1845.
Hayem, l'inoculation des sels de morphine, thèse de Paris 1852.
M. Langenbeck, Die Impfung der Arzneikörper. Hann. 1856.
— Beiträge zur Einimpfung der Arzneimittel, Memorab. VI. 6, Juni 1861.

### 4. Hypodermatische Methode.

#### 1855.

A. Wood, Edinb. med. and surg. journ., vol. 82, April, p. 265.

#### 1857.

Oliver, British med. journal, August.

#### 1859.

Ch. Hunter, British med. journ., 8. Jan.
— Med. times and gaz., 5. und 26. März.
— ibid. 16. April.
— ibid. 8. Oct.
Béhler, Gaz. hebdomadaire, p. 444.
— l'union médicale, 14. Juli.
Hérard, ibid.
Courty, Gaz. des Hôp. pp. 531, 551.
Ruppaner, Boston med. and surg. journal.
Vulpian, Gaz. hebd. VI. 38 (Woorara bei Tetanus).
Follin, Gaz. des hôp. 135, 137.
— Bull. de thér. LVII. p. 422. (Ebenso.)
Gintrac, Journ. de Bord., 2me sér. IV. p. 701. (Ebenso.)

#### 1860.

Gintrac, l'union 8 (Woorara bei Tetanus).
Cornaz, Lancet 1. p. 533. (Ebenso.)

Hospitals Tidende No. 49.
Benoit, Bull. de thér. LIX. p. 226. (Atropin bei Tetanus.)
Fournier, Gaz. des hôp. 111. (Ebenso.)
Dupuy, Bull. de thér. LVIII. p. 425. (Ebenso.)
A. v. Franque, Nassauisches Correspondenzblatt der Aerzte.
Dolbeau, Bull. de thér. LIX. p. 538.
— Revue de thér. méd.-chir. 11. (Strychnin bei Mastdarmvorfall.)
Rynd, Dubl. journ. XXXII. 63. p. 13. (Neue Spritze mit Abbildung.)
Semeleder, Wiener Medicinal-Halle. II. 34.
Scholz, Subcutane Injectionen verschiedener Alcaloide, Wiener med. Wochen-
    blatt XVII. 2.
v. Jarotzky und Zülzer, Neuere Erfahrungen über subcutane Injectionen,
    Med. Halle II. 43.
Crane, Med. Times and gaz., 30. März. (Atropin bei Tetanus.)
Ogle, British med. journal.
Spender, British med. journ., 23. Nov. (Atropin.)
Oppolzer (ref. Stoffella), Zwei Fälle von Tic convulsif, Wiener Wochen-
    blatt 6 — 8.
— Med. Halle II. 21.
Bergson, Annali universali 171 — 173. (Brachial-Neuralgie.)
Polli, Verhandl. der schweizer Ges. der Naturw. Lugano 1861. (Woorara.)
Bartolomeo Gualla, Gazz. lomb. 5. (Woorara bei Tic convulsif.)
v. Graefe, Antagonistische Wirkung des Opium und der Belladonna, Deutsche
    Klinik 16.
Scanzoni, Würzb. med. Zeitschr. Bg. 4. (Coccygodynie.)
Deneffe, Injections encephalo-rachidiennes et leur application au traitement
    du tetanos, ann. de la soc. de méd. de Gand, März.
Schuh, Wiener Wochenschr. p. 48. (Liq. Ferri sesquichl. bei Naevus.)

1862.
Hermann, Ueber subcutane Injectionen, Med. Halle III. 8 — 10.
A. v. Franque, Ueber subcutane Anwendung der Arzneimittel, Bair. ärztl.
    Intelligenzbl. 6.
Oppolzer, Morbus Brightii complicirt mit Pyelitis und Intercostalneuralgie,
    Spitalz. 9 und 10.
— Neuralgia intercostalis und Herpes Zoster, Med. Halle 9.
Schuh (ref. Spitzer), Traumatischer Tetanus mit Curare erfolglos behan-
    delt, österr. Zeitschr. f. pract. Heilk. VIII. 50.
Gherini, Gazz. Lomb. 5, 14. (Woorara bei Tetanus.)
Broca, l'union 64, 492. (Ebenso.)
Billroth, Langenbeck's Archiv II. p. 341. (Morphium bei Pyaemie.)
Amtl. Bericht über die 37ste Vers. deutscher Naturforscher und Aerzte in Carls-
    bad, p. 302.
Lebert, Handbuch der pract. Medicin, II. 2.
Goudas, l'union 113. (Chinin bei Intermittens.)
M'Craith, Med. Times and Gaz., 2. Aug.
— ibid. 4. Oct. (Ebenso.)
St. Cyr, Journal de méd. vétérinaire pratique, Lyon t. XVIII. p. 236. (Atro-
    pin bei Tetanus.)
Levick, Amer. journ. of med. sc., N. F. LXXXV. p. 40. (Chorea.)

1863.
Moore, Lancet II. 5. (Chinin bei Intermittens.)
Südeckum, Subcutane Injectionen medicamentöser Flüssigkeiten. Inaugural-
    Abhandlung, Jena.
v. Graefe, Ueber die hypodermatischen Einspritzungen als Heilmittel in der
    ophthalmologischen Praxis, Archiv f. Ophthalmologie IX. 2. p. 62.
Nussbaum, Bair. ärztl. Intelligenzbl., 15. Aug.

15

M'Leod, Med. times, März. (Blausäure bei Psychosen.)

B. Langenbeck, Med.-chirurg. Rundschau III. 2. 1. (Woorara bei Tetanus.)

Demme, Militär-chirurgische Studien, I. p. 226. (Woorara bei Tetanus.)

Nussbaum (ref. Martin), Ueber die mehrstündige Festhaltung der Chloroform-Anästhesie durch hypodermatische Anwendung der Narcotica, Baír. ärztl. Intelligenzbl. 10. Oct.

Traube, Verhandl. der Berl. med. Ges., d. Cl. 20. (Morphium bei Meningitis.)

Eulenburg, Untersuchungen über die Wirkung subcutaner Injectionen, Centralblatt f. die med. Wiss. Nr. 46.

Courty, Gaz. méd. p. 686. (Strychnin bei Lähmungen.)

Wolliez, Spitalszeitung Nr. 34.

Goldsmith, Use of bromine in pyaemic diseases, Med. times and gaz. 678.

Frémineau, Gaz. des hôp. 49. (Strychnin bei Amaurose.)

Hunter, Practical remarks on the hypodermical treatment of disease, lancet 12. Dec.

Hirschmann, Reichert und du Bois, Archiv pp. 309—310. (Myosis nach Morphium-Injectionen.)

Luton, De la substitution parenchymatense, méthode thérapeutique consistant dans l'injection de substances irritantes dans l'intérieur des tissus malades. Comptes rendus t. LVII. No. 13.

Bourguet, Gaz. des hôp. 61. (Ammoniak bei Pseudarthrose.)

E. Salva, De la méthode des injections sous-cutanées. Gaz. méd. de Paris 1852, 26. Dec.

## 1864.

Bois, De la méthode des injections sous-cutanées, extrait du Bull. de l'acad. méd. de Cantal, Paris.

Neudörfer, Handbuch der Kriegschirurgie, Leipz. p. 332.

Waldenburg, Heilung einer auf Lähmung der Stimmbänder beruhenden totalen Aphonie durch subcutane Strychnin-Injection. Med. C. Z. Nr. 21.

Beer, Die forensische Bedeutung der subcutanen Injection. Ibid.

Friedreich, Ueber einen Fall höchst wahrscheinlicher Extrauterin-Schwangerschaft mit günstigem Ausgang durch eine neue Behandlungsmethode (subcutane Injectionen von Morphium), Virchow's Archiv XXIX. p. 312. Verhandl. der Ges. für Heilk., Berl. klin. Wochenchr. Nr. 20.

Bennet, Lancet, 12. März. (Morphium bei Dysmenorrhoe.)

Bardeleben, Lehrb. der Chir. (4. Ausg.) II. pp. 266, 305.

Boissarie, Contractures hystériques, pied bot accidentel - Guérison rapide obtenue par les injections de sulfate d'atropine. Gaz. de hôp. No. 54.

Salva, Gaz. méd. de Paris No. 13, 26. März.

Eulenburg, Experimentelle Untersuchungen über subcutane Injectionen. Centralbl. f. d. med. Wissensch. Nr. 30.

Oppolzer, Behandlung der Ischias. Spitalsz. Nr. 21 und 22.

Rosenthal, Beobachtungen über Neuralgieen. Allg. Wiener med. Z. Nr. 12 und 13.

Demme, Ueber das Curare als Heilmittel beim Tetanus. Schweiz. Zeitschr. f. Heilk. II. p. 356.

Ellinger, Virchow's Archiv XXX. Bg. 1 und 2. (Liq. Ferri sesquichl. bei Naevus.)

Leiter, Vereinfachte subcutane Injectionsspritze (mit Abbildung). Wiener med. Wochenschr. Nr. 23.

Erichsen, Practisches Handbuch der Chirurgie, deutsch von Thamhayn, Bd. II. p. 285.

Tilt, Handbuch der Gebärmutter-Therapie, p. 52.

# Zweites Kapitel.

## Instrument und Ausführung der Injection.

Die subcutane Injection ist, als operativer Act betrachtet, so einfach, dass über ihre Technik kaum wesentliche Differenzen bestehen können; und auch das dazu gehörige Armamentarium hat im Laufe der Zeit nur wenige Veränderungen erfahren. Die von Wood ursprünglich benutzte Fergusson'sche Spritze war von Glas, mit einer feinen, seitlich durchbohrten Stahlspitze versehen, und noch ohne Graduirung. Später gab Hunter eine „hypodermic syringe" an, welche jedoch von der älteren Pravaz'schen in keiner Beziehung abweicht. Eine Spritze mit etwas complicirterem Mechanismus beschrieb Rynd. In Frankreich und Deutschland bediente man sich ziemlich ausschliesslich der Pravaz'schen oder Pravaz-Luer'schen Spritze, welche letztere neuerdings von Leiter in zweckmässiger Weise modificirt wurde.

Das von Pravaz (zur Einspritzung von Liq. ferri sesquichl. in Aneurysmen) angegebene Instrument besteht aus einem 2" langen Glascylinder — ursprünglich mit Platinansätzen, welche für die gewöhnlichen Injectionen auch durch neusilberne ersetzt werden können — und einem an dieselbe anschraubbaren feinen, 2½" langen Trikart. Der Stempel der Spritze wird durch Umdrehung des Handgriffs mittelst eines Schraubenganges in der Art vorwärts getrieben, dass durch 15 totale Umdrehungen des Griffs der ganze Inhalt entleert wird. Das Ansatzstück der Spritze ist mit einem Cautschoukring versehen, um beim Anschrauben die Verbindung mit der Canüle des Troikarts zu sichern. Das Instrument befindet sich in einem Besteck, welches gewöhnlich 2 Troikarts mit eben so vielen Canülen und ausserdem noch zwei Ansatzröhren zur Einführung in die Thränenkanälchen enthält.

Luer hat an dem Apparat folgende Variationen angebracht: Der Glascylinder ist etwas länger (2½") und seine Capacität um die Hälfte grösser, als bei Pravaz. An der Stempelstange befindet sich eine graduirte Scala, die 45 Theilstriche enthält und

von 5 zu 5 numerirt ist. Das Piston wird nicht durch Umdrehung, sondern durch Druck auf den Griff vorwärts getrieben;
dicht unter dem Drücker befindet sich eine Schraubenmutter,
welche dazu dienen soll, durch ihre Einstellung auf der Scala
die Menge der auszutreibenden Flüssigkeit genau zu bemessen.
Letztere Vorrichtung ist jedoch überflüssig und zeitraubend, da
der angedeutete Zweck auch ohnedies vollkommen erreicht wird.
Der Einstich geschieht mittelst eines feinen, fast 2″ langen Stahl-
röhrchens, das mit einer Lanzenspitze versehen ist; letztere ist
entweder gekrümmt, wie bei einer Scarpa'schen Nadel, oder
gerade und etwas schmäler als bei einer Paracentesennadel von
Desmarres. Spitzen letzterer Art sind für den Einstich am
bequemsten, geben jedoch eine etwas grössere Verwundung. Die
Spritze wird nicht angeschraubt, sondern einfach an das Stahl-
röhrchen, vor oder nach dem Einstossen desselben, angesteckt.
Das Luer'sche Besteck enthält gewöhnlich 2 Lanzen, eine gol-
dene und eine stählerne; erstere ist jedoch unbrauchbar, weil
sie sich zu leicht biegt. Der Preis eines solchen Etuis war früher 7—8 Thaler; doch wird dasselbe jetzt (mit zwei Nadeln) von Berliner Instrumentenmachern schon für 4—5 Thaler
geliefert.

Bei dem von Rynd angegebenen Instrumente ist die Nadel
gleich mit der Spritze verbunden und eine kleine Canüle wird
angeschraubt. Durch Druck auf einen, mit einer Feder verbundenen Knopf springt die Nadel etwas unter der Canüle vor
und macht so einen kleinen Einstich; dann wird durch einen
leichten Druck auf den Handgriff der den Knopf fixirende Hal-
ter in die Höhe gehoben: die dadurch freigewordene Nadel
springt zurück, und gestattet der Flüssigkeit den Austritt.
Der Verfertiger dieses Instruments, das wohl vor anderen, namentlich dem Luer'schen, keine Vorzüge bieten dürfte, ist
Weiss in London. —

Neuerdings hat der Instrumentenmacher Leiter in Wien
die Luer'sche Spritze in mehreren Punkten verändert und zum
Theil noch vereinfacht. Das Instrument, welches in seiner
Grösse dem Luer'schen entspricht, befindet sich in einer Messinghülse; das abgeschraubte Lanzenrohr kann umgekehrt in
die durchbohrte Stempelstange gesteckt werden, und wird durch
die Oeffnung einer am unteren Ende derselben befindlichen

Platte fixirt. Die Stempelstange selbst ist aus Hartkautschouk und ebenso ist das Lanzenrohr an seinem Ansatz mit einer Montirung aus demselben Material versehen. Das Lanzenrohr ist von Gold, was mir aus dem oben angeführten Grunde im Allgemeinen als eine Verschlechterung erscheint und nur für die Injection von Liq. ferri sesquichl. einen Vortheil darbietet. Der Kolben ist an seinem unteren Ende mit einer elastischen Lederkappe versehen, welche seinen festen Anschluss an den Cylinder für längere Zeit sichert und bei etwaigem Schadhaftwerden durch eine zweite, dem Apparat beigegebene ersetzt werden kann. Der Preis des Instruments ist wegen Verwendung des wohlfeilen und dabei doch sehr dauerhaften Cautschoukmaterials viel geringer als bei den älteren Injectionsspritzen; derselbe beträgt nur 4 Gulden österr. Währung.

Die Ausführung der Injection variirt etwas, je nachdem man mit der älteren Pravaz'schen oder mit der Luer'-schen Spritze operirt, und es werden hieraus zugleich die nicht unwesentlichen Vorzüge des Luer'schen Instruments am besten erhellen.

1) Pravaz'sche Spritze. — Man füllt den Cylinder, entweder durch Eingiessen (nachdem man den Boden sammt der daran befestigten Stempelstange abgeschraubt) oder durch Zurückdrehen des Pistons bis zu dem beabsichtigten Punkte. Nun erhebt man eine möglichst starke Hautfalte, stösst am Grunde derselben den Troikart durch die ganze Dicke der Cutis so tief ein, dass man die Spitze frei im Unterhautzellgewebe herumführen kann, lässt die gefasste Hautfalte sinken und zieht schnell mit einem kräftigen Ruck das Stilet aus der Wunde. Während man nun mit Daumen und Zeigefinger der linken Hand die Canüle fixirt, wird mit der rechten die vorher gefüllte Glasspritze vorsichtig, so dass weder Luft ein-, noch Flüssigkeit austritt, an der Canüle festgeschraubt. Nachdem dies geschehen, treibt man durch Vorwärtsdrehen des Pistons den Inhalt der Spritze aus, setzt den linken Daumen an der Stichstelle neben der Canüle auf, und zieht durch eine rasche Bewegung der rechten Hand die Röhre sammt der Spritze heraus, worauf der linke Daumen sofort die Stichöffnung comprimirt und die Haut über derselben verschiebt.

2) Luer'sche Spritze. — Der Glascylinder wird, einfach

durch Zurückziehen des Stempels bis zu dem bestimmten Theilstrich gefüllt, durch Umkehrung luftleer gemacht, die Nadel
sogleich angesteckt und das Instrument nach Erhebung einer
Hautfalte eingestossen, der Inhalt durch Vorschieben des Stempels ausgetrieben, dann das Instrument schnell wieder ausgezogen,
und die Stichöffnung, wie oben, verschlossen.

Das Luer'sche Instrument bietet folgende Vortheile:
1) Man kann mit demselben die Injection in einer fast minimalen Zeiteinheit — in kaum einer Secunde — vollenden, während man mit der Pravaz'schen Spritze (wegen des minutiös
auszuführenden Anschraubens und der langsamen Umdrehungen)
eine Minute und mehr braucht. Auf diesen scheinbar unbedeutenden Gewinn an Zeit ist darum Gewicht zu legen, weil empfindliche Patienten (bes. Patientinnen) nach gemachtem Einstich häufig sehr unruhig werden, stürmische Bewegungen machen
und dadurch die folgenden Acte sehr erschweren; auch gewährt
das, von einigen Autoren besonders urgirte, langsame Eintreiben
der Flüssigkeit durchaus keine Vortheile, sondern ist im Gegentheil, wie ich aus vielfacher Erfahrung versichern kann, bedeutend schmerzhafter. 2) Bei dem Pravaz'schen Instrument
kommt es durch das nachträgliche Manipuliren behufs des Anschraubens der Spritze an die Canüle leicht an der Verbindungs-
stelle beider zum Eintritt von Luft oder theilweisem Austritt
der Injectionsflüssigkeit, namentlich wenn, wie erwähnt, störende
Bewegungen von Seiten des Patienten stattfinden, und man mit
der einen Hand den Troikart selbst fixiren muss; bei der Luer-
schen Spritze fällt dieser Uebelstand natürlich fort, da dieselbe
schon vorher mit der Nadel verbunden werden kann. Endlich
ist mit letzterer die Verwundung auch weniger schmerzhaft als
mit dem Troikart, und wegen der grossen Abkürzung der Procedur eine entzündliche Reaction weniger zu fürchten. Aus
diesen Gründen rathe ich zur ausschliesslichen Benutzung des
Luer'schen Instruments, nachdem ich früher selbst unzählige
Male mit der Spritze von Pravaz operirt habe. Die Möglichkeit einer genauen Dosirung ist, wie ich zeigen werde, in beiden
Fällen dieselbe.

Gewisse kleine, ebenfalls gemeinsame Cautelen bei der Injection ergeben sich aus dem Gebrauche fast von selbst. Namentlich wird man dafür sorgen, dass das Instrument luftleer

**2***

sei; bei der Luer'schen Spritze lässt man daher vor dem Einstich einen Tropfen Flüssigkeit aus der Mündung der Canüle ausfliessen. Eine blasenförmige Hervortreibung der Haut durch den Druck der eingespritzten Flüssigkeit kommt mitunter an Stellen zu Stande, wo die Haut sehr dünn und verschiebbar, das Zellgewebe schwach entwickelt, straff und mit der unterliegenden Fascie verwachsen ist: alsdann sucht man durch leichtes Streichen mit dem Finger die Injectionsmasse im Unterhautzellgewebe möglichst gleichmässig zu vertheilen. Ein Regurgitiren der eingespritzten Flüssigkeit wird am sichersten dadurch vermieden, dass man noch vor dem Eintreiben derselben die gefasste Hautfalte sinken lässt, da man sonst leicht durch Compression des zwischenliegenden Bindegewebes mit den Fingern das Ausfliessen befördert.

Ein Verschluss der Stichöffnung mit englischem Pflaster etc. ist kaum erforderlich, und höchstens an unbedeckten Theilen (Gesicht) sowie bei etwa eintretender Blutung von einigem Belange. Für die Conservirung des Instruments ist die sorgfältige Reinigung seiner einzelnen Theile nach jedesmaligem Gebrauche sehr wesentlich; namentlich muss man in die Canüle eine entsprechend feine Sonde (einen steifen Metalldraht) einführen und dasselbe bis zur nächsten Benutzung liegen lassen, um der allmäligen Verengerung des Lumens durch Oxydation vorzubeugen. —

Zum Reinigen der Canüle bediene ich mich eines eckigen rauhen, spitz zulaufenden pfriemenartigen Stilets aus gehärtetem Stahl, welches mit einem kleinen Handgriff versehen ist (s. Abbild.). Mit diesem kann man die Canüle viel besser ausputzen, als mit den gewöhnlich beigegebenen glatten und viel zu biegsamen Sonden.

Beiläufig sei noch des abweichenden Verfahrens von Scholz Erwähnung gethan. Dieser bedient sich einer Anel'schen Spritze, und zur Anlegung der Hautwunde einer gewöhnlichen chirurgischen Nadel mit lanzettförmiger Schneide; nach gemachtem Einstich zieht ein Assistent die Nadel zurück, worauf das Ansatzrohr der Spritze in die kleine Wunde gebracht, die Haut etwas aufgehoben und verschoben und die Flüssigkeit injicirt wird. Abgesehen von der Umständlichkeit (Wechsel der Instrumente, Assistenz) und der längeren Dauer dieses Verfahrens dürfte bei demselben leicht ein Wiederaustritt der Flüssigkeit zu Stande kommen, indem man mit dem Ansatzrohr der Spritze nicht tief genug in das Zellgewebe eindringt. Der etwaige Vorzug, dass die Anel'sche Spritze mehr

Flüssigkeit fasst, kommt nicht in Betracht, da man sich, namentlich für die gebräuchlichen Alcaloide, bei hinreichender Concentration der Lösung stets mit wenigen Tropfen behelfen kann, und das Einspritzen grösserer Quanta auch kaum wünschenswerth ist.

Die übeln Ereignisse, die bei und nach der Injection auftreten können, sind scheinbar kaum der Rede werth; jedoch gehört ihre Kenntniss nothwendig zur Charakteristik des Verfahrens, und ist auch für das völlige Gelingen desselben nicht ohne Bedeutung. Abgesehen von Allem, was nicht direct Folge der Injection, sondern Wirkung des eingespritzten Medicaments ist, sind der Schmerz, die Blutung, das Wiederaustreten der Flüssigkeit, und die nachträgliche Entzündung hier zu beachten.

1) Der Schmerz fehlt bei der Injection selten vollständig, ist aber meist nur momentan oder doch von sehr kurzer Dauer; nur ungewöhnlich sensible Personen klagen mitunter mehrere Stunden, selbst den ganzen Tag über brennendes Schmerzgefühl an der Injectionsstelle. Die Ursache des Schmerzes ist ohne Zweifel eine complicirte: einmal die directe Verletzung von Hautnerven beim Einstich — dann die Dehnung und Zerrung der Haut durch die eingetriebene Flüssigkeit — endlich auch wohl die örtlich irritirende Wirkung des eingespritzten Medicaments selbst. Man kann daher die Schmerzhaftigkeit der Procedur nicht ganz ausschliessen, wohl aber auf ein Minimum reduciren, indem man den Einstich möglichst schonend macht, nur ein geringes Quantum injicirt und dieses sorgfältig und ohne Spannung im subcutanen Gewebe vertheilt. Was den Einfluss der injicirten Flüssigkeit auf den Grad des Schmerzes betrifft, so fand ich concentrirte wässerige Lösungen von Alcaloiden nicht wesentlich schmerzhafter als verdünnte; alcoholische und ätherische Lösungen waren im Allgemeinen etwas schmerzhafter; am meisten eine Lösung von Morphium in Kreosot, wie sie Rynd angiebt. Chinin verursacht auch in wässeriger Lösung in der Regel mehr Schmerzen, als Morphium die und übrigen narcotischen Alcaloide, unter denen wieder Strychnin und Veratrin in dieser Hinsicht obenan stehen. Tinct. Cannabis ind., Campher und selbst Liq. Amm. anis. übertreffen nach meinen Erfahrungen nicht sehr die narcotischen Alcaloide; dagegen sind Chloroform-Injectionen (nach Hunter) sehr schmerzhaft. — Thiere (Kaninchen, Hunde) geben selbst beim Einspritzen grös-

serer Flüssigkeitsmengen in der Regel kaum Zeichen von Unbehagen. —

2) Die kleine Blutung, die nicht ganz selten aus den durchschnittenen Capillaren der Cutis stattfindet, ist natürlich an sich ohne jede Bedeutung, und nur dadurch störend, dass sie möglicherweise einen Theil der Injectionsflüssigkeit mechanisch mit fortschwemmt. Vermeidung des Dilatirens beim Zurückziehen der Canüle, Hautverschiebung und Compression mit dem Daumen werden diesem Unfall in der Regel vorbeugen. — An Stellen, wo grössere Venenäste dicht unter der Haut liegen, wird man natürlich nicht injiciren oder wenigstens beim Erheben der Hautfalte genau zusehen, dass man die Vene nicht mitgefasst hat. —

3) Der Austritt, resp. Rücktritt von Flüssigkeit an der Stichöffnung kann darauf beruhen, dass die Mündung des Röhrchens zufällig durch Fingerdruck verschlossen wird, oder dass der Wundcanal einen zu verticalen Verlauf von unten nach oben hat; häufiger dürfte jedoch die Ursache darin liegen, dass die Canüle nicht weit genug im subcutanen Gewebe vorwärts geschoben ist — oder dass der Stempel schwer geht, die Lösung trübe ist und festere Theilchen suspendirt enthält, so dass das Eintreiben mit grösserer Kraft, ruckweise geschieht, und die unter stärkerem Druck eingespritzte Flüssigkeit neben der Canüle oder nach dem Ausziehen derselben regurgitirt. —

4) Nachträgliche Entzündungserscheinungen an der Stichstelle wurden von den meisten Autoren (Wood, Béhier, Semeleder, v. Frauque u. s. w.) niemals beobachtet. Andere (Hunter) befürchten nach häufig wiederholten Einspritzungen an derselben Körperstelle Entzündung und Eiterung der Stichkanälchen und des umgebenden Zellgewebes. Dagegen hat v. Graefe die Operation in der Schläfengegend in ein- oder zweitägigen Intervallen „hunderte von Malen" ohne nachtheilige Folgen wiederholt. — Auch ich habe bei einzelnen Personen 40—50 Injectionen, fast Tag für Tag, an derselben Hautstelle (Gesicht, Epigastrium, Oberschenkel) u. s. w. und in einem Falle von Mastodynie sogar über 400, zwei- oder dreimal täglich gemacht oder machen sehen, ohne dass tiefere Entzündung und Eiterung darauf folgte. Dagegen beobachtete ich in 2 Fällen erheblichere locale Folgen, ohne Zweifel auf Grund

des reizenden Characters der eingespritzten Flüssigkeit selbst.
Das eine Mal wurden 3 Tropfen einer von Rynd empfohlenen
Morphium-Creosotlösung (gr. x in 3j) bei einer an Gesichtsneuralgie leidenden Patientin an der Wange injicirt. Gleich nach
geschehener Einspritzung, wobei nichts herauslief, erhob sich die
Haut um die Stichstelle herum etwa im Umfange eines Silber-
groschens zu einer gelblichen Blase; am folgenden Morgen war
die Umgebung geröthet und teigig infiltrirt, der anfängliche
Schmerz hatte unter Anwendung kalter Umschläge bereits nach-
gelassen. Nach 36 Stunden sank die Geschwulst; die Blase
trocknete ein, und bedeckte sich mit einer bräunlichen Cruste,
die erst nach 5 Tagen verschwand und nur eine etwas pigmen-
tirte Hautstelle zurückliess. — In dem zweiten Falle bildete
sich bei einem mit Erysipelas cruris behafteten Patienten nach
Injection von 5 Tropfen einer spirituösen Veratinlösung (gr. j
in $\mathfrak{Z} \beta$) am Oberschenkel nach einigen Tagen ein haselnussgros-
ser Abscess, der geöffnet wurde und einen normalen Eiter enthielt. Dies sind die beiden einzigen unter beiläufig etwa 2000
Injectionen, bei denen ich derartige örtliche Zufälle beobachtet
habe, und ich schreibe sie, wie gesagt, hier ausdrücklich dem
irritirenden Character der eingespritzten Flüssigkeit (im zweiten
Falle vielleicht auch einer durch örtliche Kreislaufsstörungen
bedingten Disposition) zu. Bei normalem Verlaufe entsteht nur
um die Stichstelle, gleich oder nach einigen Stunden, ein kleiner rother Hof, bisweilen auch eine kleine weissliche Quaddel,
wie nach einem Mücken- oder Nesselstich; diese Phänomene bestehen noch 1—3 Tage, während die Stichwunde selbst schon
nach wenigen Stunden verklebt, und nur als ein feiner, lineärer
Streifen bemerkbar ist.

---

Es bleiben uns in diesem Abschnitt noch zwei Punkte zu
erörtern, die sich am besten unmittelbar an die Ausführung der
Injection anschliessen, nämlich die Dosenbestimmung und
die Wahl der Applicationsstelle.

Eine genaue Dosirung ist hier um so wichtiger, als es
sich bei der subcutanen Injection einerseits gewöhnlich um
äusserst differente, nur in kleinen Mengen zu verordnende Substanzen handelt, andererseits ein relativ grösseres Quantum der-

selben mit einem Male resorbirt wird und die Wirkung dem
entsprechend viel energischer ist, als bei innerer Darreichung.
Wenn somit das „zu viel" hier leicht verhängnissvoll werden
kann, so stellt ein „zu wenig" wieder den Erfolg der Einspritzung in Frage. Die Dosirung muss daher mit minutiöser
Genauigkeit gehandhabt werden; leider aber ist hier von Seiten
der Autoren vielfach gefehlt worden, indem dieselben in dieser
Hinsicht ziemlich willkürlich verfuhren. Daher ist es gekommen, dass in den Angaben über die zur Injection benutzten
Arzneidosen die colossalsten Differenzen herrschen; dass, während z. B. vom Morphium Rynd 1 gr., Scholz sogar 1—1½ gr.
pro dosi injiciren will, Semeleder $\frac{1}{15}$—$\frac{1}{12}$ gr. als die gewöhnliche Dosis bezeichnet! Wie erklären sich nun diese auffallend
niedrigen Dosen von Semeleder? Einfach daraus, dass dieser
Autor von der Voraussetzung ausgeht, die Stempelstange der
Spritze besitze eine Millegrammentheilung, je ein Theilstrich
entspreche einem Mgrmm. Flüssigkeit; wenn man also die Spritze
bis zum 15.—20. Theilstrich fülle, so habe man 15—20 Mgrmm.
da bei einer Lösung von 5 gr. Morphium iu 3j einer Dosis
von $\frac{1}{15}$—$\frac{1}{12}$ gr. entsprächen. — Die einfachste Betrachtung ergiebt aber schon, dass dieser Berechnung ein Lapsus zu Grunde
liegen muss; Semeleder würde nämlich danach in toto 0,24
bis 0,32 gr. oder noch nicht einen halben Tropfen injicirt haben, und der ganze Inhalt der Spritze würde, bei 45 Theilstrichen, einer Gewichtsmenge von 0,72 gr. destillirten Wassers,
d. h. etwa einem gewöhnlichen Tropfen entsprechen. Die Auf-
klärung dieses Irrthums ist nicht bloss von praktischem, sondern zugleich von wissenschaftlichem Interesse; denn für die
Würdigung des Verfahrens ist es natürlich nicht gleichgiltig,
ob $\frac{1}{15}$ gr. Morphium, hypodermatisch applicirt, Narcose u. s. w.
hervorrufen kann — oder erst ½ gr. und darüber. welche letzteren Dosen Semeleder, wie ich nachweisen werde, wirklich
injicirt hat. — Natürlich wird die Sache auch nicht gebessert,
wenn man, wie Südeckum, der im Uebrigen Semeleder
wortgetreu folgt, den Millegrammen einfach Centigramme substituirt; der Fehler wird höchstens dadurch kleiner. Ebenso
willkürlich oder nichtssagend ist die Angabe, dass jeder Theilstrich der Luer'schen oder jede halbe Umdrehung der Pravaz'schen Spritze gerade einem Tropfen Flüssigkeit entspreche:

willkürlich, wenn man mit dem Tropfen zugleich eine Gewichts-
bestimmung verbinden will; nichtssagend, wenn man nur damit
ausdrückt, dass durch Vorschieben des Stempels um einen Theilstrich oder durch eine halbe Umdrehung ein Tropfen ausge-
presst wird, was für die quantitative Bestimmung der Dosis
völlig ohne Werth ist. Rechnet man den Tropfen (nach den
in Preussen geltenden Bestimmungen) bei einer wässerigen Lösung = $\frac{2}{3}$ gr., so ist das Verhältniss gerade um die Hälfte un-
richtig. —

Wie hat man also zu verfahren, um genau zu wissen, wieviel Flüssigkeit überhaupt und wieviel der wirksamen Substanz
speciell injicirt wird? — Ein annähernder Weg wäre der,
dass man aus dem die Flüssigkeit enthaltenden Gefäss eine bestimmte Tropfenzahl direct in die Spritze hineinfliessen lässt;
allein die Tropfen fallen doch immer noch sehr variabel und
ungleichmässig aus. — Will man sicher gehen, so muss man
genau die Capacität der Spritze kennen, woraus sich dann leicht
ergiebt, wieviel dieselbe bis zu einer bestimmten Marke oder
von einem Theilstrich zum anderen an Flüssigkeit fasst. Da
es sich meistens um Lösungen relativ geringer Mengen von organischer Substanz in destillirtem Wasser handelt, so genügt
es ein für alle Male, wenn man mit einer feinen Wage das
Gewicht der Spritze vor und nach ihrer Füllung mit destillirtem Wasser von mittlerer Temperatur sorgfältig bestimmt. Man
erhält also die Capacität der Spritze für destillirtes Wasser und,
mit einer zu vernachlässigenden Differenz, für wässerige Alca-
loidlösungen in Gewichten ausgedrückt, und kann danach selbstverständlich auch für jede Flüssigkeit von erheblich abweichen-
dem specifischen Gewicht die nöthige Correctur anbringen.

Der Gewichtsinhalt der von mir benutzten Luer'schen Spritze war für
destillirtes Wasser von 13° C. = 0,880 Grmm., also = 14,4276 Gr. nach preussi-
schem Medicinalgewicht; da dieselbe in 45 Theilstriche getheilt ist, so ergiebt dies
für jeden Theilstrich 0,3430 oder in runder Summe $\frac{1}{3}$ Gran — somit nur einen
halben Tropfen. Wenn also z. B. die Spritze bis zum 15ten oder 20sten Theilstrich mit der von Semeleder benutzten Morphiumlösung (Gr. V in ʒ j) gefüllt
ist, so werden im Ganzen ᵱ — 7 Gr. Flüssigkeit injicirt, welche nicht $\frac{1}{10}$ — $\frac{1}{17}$
sondern $\frac{1}{13}$ — $\frac{1}{17}$ Gr. Morphium aufgelöst enthalten.

Die Pravaz'sche Spritze fasst 0,5960 Grmm. Aq. dest. von der nämlichen
Temperatur, also 9,66632 Gran; auf jede halbe Umdrehung kommt hiervon der
dreissigste Theil, also 0,3222 oder in runder Summe ebenfalls $\frac{1}{3}$ Gran. (Es
stimmt hiermit überein, dass nach der Angabe von Pravaz das Instrument ge-

nau 1 Grmm. unverdünnten Liq. Ferri sesquichl. enthalten soll, da letzterer ein specifisches Gewicht von mindestens 1,535 — 1,54 hat.) — Hiernach versteht sich auch für die Pravaz'sche Spritze die Berechnung von selbst, indem man von der Zahl der Umdrehungen ausgeht.

Wahrscheinlich haben wenigstens die von Luer bezogenen, vielleicht auch die von anderen Instrumentenmachern gefertigten Spritzen ähnlicher Art genau denselben Inhalt; indessen dürfte es dochf ür jeden Practiker empfehlenswerth sein, eine Controlle seines Instruments in dieser Hinsicht zu üben. Die Bestimmung der jedesmal eingespritzten Snbstanzmengen ist keineswegs so zeitraubend, wie man vielleicht fürchtet, da sich wohl Jeder für den Gebrauch der am häufigsten vorkommenden Mittel eine Lösung von gleichbleibender Concentration aneignen, und die Berechnungsverhältnisse derselben leicht im Gedächtniss behalten wird.

———

Der Ort der Application ist in einer grossen Reihe von Fällen schon durch die Localaffection gegeben, insofern man eben eine örtliche Wirkung bezweckt; man injicirt bei Neuralgieen an einem point douloureux oder auf den oberflächlich liegenden Nervenstamm, bei Reflexkrämpfen in der Nähe des Druckpunktes, bei Lähmungen auf den gelähmten Nerven bei schmerzhaften Affectionen der verschiedensten Art an dem sedes doloris u. s. w. — Hier ist also der Wahl der Applicationsstelle gar kein oder nur ein sehr geringer Spielraum gelassen; in zahlreichen anderen Fällen dagegen, wo man wesentlich oder ausschliesslich eine Allgemeinwirkung erstrebt, wo man durch die subcutane Anwendung den Effect des Mittels nur sicherer und uverkürzter in Scene setzen will, könnte es sich fragen, ob die Wahl des Ortes hier vollkommen gleichgiltig ist, oder ob eine oder die andere Stelle des Körpers den Vorzug verdient, eine und die andre ganz auszuschliessen ist? Allerdings ist die conditio sine qua non des Verfahrens, ein zur Resorption geeignetes, Venenanfänge, Capillaren und Lymphgefässe enthaltendes Bindegewebslager, über den ganzen Körper verbreitet, jedoch sehr verschieden in Hinsicht auf seine Dichte und Mächtigkeit: und es scheint, als ob man hierin den Grund der gleich zu besprechenden localen Differenzen für die Resorption suchen müsse. Indessen hiervon ganz abgesehen, dürften schon aus rein technischen Motiven einzelne Körperstellen möglichst zu vermeiden, andere zu bevorzugen sein. Vermeiden wird man im Allgemeinen, falls nicht besondere Indicationen vorliegen, sehr empfindliche, nervenreiche Stellen, oder solche, wo auf kleinen Reiz leicht ausgedehnte Entzündungserscheinungen, Ecchymosen u. s. w. auftreten; ferner solche, wo ein sehr straffes und derbes, vollkommen fettloses Bindegewebe besteht, oder die Haut sich nicht wohl in einer grösseren Falte erheben lässt; endlich die Gegenden, wo zahlreiche und starke Hautvenen verlaufen. Aus diesen verschiedenen Gründen dürften die Nase, die Augenlider, die Gegend hinter der Ohrmuschel, verschiedene Particen des Halses, das Scrotum, die Achselhöhle, die Ellenbeuge und die Finger weniger gut sich zu Injectionen eignen, und man wird im concreten Falle noch besondere individuelle Rücksichten zu beobachten haben. Natürlich werden auch, sofern es sich um Erreichung von Allgemeinwirkungen handelt, solche Körperstellen möglichst zu vermeiden sein, wo durch bestehende Localprocesse (Stasen, Oedem, Entzündungen, Extravasate u. s. w.) eine Behinderung und Erschwerung der Resorption zu erwarten ist.

Endlich kommt hinzu, dass, wie es scheint, die Resorption nicht an allen Körperstellen mit gleicher Raschheit und Energie vor sich geht; dass vielmehr, je nach Wahl der Injectionsstelle, oft bedeutende Differenzen in Hinsicht auf Schnelligkeit und Intensität der Wirkung beobachtet werden. Ausführlicher kann auf diesen Punkt erst im folgenden Capitel eingegangen werden; hier sei nur bemerkt, dass sich die günstigsten Chancen für die Resorption im Allgemeinen im Gesicht (namentlich an Schläfe und Wange), demnächst an der vorderen Seite des Rumpfes, an der inneren Fläche des Oberarms und Oberschenkels u. s. w. darzubieten scheinen. Demnach ist es vollkommen gerechtfertigt, wenn v. Graefe als ein vorzugsweise zu benutzendes Terrain bei Injectionen die Schläfe, und zwar die mittlere Gegend derselben, empfiehlt, die ausserdem nicht sehr empfindlich und mit einem reichlichen lockeren Bindegewebe versehen ist. Das Einzige, was sich dagegen einwenden liesse, wären kosmetische Bedenken, indem die kleinen Stichnarben zuweilen längere Zeit hindurch sichtbar bleiben: bei sehr zarter und reizbarer Haut dürfte es daher unter Umständen zweckmässig sein, eine für

gewöhnlich bedeckte Körperstelle, z. B. den Oberarm, zu bevorzugen, oder wenigstens die Zahl der Injectionen in der Schläfe,
wie überhaupt im Gesichte, nicht zu sehr zu häufen.

# Drittes Kapitel.

## Resorption und Elimination der injicirten Substanzen.

Das Applicationsorgan injicirter Substanzen, das Substrat
ihrer örtlichen Wirkungen und den Heerd ihrer Resorption,
bildet das Unterhautzellgewebe des Körpers. Bekanntlich ist
dasselbe eine mässig feste, im Durchschnitt $\frac{1}{2}$—$\frac{2}{3}$''' dicke Binde-
gewebsschicht, welche an den meisten Körperstellen zahlreiche
Fettzellen in ihren Areolen umschliesst, und dadurch eine sehr
verschiedene Dichte und Mächtigkeit annimmt. Ihre innerste,
oft zu einer besonderen Fascia superficialis entwickelte Lage ist
mit den tiefer liegenden Organen bald lockerer, bald fester verbunden; die äussere haftet meist fest an der pars reticularis der
cutis. Die eintetenden Arterien geben zahlreiche Aeste ab, die
sich zu weitmaschigen, um die Fetträubchen herum zu etwas
engeren Netzen feiner Capillaren verzweigen. Grössere Stämme
von Lymphgefässen, deren feinere Anfänge in der äusseren Cu-
tisschicht liegen (Teichmann), sind im Unterhautzellgewebe
zahlreich und leicht zu erkennen.

An Stellen, wo eine gleichmässig verdichtete Begränzungs-
schicht (fascia superficialis) weniger deutlich ausgeprägt ist, verlaufen die oberflächlich liegenden Nervenäste oft durch das subcutane Bindegewebslager hindurch, in diesem gleichsam einge-
bettet, und nur durch einzelne Stränge festeren Gewebes mit
den benachbarten Organen (Perimysium, Gefässscheiden u. s. w.)
verwachsen. —

Der alte Streit, ob die Resorption durch die Blut- oder
Lymphgefässe erfolgt, ist bekanntlich bis in die neueste Zeit mit
wechselnder Entscheidung fortgeführt worden. Die zahlreichen
Versuche von Magendie haben für die Venenresorption die

positivsten Beweise geliefert; und die Resultate älterer Experimentatoren, welche auch nach Unterbindung der Bauchaorta gewisse Stoffe von einer Fusswunde aus in Blut und Harn übergehen sahen, sind ihrer früheren Deutung zu Gunsten der Lymphgefässresorption durch Meder beraubt, welcher nach Durchschneidung aller den Collateralkreislauf ermöglichenden Anastomosen die Resorption ausbleiben sah. Hieraus folgt jedoch nicht nothwendig, dass die Lymphgefässe gar nicht resorbiren, da dieselben möglicherweise dnrch Unterbrechung der Blutcirculation gelähmt werden; es muss somit die in Rede stehende Frage als eine noch offene betrachtet werden. —

Mag nun die Resorption vom Unterhautzellgewebe aus durch die Venen, oder Lympfgefässe, oder durch beide zu Stande kommen, so erfolgt dieselbe jedenfalls äusserst rapid und energisch. Gleich den ersten Beobachtern (Wood, Hunter, Béhier u. s. w.) fiel der beschleunigte Eintritt der Allgemeinerscheinungen bei hypodermatischer Injection auf: eine Thatsache, die Hunter dazu veranlasste, die örtliche Medicamentwirkung bei der Injection ganz in Abrede zu stellen, und scheinbar locale Effecte ebenfalls als secundäre, von der Resorption abhängige zu deuten. Wenn auch die Mehrzahl der Autoren dieser Ansicht nicht zustimmte, so wurde doch der Thatsache eines ungewöhnlich schnellen Eintritts der Allgemeinwirkung nirgends widersprochen — natürlich nur im Vergleich zur inneren Darreichung der Medicamente, da in Hinsicht anderer Verfahren (z. B. der Infusion) es an vergleichenden Beobachtungen mangelt.

Um die Resorptionsgeschwindigkeit zu bestimmen, d. h. den Termin, bis zu welchem ein Theil der eingeführten Substanz unzweifelhaft in die Blutmasse übergegangen ist, stehen uns drei Wege offen; nämlich:

a) die Beobachtung des Eintritts der ersten, von der Resorption herrührenden Symptome der Vergiftungserscheinungen u. s. w.; —

b) der Nachweis des Mittels oder seiner Derivate in den Se- und Excreten — endlich:

c) der Nachweis im Blute selbst.

Der erste Weg erscheint auf den ersten Blick als sehr leicht und einfach; eine nähere Betrachtung wird jedoch das

Ungenügende desselben herausstellen. Zunächst können wir in dieser Weise (was freilich mehr oder weniger auch von den beiden anderen Methoden gilt) niemals den Beginn der Resorption eruiren, sondern nur die Anwesenheit einer zur Erzeugung gewisser Effecte ausreichenden Substanzmenge aus dem Auftreten dieser Effecte selbst schliessen. Dies würde freilich für den practischen Bedarf genügen, da es ja weniger auf eine absolute, als auf eine comparative Bestimmung der Resorptionsgeschwindigkeit bei verschiedenen Applicationsmethoden ankommt. — Leider giebt es aber nur bei sehr wenigen Mitteln so entschiedene und constant auftretende Symptome, die mit Sicherheit als die ersten und zugleich characteristischen Erscheinungen der Arzneiwirkung angesprochen werden könnten, und namentlich sind dieselben bei den (therapeutisch allein verwendbaren) kleineren Dosen differenter Substanzen selten so ausgeprägt und verlässlich. Es kommt dazu, dass nach subcutaner Injection die arzneilichen oder toxischen Erscheinungen häufig ganz anders oder doch in anderer Reihenfolge auftreten, wie bei der inneren Darreichung, und dass endlich, wie besonders bei den Narcoticis allgemein bekannt ist, die Symptome je nach der individuellen Empfänglichkeit ungemein variiren.

Muss man nun auch auf alle diese Verhältnisse Rücksicht nehmen, so ist doch soviel sehr leicht zu constatiren, dass z. B. prägnante Erscheinungen der Morphium- und Atropinwirkung nach hypodermatischer Einspritzung zu einer Zeit auftreten, wo sich dieselben bei innerer Darreichung noch nicht zeigen, und dass überhaupt die physiologische und therapeutische Wirkung dieser Substanzen nach der Injection viel schärfer ausgeprägt ist, als nach einer gleich starken oder selbst stärkeren inneren Dosis. Nach subcutaner Injection von $\frac{1}{8}$ — $\frac{1}{4}$ Gr. Morphium entstehen sehr häufig fast momentan Schwere in den Gliedern, Mattigkeit, Brennen im Kopfe, Verminderung der Puls- und Athemfrequenz, bei reizbaren Individuen völliges Ohnmachtsgefühl, Uebelkeit und Erbrechen; oft tritt schon nach wenigen Minuten Schlaf mit tiefer, stertoröser Respiration ein. Der Eintritt allgemeiner Narcose ist viel sicherer und früher zu erwarten, der Schlaf ununterbrochener und länger, als bei gleicher Dosis innerlich, wie ich dies bei vielen Patienten durch abwechselnde Anwendung beider Verfahren erprobt habe. — Bei subcutaner Injection von $\frac{1}{10} - \frac{1}{15}$ Gr. Atropin beobachtet man ganz gewöhnlich nach 5 — 8 Minuten eine Beschleunigung der Pulsfrequenz um 20 Schläge und mehr; oft auch (und bei grösseren Dosen constant) nach $\frac{1}{4} - \frac{3}{4}$ Stunde starke Mydriasis mit Accommodationslähmung, Trockenheit der Zunge und des Halses, Dysphagie, Sopor und zuweilen Delirien.

Noch belehrender sind die Versuche an Thieren, wo man relativ grössere Dosen toxischer Substanzen injiciren kann, und dem entsprechend eine äusserst heftige und rapide, oft fast blitzähnliche Wirkung beobachtet. Es ist bekannt, wie rasch das Woorara vom Unterhautzellgewebe aus wirkt, während es vom Magen aus nur sehr schwer und langsam (so dass man anfangs seine Aufnahme ganz bezweifelte) resorbirt wird; ähnlich verhält es sich, wenigstens bei Kaninchen, mit dem Atropin. Ich will nur einige Versuche hervorheben, die ich selbst mit sehr heftig wirkenden Giften (Blausäure, Chinin, Strychnin) an Thieren gemacht habe, um die rasche Resorption zu beweisen; das Genauere hierüber gehört eigentlich in den speciellen Theil der Arbeit, wo von den Medicamenten im Einzelnen die Rede sein wird.

Die Blausäure wird allerdings auch von den Schleimhäuten aus ungemein rasch resorbirt, wie aus den Versuchen von Magendie, Christison und Anderen bekannt ist. Ich brachte einem grossen, schwarzen Kaninchen 5 Tropfen einer 5 % Blausäure mittelst einer Pravaz'schen Spritze unter die Bauchhaut. Das Thier sass 10 Secunden lang vom Momente der Einspritzung ab ruhig, als wenn gar nichts vorgefallen wäre, fiel dann mit einem Male auf den Rücken, bekam klonische Krämpfe, und war nach kaum einer halben Minute völlig pulsund respirationslos.

Das Chinin ist bei Fröschen (und auch bei Kaninchen) ein sehr energisches Gift, welches lähmend auf die Respiration, die Herzthätigkeit und namentlich auf die Reflexerregbarkeit einwirkt. Schon Schlockow beobachtete, dass die Tödtung nach subcutaner Application, von den Lymphsäcken des Rückens aus, viel rascher und bei vier- bis sechsfach kleinerer Dosis erfolge, als vom Magen aus. — Den Eintritt der Wirkung kann man bei grösseren Dosen fast momentan beobachten. Injicirte ich bei einem Frosch 6 — 12 Tropfen einer Lösung von 1 Theil Chin. sulf. in 6 Theilen Aq. dest., so sank oft schon in der folgenden Minute Respirations- und Pulsfrequenz erheblich; das Thier machte keine Bewegungen mehr und verharrte mechanisch in der Lage, die man ihm gab; nach 5 — 10 Minuten hörten die Athembewegungen ganz auf, die Lymphherzen standen still, und die stärksten chemischen und mechanischen Reize riefen von der ganzen Hautfläche aus nirgends Bewegungen mehr hervor. — Theilweise entgegengesetzt wirkt bekanntlich das Strychnin, indem es die Reflexerregbarkeit ausserordentlich erhöht, so dass auf den geringsten Reiz tetanische Convulsionen entstehen. Selbst eine 0,001% Lösung von Strychn. nitr. ruft noch beim Frosche von der Rückenhaut aus ungemein rasch diese Erscheinungen hervor; schon nach 1—2 Minuten erfolgen bei joder Berührung, Erschütterung der Unterlage u. s. w. allgemeine Streckbewegungen des Thieres, und nach 10—15 Min. meist Stillstand der Respiration. — Der zweite Weg, um die Resorptionsschnelligkeit zu bestimmen, ist der Nachweis der injicirten Substanz in den Se- und Excreten. Dieser Weg ist natürlich nur ein indirecter; denn obwohl manche Substanzen bekanntlich sehr rasch in die Secrete (namentlich in den Harn) übergehen, so entzieht sich doch die Zeit zwischen Beginn der Resorption und Möglichkeit des Nachweises im Harn stets der Ermittelung, so dass nur ein ungefährer Schluss zulässig ist.

Von den Versuchen, die ich über das Erscheinen leicht nachweisbarer Substanzen im Harn bei Kaninchen anstellte, will ich einige hier mittheilen.

### Versuch 1.

Einem grossen, weiblichen Kaninchen wurden mit einer etwas grösseren, der Anel'schen ähnlichen Spritze 2—3 Cubikcentimeter einer sehr verdünnten Lösung von Kaliumeisencyanür in der Oberbauchgegend subcutan injicirt.

Vier bis fünf Minuten darauf wurden durch Druck auf die Blase 8 Cubikcentimeter Harn aus derselben entleert. Diese gaben, mit Eisenchlorid behandelt, eine äusserst intensive, schwarzblaue Färbung von Berliner Blau. Eine toxische Wirkung trat nicht ein.

### Versuch 2.

Zur Controlle wurde demselben Kaninchen eine ungefähr gleiche Menge desselben Präparats durch eine Schlundsonde (Catheter) in den Magen gebracht. Der nach 5 Minuten ausgepresste Harn gab noch keine Reaction auf Berliner Blau; bei einer zweiten, nach 15—17 Minuten gewonnenen Probe zeigte sich dieselbe jedoch in sehr exquisiter Weise.

### Versuch 3.

Einem grossen, weiblichen Kaninchen wurden 1½ Cubikcentimeter einer Lösung von 1 Scrupel Jod, 2 Scrup. Jodkalium in ca. 40 CC. Wasser an der linken Weiche auf einmal eingespritzt.

Nach 5 Minuten wurden 5 CC. Harn durch Druck aus der Blase entleert. Dieselben gaben, mit rauchender Salpetersäure und Chloroform behandelt, die charakteristische rosenrothe Färbung, und ebenso mit Amylum die bekannte Jodreaction in sehr ausgeprägter Weise. (Nach 10—15 Minuten traten ziemlich lebhafte Convulsionen ein, die jedoch nur kurze Zeit anhielten; der Harn zeigte die Jodreaction noch nach mehreren Stunden.)

### Versuch 4.

Von demselben Thiere zeigte, bei späterer Wiederholung des Versuchs mit einer ungefähr gleichen Dosis, der Harn nach 4 Minuten noch keine deutliche

Reaction; dagegen war dieselbe bei einer zweiten, nach 9 Minuten unternommenen Harnprobe sehr bestimmt ausgesprochen.

**Versuch 5.**

Bei Einführung einer gleichen Quantität Jod-Jodkaliumlösung in den Magen
gab die erste Prüfung, nach 10 Minuten, noch kein Resultat: die zweite, nach
18 Minuten vorgenommen, lieferte eine deutliche Jodreaction.

Der dritte und der directeste Weg, um die Schnelligkeit
der Resorption zu bestimmen, ist der Nachweis der eingeführten Substanz im circulirenden Blute selbst. Dieser Nachweis lässt sich freilich nur für wenige Substanzen auf
experimentellem Wege liefern, da die meisten entweder schon
zersetzt in den Kreislauf gelangen, oder im Blute selbst Veränderungen erleiden, welche keinen unmittelbaren Beweis für
ihre Gegenwart gestatten, und da man, um innerhalb kleiner
Zeiteinheiten zu prüfen, immer nur sehr geringe Blutquanta auf
einmal entnehmen kann; ferner kann man nicht gut toxisch wirkende, erheblich den Kreislauf störende Substanzen hierbei benutzen. Die gewöhnlich zur subcutanen Injection gewählten
Alcaloide sind daher nicht verwendbar; dagegen schien mir ein
anderer Körper, das Amygdalin, für diese Versuche sehr geeignet. Dieser krystallinische, im Wasser leicht lösliche Körper
hat bekanntlich die Eigenschaft, mit Emulsin (Synaptas) unter
Mitwirkung von Wasser schon bei geringen Wärmegraden in
Blausäure und Bittermandelöl zu zerfallen. Der bei dieser Berührung sofort entstehende, unverkennbare Blausäuregeruch bietet eine ziemlich empfindliche Reaction da, so dass relativ sehr
kleine Mengen von Amygdalin auf diese Weise zur Kenntniss
gebracht werden.

Die Versuche wurden in folgender Art angestellt. Vor Einbringung des Mittels unter die Haut (resp. in den Magen)
wurde die V. jugularis ext. auf einer Seite blossgelegt, eröffnet
und die Wunde mit einer kleinen federnden Klemme (nach
Art der Charrière'schen Pincetten) verschlossen. Die Prüfung geschah in Intervallen von je einer halben Minute, nach
Einführung des Amygdalins, in der Art, dass, nachdem der Verschluss gelüftet war, eine kleine Blutmenge in ein untergeschobe-
nes, bereits mit Emulsinlösung gefülltes und etwas erwärmtes Glas-
schälchen (Uhrglas) entnommen wurde; nachdem das nöthige
Blutquantum in das Gefäss hinabgetropft war, wurde die Venen-

öffnung sogleich wieder verschlossen. Benutzt wurde eine Amygdalinlösung von Gr. xvij in Aq. dest. ℥ij (so viel Amygdalin giebt mit Emulsin gerade 1 Gr. Blausäure) und eine Emulsinlösung von 3β in Aq. dest. ℥j.

### Versuch 1.

Grosses, schwarzes Kaninchen (Weibchen). Die V. jugularis ext. sin. blossgelegt, eröffnet und mit der Pincette verschlossen.

4h 21 — 25'. Es werden rasch hinter einander drei Spritzen mit der obigen Amygdalinlösung (im Ganzen ca. 8 Gr. Amygdalin) an der Innenseite des rechten Oberschenkels injicirt.

Jede halbe Minute Prüfung mit Emulsin.

4h 28½'. Beim Eintropfen des Blutes in das mit Emulsinlösung gefüllte Schälchen zeigt sich zuerst ein schwacher, jedoch unverkennbarer Blausäuregeruch, der bei gelindem Erwärmen über einer Spiritnslampe etwas deutlicher wird.

4h 33'. Der Blausäuregeruch ist nach und nach bedeutend intensiver geworden.

4h 44'. Der Geruch ist immer noch deutlich vorhanden, fängt jedoch bereits an, schwächer zu werden.

Die Wunde wird, nach doppelter Unterbindung der Vene, durch Naht vereinigt. Das Thier ist ganz munter und schleppt nur den rechten Schenkel etwas nach.

### Versuch 2.

Weisses Kaninchen (Weibchen). Blosslegung und Eröffnung der V. jugul. ext. sin.

3h 15'. Es werden 3 CC. obiger Amygdalinlösung auf einmal in der Regio epigastrica subcutan eingespritzt.

3h 19'. Erster schwacher Blausäuregeruch.

3h 30'. Der allmälig stärker gewordene Geruch ist noch sehr deutlich zu constatiren.

3h 40'. Die Reaction ist kaum noch wahrzunehmen. Neue Einspritzung von 2 CC. Amygdalinlösung am rechten Schenkel.

3h 45'. Der Blausäuregeruch ist wieder sehr bemerkbar geworden.

3h 56'. Keine entschiedene Reaction mehr.

### Versuch 3.

Weisses Kaninchen (Männchen). Die V. jug. ext. dextra blossgelegt, eröffnet und mit der Klemme verschlossen.

4h 45 — 50'. Es werden 3—4 CC. der Amygdalinlösung durch ein Schlundrohr allmälig in den Magen des Thieres eingeführt. Prüfung des Blutes von da ab zuerst minutenweise, dann jede halbe Minute.

5h 4'. Erste Reaction auf Blausäure: schwach wahrnehmbarer Geruch; derselbe wird, nachdem die Flüssigkeit etwas gestanden hat, deutlicher.

5h 7'. Es wird eine grössere Blutmenge auf einmal entnommen, und der Blausäuregeruch ist nun bei Emulsinzusatz sehr deutlich.

5h 15'. Noch immer sehr starker Blausäuregeruch beim Eintröpfeln.

Die Wunde wird vereinigt; das Thier zeigt, ausser einer gewissen (durch den Blutverlust erklärbaren) Mattigkeit keine weiteren Erscheinungen.

In Versuch 1. (subcutane Injection) erschien also der charakteristische Bittermandelgeruch zuerst nach $3\frac{1}{4}$ Minuten; in Versuch 2 (ebenfalls subcutane Injection) nach 4 Minuten und bei wiederholter Einspritzung nach 4—5 Minuten. In Versuch 3 (Einführung einer gleichen Portion Amygdalinlösung in den Magen) erschien die Reaction erst nach Verlauf von mindestens 14 Minuten.

Aus diesen Versuchen kann selbstverständlich nicht geschlossen werden, dass die Resorption erst nach $3\frac{1}{4}$—4, resp. nach 14 Minuten in den betreffenden Fällen ihren Anfang nahm — sondern nur, dass erst zu dieser Zeit so viel Amygdalin im Blute angehäuft war, um durch die in Rede stehende Probe nachgewiesen zu werden. Wohl aber ergiebt sich das wichtige Resultat, dass bei Einführung derselben Substanzmenge in den Magen erst nach 14 Minuten eine gleiche Accumulation des Mittels im Blute stattfand, wie vom Unterhautzellgewebe aus nach $3\frac{1}{4}$ Minuten — dass also bei subcutaner Anwendungsweise auf eine vierfach schnellere Anhäufung (und cumulative Wirkung) zu rechnen ist.

Wir haben im Anschluss an diese Versuche noch einen Punkt zu erörtern, der bereits im vorigen Kapitel kurz berührt wurde: die Frage nämlich, ob die Wahl der Applicationsstelle von Einfluss auf die Schnelligkeit und Intensität der Resorption, resp. auf die Wirksamkeit der Injection selbst ist?

Die Autoren haben diesem Punkte bisher wenig Aufmerksamkeit geschenkt. Nur Jarotzky und Zülzer (Wiener Med. Halle 1861 II. 43) erwähnen, dass nach Injection von Morphium keineswegs immer allgemeine Narcose auftritt, und bringen dies mit dem differenten Verhalten der verschiedenen Nervenbahnen in Hinsicht auf die Leitung zu den Centralorganen in Verbindung. — Südeckum (Inaugural-Abhandlung, Jena 1863), der eine Reihe von Versuchen über die Abnahme der Tastempfindung nach subcutaner Injection von Morphium gemacht hat, sagt am Schlusse: „Was den Ort der Injection in Bezug auf das Tastvermögen nach gemachter Injection betrifft, so habe ich keinen bedeutenden Unterschied der Wirkung hierbei wahrnehmen können, und es scheint, dass die Venen, Lymphgefässe und Capillaren des gesammten Unterhautzellgewebes gleich geeignet zur Resorption der injicirten Flüssigkeit sind."

Ich kann jedoch dieser Schlussfolgerung nicht beistimmen; denn da Südeckum bei seinen Versuchen immer nur die Tastempfindung in der Umgebung der Stichstelle prüfte, so kommt auch der locale Einfluss in Betracht, der, wie ich im vierten Kapitel zeigen werde, hier sogar die Hauptrolle spielt. Vergleicht man ausserdem die einzelnen Versuche von Südeckum mit einander, so wird man finden, dass die Herabsetzung des Tastvermögens in gleichen Zeiträumen und bei gleichbleibender Dosis sehr verschieden ausfiel, je nach dem Orte der Einspritzung. So stiegen z. B. die Durchmesser der Tasskreise in 20 Minuten (von der Injection ab) am Unterschenkel von 21 auf 25 Mm., an der Brust von 11 auf 20 und von 16½ auf auf 28 Mm. — in 30 Minuten am Rücken von 42 auf 49, am Fuss von 25 auf 36, am Oberarm von 12¼ auf 28, und am Thorax von 11 auf 31 Mm. —

Einen ziemlich guten Maassstab für die Beobachtung am Menschen dürfte der Eintritt allgemeiner Narcose bei Morphium-Injectionen an die Hand geben, vorausgesetzt, dass immer dieselbe Dosis des Mittels und bei denselben Individuen nach und nach an verschiedenen Körpertheilen subcutan injicirt wird. Allerdings ist nach wiederholten Injectionen auch der Einfluss der Gewöhnung zu beachten, die ja bei Narcoticis überhaupt so leicht eintritt, und beim hypodermatischen Verfahren eben so wenig ausgeschlossen wird, wie beim inneren Gebrauche; allein es lässt sich ein ziemlich sicheres Resultat doch erzielen, wenn man abwechselnd empfängliche und minder empfängliche Stellen für die Einspritzung benutzt.

So habe ich bei einem 24jährigen, an Coxitis mit den heftigsten Schmerzen und Schlaflosigkeit leidenden Manne subcutane Injectionen von ½ Gr. Morphium an den verschiedensten Stellen gemacht, um den Erfolg in Hinsicht auf Eintrittszeit und Dauer der Narcose zu vergleichen. Ich führe von jeder Körperstelle nur das Resultat bei der ersten Injection an. — Am 3. September (Abends) Injection an der rechten Leistenbeuge. Nach etwa ½ Stunde Klage über Schwindel im Kopf, grosse Mattigkeit; nach ¾ Stunde Schlaf, der fast die ganze Nacht anhält. — Am folgenden Abend Injection am Rücken, zur Seite der Wirbelsäule. Kein Schlaf, nur Gefühl von Müdigkeit und Abspannung; die Schmerzen wäh-

rend der Nacht fast so lebhaft wie sonst. — Am 5. Sept. Injection an der Innenseite
des linken Oberarms. Nach kaum 5 Minuten Brennen im Kopf, Schwere in den
Gliedern u. s. w.; nach ½ Stunde Schlaf von dreistündiger Dauer; nach kurzer Unterbrechung neuer Schlaf bis zum Morgen. — Am 7. Sept. Injection in der Regio
epigastrica: Schlaf nach etwa 20 Minuten, 4—5 Stunden ohne Unterbrechung. —
Am 10. Sept. Injection am linken Unterschenkel, an der äusseren Seite; erst nach
2 Stunden Schlaf, der kaum eine Stunde dauert, grosse Unruhe; erst gegen Morgen neuer Schlaf, ebenfalls mit Unterbrechungen. — Am 11. Sept. Injection in
der linken Schläfengegend; nach 20—25 Minuten tiefer Schlaf von fünfstündiger
Dauer; nach kurzer Unterbrechung (ca. ½ Stunde) schläft Pat. von Neuem 2 bis
3 Stunden. — Am 12. Sept. Injection am Nacken, in der Gegend der oberen
Halswirbel; nach 40 Minuten Schlaf von 2—3 Stunden. — Am 14. Sept. Injection auf der Dorsalseite des linken Vorderarms. Pat. schläft die Nacht über
fast gar nicht, und versinkt nur auf kurze Zeit in einen betäubungsartigen Zustand, aus dem er bald wieder unter Schmerzäusserungen erwacht. —

Aehnliche Beobachtungen habe ich an anderen, dazu geeigneten Patienten gemacht; und obwohl ich das Missliche der
darauf basirenden Schlüsse nicht verkenne, so glaube ich doch,
gestützt auf die Resultate sehr zahlreicher Injectionen, den Satz
aufstellen zu können, dass die Allgemeinwirkung ceteris
paribus je nach der für die Einspritzung gewählten
Localität eine wesentlich verschiedene Dauer und
Intensität darbietet. Es ist dies wohl kaum anders zu erklären, als dass eben die Resorption nicht an allen Stellen vom
subcutanen Gewebe aus mit gleicher Energie und Geschwindig-
keit vor sich geht, und dass, entsprechend diesen localen Differenzen, die Anhäufung des Mittels im Blute je nachdem, früher
oder später, oder selbst nie, den zu einer bestimmten Wirkungs-
äusserung nothwendigen Grad erreicht. Auf welchen anatomi-
schen Gründen diese Unterschiede beruhen, ob der grössere
oder geringere Reichthum an Capillaren und Lymphgefässendi-
gungen, ob ein verschiedenes Verhalten der letzteren die Ursache ist, lässt sich bei der Mangelhaftigkeit unserer Kenntnisse
über diesen Gegenstand, sowie über die Mechanik der Resorption überhaupt, zur Zeit nicht entscheiden.

Sollte ich nach meinen Beobachtungen eine Scala der verschiedenen Körperregionen in Beziehung auf die Resorptions-
verhältnisse bei subcutanen Injectionen aufstellen, so möchte ich
dieselbe, natürlich cum grano salis, etwa folgendermaassen ent-
werfen: Obenan stehen, als die günstigsten Chancen darbietend,
die Wangen- und die Schläfengegend; demnächst die Regio epi-

gastrica, die vordere Thoraxgegend, Fossa supra- und infracla-
vicularis; die innere Seite des Oberarms und des Oberschenkels; der Nacken: äussere Seite des Oberschenkels, Vorderarm,
Unterschenkel und Fuss; endlich der Rücken mit Kreuz- und
Lumbalgegend, von wo aus ich im Allgemeinen die trägste,
häufig ganz ausbleibende Wirkung beobachtet habe. Doch ist
es natürlich, dass bei der sehr verschiedenen Entwickelung des
Unterhautzellgewebes im Allgemeinen und an einzelnen Körperstellen, wie sie bei verschiedenen Individuen sich vorfindet,
Schwankungen und Abweichungen in den angegebenen Verhältnissen nicht gerade zu den Seltenheiten gehören.

Wir haben gesehen, dass bei Einbringung gleicher Mengen resorbirbarer Flüssigkeiten in das Unterhautzellgewebe und
in den Magen der Nachweis der eingeführten Substanz im Blute
bei subcutaner Application früher gelingt, als bei der inneren
Darreichung.

Es knüpft sich hieran die Frage, ob in Bezug auf die Elimination injicirter Substanzen ein ähnlicher Unterschied
stattfinde: ob nämlich der Termin ihrer völligen Ausscheidung ein früherer, die Zeit ihres Verweilens im
Organismus somit überhaupt kürzer sei. — Sehr wahrscheinlich wurde dies durch die zu therapeutischen Zwecken
unternommenen Injectionen differenter Arzneistoffe (narcotischer
Alcaloide, wie Morphium, Atropin, Strychnin, Digitalin u. s. w.),
indem sich zeigte, dass die von jeder einzelnen Dosis herrührenden Intoxicationserscheinungen in der Regel sehr rasch wieder verschwanden, und trotz ziemlich häufiger Wiederholung
der Einspritzungen (selbst mehrmals am Tage) eine cumulative
Wirkung fast nie zu Stande kam, während eine solche bei innerer Verabreichung entsprechender Substanzmengen innerhalb
gleicher Zeiträume fast constant beobachtet wurde.

Einen besseren Maassstab erhält man, wenn man mit Substanzen experimentirt, die im Harn in geringen Mengen nachweisbar sind, und den Termin ihres völligen Verschwindens aus
demselben bei subcutaner und innerer Application mit einander
vergleicht. Mehreren Kaninchen wurden gleiche Portionen Kaliumeisencyanür (10 CC. einer Lösung von 10 Gr. in 1 Dr.)

theils subcutan, theils per os beigebracht, und der Harn in entsprechenden Intervallen nach vorheriger Ansäuerung mittelst Eisenchlorid untersucht. Wie sich hierbei constant herausstellte, war nach subcutaner Injection des Mittels die Nachweisbarkeit desselben im Harn auf die ersten 24 Stunden beschränkt und die Reaction schon nach 16—20 Stunden äusserst schwach; nach der inneren Darreichung dagegen enthielt der Harn noch am zweiten und dritten Tage sehr bedeutende Mengen und selbst nach 72 Stunden noch unverkennbare Spuren von Kaliumeisencyanür; ja es war sogar die Reaction an der Gränze des zweiten und dritten Tages am stärksten. Ich will nur folgenden Parallelversuch mittheilen.

### Versuch 1.

Am 29. Juni, Nachmittags 4½ Uhr, werden einem grossen weiblichen Kaninchen 10 CC. obiger Lösung am Rücken subcutan injicirt, die Wunde sogleich durch Naht verschlossen.

Nach 3 Minuten ist der Harn noch ohne Reaction; nach 9 Minuten ist dieselbe dagegen sehr deutlich.

Am folgenden Vormittag um 10 Uhr ist die Reaction noch ziemlich stark; um 12 Uhr ebenfalls noch deutlich, jedoch offenbar bereits schwächer als im Versuch 2. Am Nachmittag um 4 Uhr lässt sich keine Spur von Kaliumeisencyanür im Harn nachweisen.

### Versuch 2.

Einem gleich grossen, weiblichen Kaninchen werden zu derselben Zeit, wie dem vorigen, 10 CC. der Lösung mittelst einer Spritze auf einmal per os beigebracht. Der Nachweis im Harn gelingt nach 10 Minuten.

Am folgenden Vormittag um 10 Uhr ist die Reaction sehr intensiv und verbleibt den ganzen Tag über auf gleicher Höhe.

Im Laufe des folgenden Tages ebenso; offenbar am stärksten ist die Reaction 48 Stunden nach Beginn des Versuchs (am 1. Juli Nachmittags um 4 Uhr): der sich bildende Niederschlag im Reagenzgläschen beträgt fast die Hälfte der Probeflüssigkeit.

Am 2. Juli Vormittags 10 Uhr noch sehr starke Reaction.

Um 12 Uhr Reaction bereits schwächer, ein fester Niederschlag jedoch noch zu erkennen.

Um 4 Uhr zeigte der Harn bei der Prüfung im Reagenzgläschen nur noch eine höchst unbedeutende blaue Färbung ohne festen Niederschlag; beim Ausbreiten auf einem Teller lassen sich jedoch noch Spuren eines solchen erkennen. Um 4½ Uhr hat jede Reaction aufgehört.

Während also in Versuch 1 die Reaction 23—24 Stunden nach der Injection vollkommen aufhörte, versagte sie in Versuch 2, bei der Application per os, erst nach 72—73 Stunden gänzlich. Gleiche Resultate ergaben sich bei Versuchen mit Jod-Jodkaliumlösung. Die Zeit zwischen der Einführung der genannten Substanzen in den Organismus und ihrem völligen Verschwinden aus den Excreten ist also 3—4mal grösser bei der Application per os, als bei subcutaner Injection, so dass die Schnelligkeit der Elimination der Resorptionsgeschwindigkeit und der Anhäufung im Blute annähernd proportional ist. Die Wichtigkeit dieses Ergebnisses für die therapeutische Verwendung der Injectionen leuchtet von selbst ein. Denken wir uns die zu obigen Versuchen benutzten Substanzen durch differenter wirkende toxische Körper ersetzt, so hätte die wiederholte Einführung derselben von 24 zu 24 Stunden bei innerer Darreichung einen bedeutenden cumulativen Effect hervorrufen müssen, weil beim Eintreffen jeder folgenden Gabe erst eine relativ geringe Quote der früheren aus dem Körper eliminirt war; — bei hypodermatischer Injection dagegen konnte eine solche cumulative Wirkung unmöglich stattfinden, weil bei jeder neuen Dosis die Ausscheidung der vorhergehenden bereits vollständig erfolgt war. Wir können also durch die subcutane Methode nicht nur die Resorptionsgeschwindigkeit und damit die energische Wirkung jeder Einzeldosis erhöhen, sondern auch dem oft unerwünschten Eintritt cumulativer Effecte bei wiederholten Arzneidosen mit grösserer Sicherheit vorbeugen.

# Viertes Kapitel.

## Oertliche Wirkungen injicirter Substanzen (Narcotica).

Bereits oben ist von örtlichen Wirkungen in dem Sinne die Rede gewesen, dass je nach der Natur des eingespritzten Mittels und des zu seiner Lösung angewendeten Menstruums Schmerz, Entzündungserscheinungen u. s. w. in verschiedenem Grade auftreten können. Man hat reizende Substanzen sogar

ausdrücklich aus dem Grunde injicirt, um eine künstliche Entzündung zu bestimmtem Zwecke hervorzurufen. — Hier soll
indessen nur von der örtlichen Wirkung gewisser narcotischer
Alcaloide die Rede sein, die ja überhaupt bis jetzt fast ausschliesslich in dieser Hinsicht genauer studirt worden sind; und
namentlich wird es sich dabei um die Frage handeln, ob diesen
Mitteln, abgesehen von der unzweifelhaften, durch Resorption
vermittelten Allgemeinwirkung noch ein specieller, topischer
Einfluss auf die unmittelbar betroffenen Theile des Nervensystems zuzuschreiben ist, oder nicht?

Diese Frage ist selbstverständlich von hoher practischer
Wichtigkeit; denn in einer grossen Anzahl (vielleicht in der
Mehrzahl) der Fälle bezwecken wir bei subcutaner Anwendung
der Narcotica neben der allgemeinen auch eine directe örtliche
Wirkung, namentlich wo es sich um locale Schmerzstillung, um
Sedirung von Krämpfen, Bekämpfung von Lähmungen u. s. w.
handelt; und manche in Vorschlag gebrachte Anwendungen des
Verfahrens beruhen wesentlich auf dieser Voraussetzung, z. B.
die locale Anästhesirung bei Operationen. Seit der Erfindung
des hypodermatischen Verfahrens hat sich die Mehrzahl der
Autoren der Annahme einer specifischen örtlichen Wirkung der
Narcotica zugeneigt, ohne jedoch wesentlich andere Gründe als
die empirische Beobachtung des localen Erfolges bei pathologisch erhöhter Erregbarkeit sensibler oder motorischer Nerven,
also die schmerz- und krampfstillende Wirkung narcotischer Injectionen, dafür anzuführen. Diese örtliche Wirkung tritt jedoch sehr häufig nicht früher zu Tage, als die von der Resorption abhängigen Erscheinungen, und würde sich daher a priori
auch als ein Theil der Gesammtwirkung des Mittels erklären
lassen. — So heisst es z. B. bei Semeleder, der eine örtliche
und eine allgemeine Wirkung unterscheidet: „Fast alle Patienten bemerken eine halbe Stunde nach der Injection leichten
Kopfschmerz, Schwindel, Uebelkeit und Brechneigung; zu gleicher Zeit hört der Schmerz auf, und es tritt dann fast immer
Schlaf ein. — Die Dauer der schmerzstillenden Wirkung ist
3—20 Stunden; zuweilen dauern die allgemeinen Wirkungen
noch am folgenden Morgen fort."

Häufig fallen allerdings die erwähnten Allgemeinerscheinungen aus, während die Schmerzstillung dennoch zu Stande

kommt; allein auch hierdurch wird zu Gunsten der örtlichen
Wirkung noch nichts bewiesen.

Wie wir gesehen haben, geht die Resorption nach subcutanen Einspritzungen mit grosser Rapidität, vielleicht momentan
vor sich. Nicht nur die Thierversuche, auch die Beobachtung
der bei therapeutischer Anwendung auftretenden Erscheinungen
liefert dafür Beweise. — Hiernach erscheint der von Hunter
gegen die örtliche Wirkung von Morphium und Atropin erho-
bene Einwand nicht ohne Berechtigung, dass der Wirkung auf
den speciellen Nerven bereits die Symptome der Resorption vor-
hergehen, die sich namentlich am Puls und an der Respiration
zuerst bemerkbar machen. Hunter nimmt demgemäss an, dass
auch der örtliche Effect nur mit Hülfe der Circulation stattfinde, und der Vorzug des hypodermatischen Verfahrens eben
nur in der leichteren, schnelleren und vollständigeren Entfaltung
der Allgemeinwirkung bestehe.

Dieser Annahme gegenüber lehrt freilich die therapeutische
Beobachtung, dass gerade die Oertlichkeit der Einspritzung
überall, wo es sich um locale, besonders um neuralgische Affectionen handelt, für den Erfolg von grösster Wichtigkeit ist.
Schon Rynd giebt an, es sei bei Neuralgieen die schmerzlindernde Wirkung um so sicherer, je näher das Injectionsfluidum
dem afficirten Theil, d. h. dem Nerven, gebracht werde. Semeleder empfiehlt die Einspritzung immer in der Nähe der
schmerzhaften Stelle, wo möglich etwas unterhalb derselben,
vorzunehmen. Auch v. Graefe legt auf die minutiöse Beobachtung der Localität grossen Werth, z. B. bei Reflexkrämpfen.
wo die vorausgehende Ermittelung etwaiger „Druckpunkte" der
zugehörigen sensiblen Nerven für die Wahl der Injectionsstelle
maassgebend ist. Ich könnte aus eigener Erfahrung ebenfalls
zahlreiche Beispiele dafür liefern, dass bei Neuralgieen das Auf-
suchen der Points douloureux oder der oberflächlichen Nervenpunkte, überhaupt die Einspritzung an Ort und Stelle von pri-
märer Wichtigkeit ist, und will nur einen Fall von doppelter
Ischias (rheumatica) bei einem 40jährigen, durchaus zuverlässigen Manne hier anführen, wo die auf der einen Seite am Sitz
des Schmerzes gemachte Injection stets auf dieser Seite eine
2 — 3tägige, völlige Analgesie zur Folge hatte, während auf der

anderen Seite nach Verflüchtigung der narcotischen Wirkung die Schmerzen sofort wiederkehrten. — Immerhin lassen jedoch diese therapeutischen Resultate noch manchen Zweifel übrig, da selbstverständlich eine Schmerzverminderung auch bei nicht an Ort und Stelle gemachter Einspritzung stattfinden kann, und messbare Differenzen sich hier nicht feststellen lassen. Es scheint daher von Wichtigkeit, ein Criterium zu besitzen, welches beweist, dass die normale physiologische Erregbarkeit sensibler Nerven an einer bestimmten Hautstelle durch Morphium-Injectionen local alterirt wird, während an anderen Stellen eine analoge Wirkung gar nicht, oder nur in viel schwächerem Grade zu Tage tritt.

Ich glaube ein geeignetes Criterium in der durch die bekannten Weber'schen Versuche ermöglichten Prüfung der Tastempfindung an den einzelnen Hautpartieen gefunden zu haben. Bekanntlich hat Lichtenfels (Sitzungsberichte der Wiener Academie, Band XVI. 3.) nachgewiesen, dass nach innerer Anwendung der Narcotica das Tastvermögen allgemein abnimmt, indem die Durchmesser der Weber'schen Tastkreise an den verschiedenen Körperstellen sich vergrössern. Südeckum beobachtete nach hypodermatischer Injection von Morphium und Atropin an der Injectionsstelle eine mehr oder weniger erhebliche Abnahme des Tastsinns, die oft mehrere (selbst 5) Stunden andauerte. Aus seinen Versuchen geht jedoch, wie schon früher erläutert, nicht hervor, ob die Wirkung eine allgemeine oder eine örtliche war, da die Prüfung nicht auch an anderen, vom Orte der Einspritzung entfernten Hautstellen gleichzeitig vorgenommen wurde.

Ich verfuhr daher in folgender Weise: Zuerst wurde mit einem Volkmann'schen Tastmesser (an dem man den Abstand der beiden, gegen einander verschiebbaren Spitzen durch einen Nonius sehr genau, bis auf Bruchtheile von Millimetern, ablesen kann) oder mit einem Tastercirkel die Grösse der Tastkreise an symmetrischen Hautstellen beider Körperhälften gemessen. Auf einer Seite wurde nun die Einspritzung gemacht, und nach derselben in verschiedenen Intervallen wiederum die Grösse der Tastkreise beiderseits genau verglichen. Es stellte sich hierbei constant heraus,

dass nach subcutaner Anwendung verschie-

dener Narcotica (Morphium, Atropin, Coffein)
die Tastempfindung an der Injectionsstelle
bedeutend herabgesetzt ist, zu einer Zeit, wo
die entsprechende symmetrische Hautstelle
der anderen Körperhälfte gar keine oder doch
nur eine relativ geringe Veränderung ihres
Tastsinns erlitten hat. Denkt man sich die variable Grösse der Empfindungskreise
an einer und derselben Hautstelle durch eine Curve ausgedrückt,
so steigt dieselbe an der Injectionsstelle bald nach der Einspritzung sehr rasch an, erreicht nach einer gewissen Zeit ihr
Maximum, und sinkt dann allmälig — während an der symmetrischen Hautstelle überhaupt gar keine, oder eine viel schwächere und spätere, oft erst mit dem absteigenden Theil jener
Curve zusammenfallende Erhebung stattfindet. Zuweilen geht
dieser Erhebung sogar eine kleine Erniedrigung vorher, d. h.
es kommt, statt zu einer Vergrösserung, anfänglich zu einer Verkleinerung der Tastkreise, somit zu verschärfter Tastempfindung,
was auf einer primär erregenden Wirkung der Narcotica in den
Centralorganen zu beruhen scheint.

Fast constant findet sich übrigens nach längerer oder kürzerer Einwirkung der Narcotica ein Spatium, innerhalb dessen
das Gefühl undeutlich ist und die Angaben schwanken, so dass
die Patienten bei gleichbleibender Distanz bald zwei Spitzen,
bald nur eine zu fühlen glauben. Ein solches Spatium findet
sich allerdings, wie besonders Volkmann dargethan, auch unter normalen Verhältnissen fast überall, ist jedoch dann viel
kleiner: während es normal in der Regel höchstens 1 — 1½ Millimeter beträgt, kann es unter dem Einflusse der Narcotica eine
Ausdehnung von 10 Millimetern, und selbst mehr noch, erreichen.

Ich will nun behufs Charakterisirung der gemachten Versuche einige davon in extenso mittheilen, bei denen Morphium,
Atropin und Coffein subcutan angewandt wurden.

(Die Zahlen der letzten sechs Columnen bezeichnen die
Spitzenabstände in Millimetern.)

| | | Constant nur eine Spitze gefühlt | | Unsicher (bald eine, bald zwei Spitzen) | | Constant zwei Spitzen | |
|---|---|---|---|---|---|---|---|
| | | links | rechts | links | rechts | links | rechts |
| 1. Mitte des Vorderarms, auf der Dorsalseite (8 Ctm. oberhalb d. Proc. styl. radic.). Injection von ⅙ Gr. Morphium links. Die Spitzen quer aufgesetzt. | Vor der Injection | 10 | 10 | — | — | 10¼ | 10¼ |
| | 5 Min. nach d. Inj. | 15 | 10 | — | — | 16 | 10¼ |
| | 20 - - - - | 22½ | 10 | — | 10½—13½ | 23 | 14 |
| | 55 - - - - | 20 | 10 | — | 10½—12 | 21 | 12½ |
| | 115 - - - - | 14 | 10 | — | — | 15 | 11 |
| 2. Aeussere Seite des Unterschenkels. Injection von ¼ Gr. Morph. muriatic. links. | Vor der Injection | 27 | 27½ | — | — | 28 | 28 |
| | 5 Min. nach d. Inj. | 29 | 27 | 29½—33 | — | 34 | 28 |
| | 15 - - - - | 32 | 27 | 33—36 | — | 37 | 28 |
| | 25 - - - - | 33 | 29 | 33½—36 | — | 37 | 30 |
| | 50 - - - - | 39 | 29 | — | 29½—32 | 40 | 32½ |
| | 120 - - - - | 31½ | 28 | 32—35 | — | 46 | 29 |
| 3. In der Schläfengegend. Injection von ¼ Gr. Morph. muriat. rechts. | Vor der Injection | 7 | 7½ | — | — | 7½ | 8 |
| | 5 Min. nach d. Inj. | 7 | 11 | — | — | 7½ | 12 |
| | 10 - - - - | 7 | 11 | — | 11½—14 | 7½ | 14½ |
| | 15 - - - - | 7 | 13 | — | 14—15½ | 8 | 16 |
| | 30 - - - - | 7½ | 14 | — | 15—17 | 8 | 18 |
| | 75 - - - - | 8½ | 14 | — | — | 9 | 15 |
| 4. Aeussere Seite des Oberschenkels, in der Gegend des Trochanter. Injection von $\frac{1}{30}$ Gr. Atropin. sulfur., links. | Vor der Injection | 57 | 59 | — | — | 57½ | 60 |
| | 10 Min. nach d. Inj. | 66 | 59 | 68—74 | — | 67 | 60 |
| | 75 - - - - | 67½ | 58 | 67—71 | — | 75 | 59 |
| | 150 - - - - | 66 | 60 | — | — | 72 | 61 |
| 5. Am Nacken, in der Mitte zwischen Atlas und Proc. mastoid. Injection von ½ Gr. Coffein, rechts. | Vor der Injection | 22 | 21 | — | — | 22¼ | 22 |
| | 8 Min. nach d. Inj. | 22 | 24 | — | — | 22¼ | 27¼ |
| | 20 - - - - | 22 | 26 | — | 24½—27 | 22¼ | 32½ |
| | 30 - - - - | 22 | 28 | 22½—26 | 26½—32 | 27 | 33½ |
| | 50 - - - - | 21½ | 29 | 22—24 | 28½—33 | 24½ | 30 |
| 6. In der Regio infraclavicularis. Injection von $\frac{1}{30}$ Gr. Atropin, links. | Vor der Injection | 15 | 14 | — | — | 15½ | 15 |
| | 5 Min. nach d. Inj. | 18 | 15 | — | — | 19 | 15½ |
| | 15 - - - - | 25 | 15 | 25½—27 | — | 27½ | 16 |
| | 65 - - - - | 24 | 17 | — | — | 25 | 17½ |

Diese Versuche beweisen zur Genüge, dass die Abnahme der Tastempfindung an der Injectionsstelle sowohl viel früher auftritt, als auch intensiver und nachhaltiger ist, als an der entsprechenden symmetrischen Hautstelle. Selbstverständlich muss man bei Vornahme dieser Experimente zwei identische Hautstellen wählen, und die Spitzen stets in derselben Richtung zur Haut aufsetzen.

Macht man die Einspritzung an einer Stelle, wo ein sensibler (oder gemischter) Nervenstamm oberflächlich unter der Haut verläuft (z. B. am Capitulum fibulae auf den N. peronaeus), so wird die Tastempfindung nicht bloss an der Injectionsstelle, sondern im ganzen Hautbezirk des betreffenden Nerven gleichzeitig herabgesetzt, an der Injectionsstelle jedoch in höherem Grade. — Diese Thatsache liefert einen wichtigen Schlüssel zum Verständniss der Wirkung hypodermatischer Einspritzungen bei Neuralgieen. Da viele (und gerade die constantesten) unter den sog. Points douloureux nichts weiter sind, als solche oberflächlich gelegene Nervenpunkte, so ergiebt sich daraus, dass es vortheilhaft ist, die hypodermatischen Einspritzungen bei Neuralgieen gerade an derartigen Punkten vorzunehmen; und da hierdurch die Erregbarkeit sämmtlicher sensibler Endverzweigungen des Stammes herabgesetzt wird, so kann auf diese Weise nicht bloss bei Neuralgieen, die vom Nervenstamm selbst ausgehen, sondern auch bei solchen, die in der peripherischen Ausbreitung desselben wurzeln, eine palliative Hülfe geschafft werden.

Bei den hierher gehörigen Versuchen theile ich, der Einfachheit halber, statt der Angaben constanter und inconstanter, einfacher und doppelter Wahrnehmung nur den mittleren Gränzpunkt (die von Volkmann sogenannte „wahrscheinlich erkennbare Distanz") mit, d. h. den Punkt, wo bei wiederholter Prüfung mit der Cirkelspritze eben so oft einfach, als doppelt gefühlt wird. Zur Controlle wurden stets vor und nach der Injection Messungen im Verbreitungsbezirk eines anderen (meist benachbarten) Nervenstammes angestellt.

### 7. (N. peronaeus).

Vor der Injection: am linken Capitulum fibulae 10¼ Mm., am Malleolus ext. (im Gebiete des N. peronaeus) 10, an der Planta (im Gebiete des N. tibialis) 12½, am Fussrücken (gemischte Innervation) 13 Mm.

Injection von ⅓ Gr. Morph. muriat. dicht unterhalb des Capitulum fibulae, in centrifugaler Richtung. — 5 Minuten nach der Injection am Capitulum fibulae

21⅓ Mm., am Malleolus ext. 15 Mm., am Malleolus int. und an der Planta unverändert.

### 8. (N. ulnaris.)

Vor der Injection: am rechten Ellbogen zwischen Olecranon und Condylus
int. 15 Mm.; an der Dorsalseite des kleinen Fingers (N. ulnaris) und zwar an
der letzten Phalanx 2⅓ Mm., an der Volarseite des kleinen Fingers (ebenfalls
N. ulnaris) 5 Mm., au der Dorsalseite der letzten Daumenphalanx (N. radialis)
5 Mm., an der Volarseite derselben Phalanx (N. medianus) 2⅓ Mm.

Injection von ⅛ Gr. Morph. muriat. am Condylus internus.

10 Minuten nach der Injection am inneren Condylus 21⅓ Mm. — an der
Dorsalseite des kleinen Fingers 3⅓ Mm. — au der Volarseite desselben 5 Mm. —
un Dorsal- und Volarseite des Daumens keine constatirbare Veränderung.

### 9. (N. Infraorbitalis.)

Vor der Injection: in der rechten Gesichtshälfte am For. infraorbitale 7⅓ Mm.,
in der Gegend des oberen Eckzahns (N. infraorbitalis) 10, in der Schläfengegend
(N. temporalis superficialis) 9 Mm. —

Injection von ⅛ Gr. Morph. muriat. an der Austrittstelle des Infraorbital-
nerven. Nach 10 Minuten am For. infraorbitale 11 Mm., an der zweiten Stelle
11⅓ Mm., an der Schläfe unverändert 9 Mm. —

Aehnliche Versuche, wie mit dem Morphium, Atropin und
Coffein habe ich auch mit dem Strychnin und Veratrin an einzelnen Patienten, denen letztere Mittel zu therapeutischen
Zwecken subcutan injicirt wurden, angestellt. Es hat sich mir
jedoch hierbei kein bestimmter örtlicher Effect in Beziehung auf
das Tastvermögen ergeben, weshalb ich auf die bezüglichen Versuche hier nicht weiter eingehe.

Durch die Resultate der Tastversuche ist meines Erachtens
der Beweis geliefert, dass Morphium und einige andere Narcotica local auf sensible Nerven (und zwar sowohl auf die Fasern
des Stammes, als auf die sensibeln Nervenendigungen der Haut)
einwirken, indem sie die Tastempfindung innerhalb der zugehörigen Hautprovinz in augenfälliger Weise herabsetzen. A priori
klingt es nicht unwahrscheinlich, dass Narcotica, subcutan auf
einen motorischen oder gemischten Nerven eingespritzt, die Erregbarkeit der motorischen Fasern gleichfalls beeinflussen soll-
ten. Ich habe, um hierüber vielleicht eine Entscheidung zu
erlangen, vor und nach subcutaner Einspritzung von Morphium
und von Strychnin auf einen oberflächlichen Nervenstamm (Peronaeus, Facialis) die elektrische Erregbarkeit der zugehörigen
Muskeln mittelst des Inductionsstromes geprüft. Wenn Bene-
dikt behauptet, dass Morphium (innerlich gegeben) die elek-

trische Reizbarkeit der Nerven ausserordentlich steigere, so habe ich wenigstens bei localer Application diese Beobachtung nie gemacht, und überhaupt einen Unterschied in der elektromusculären Contractilität vor und nach der Injection niemals wahrnehmen können. Die elektrocutane Sensibilität war, soweit es sich um gemischte Nerven handelte, mehr oder weniger vermindert; mit der elektromusculären Sensibilität war dies weniger deutlich der Fall.

Ich möchte aus diesen (allerdings nicht zahlreichen) Versuchen den Schluss ziehen, dass das Morphium, subcutan angewandt, einen örtlichen Effect auf die motorischen Fasern peripherischer Nerven, wenigstens bei normaler Erregbarkeit derselben, nicht ausübt; unter pathologischen Verhältnissen könnte ein solcher Einfluss möglicherweise dennoch stattfinden. —

Auch das Strychnin scheint einen irgend erheblichen örtlichen Einfluss auf motorische Nerven nicht zu besitzen; wenigstens habe ich bei normaler Erregbarkeit derselben eine auffällige Veränderung ihres elektromotorischen Verhaltens nach Strychnin-Injectionen an Ort und Stelle nicht wahrnehmen können. Die gerade in dem betroffenen Nervengebiet öfters vorzugsweise auftretenden spontanen Zuckungen lassen jedenfalls auch noch anderweitige Erklärungen zu.

# Fünftes Kapitel.
## Vergleich mit anderen Applications-Methoden.

Als Vorläufer der hypodermatischen Methode habe ich im ersten Kapitel die epidermatische, die endermatische und die Inoculations-Methode besprochen, deren Ursprung und Anwendung zum Theil auf demselben Grundgedanken beruhen, die Arzneimittel mehr direkt in der Nähe des leidenden Theils zu appliciren, oder eine gesteigerte Resorption zu erzielen. Von diesen älteren Methoden kann die erste, die epidermatische, wohl mit der Injection kaum in Vergleich gestellt werden, da die hierher gehörigen (anatripsologischen, cispnoischen u. s. w.) Verfahren bei der fast zur Gewissheit erhobenen Impermeabilität der unverletzten äusseren Haut die Resorption der adhibirten Arzneimittel ausschliessen, die Erfolge höchst unsicher sind, und eine rationelle Begründung derselben kaum thunlich ist, da die etwaige Wirksamkeit im einzelnen Falle von zufälligen Nebenumständen, wie der Effect des Reibens, das Aufquellen oder die chemische Zerstörung der Epidermis, die Aufnahme flüchtiger Stoffe durch die Athmung u. s. w. wesentlich bedingt wird. Wo man daher von dieser Methode noch Gebrauch macht, da geschieht es eben, wie so Vieles in der Therapie, rein empirisch, gewohnheitsmässig, und ohne gerade zu ihrer Wirksamkeit besonderes Vertrauen zu hegen. Die Verfahren von Chrestien, Brera und Anderen sind veraltet und mit Recht allgemein verlassen; auch die galvanische Application der Arzneimittel hat keine weitere Beachtung gefunden.

Die endermatische Methode scheint eher geeignet, den subcutanen Injectionen Concurrenz zu machen; sie ist (trotz des kürzlich von gewichtiger Seite gegen die Hautreize überhaupt geschleuderten Anathems) bei manchen Practikern noch übermässig beliebt und schleppt ihre Empfehlung von Lehrbuch zu Lehrbuch weiter. Dennoch muss und wird auch sie durch die Injectionen in allen Fällen vollständig verdrängt und ersetzt werden, da ihre Nachtheile, letzterem Verfahren gegenüber, zu sehr in's Gewicht fallen. Diese Nachtheile sind: 1) die viel grössere Schmerzhaftigkeit; 2) die Umständlichkeit und locale Beschränktheit der Anwendung; 3) die Langsamkeit und Unsicherheit des Erfolges. — Was den Schmerz anbetrifft, so ist das Aufstreuen von Morphium auf die entblösste Cutis oder das Einreiben desselben in Salbenform schon eine höchst unangenehme Procedur; andere Mittel übertreffen jedoch das Morphium in dieser Hinsicht bei Weitem: das Einstreuen von Chinin z. B., worüber ich keine eigenen Erfahrungen besitze, wird von Aerzten, die es versucht haben, als eine der schmerzhaften und quälendsten Operationen bezeichnet. Jedenfalls ist man schon durch diesen Umstand in der Auswahl der Mittel äusserst beschränkt.

Die grössere Umständlichkeit und Beschwerlichkeit bei der endermatischen Application bedarf wohl keiner speciellen Erläuterung. Das Vesicans bildet, falls es nicht zufällig durch den

Krankheitsprocess selbst motivirt ist, eine ganz überflüssige und belästigende Complication; die Möglichkeit eines schnellen, sofortigen Eingreifens geht dadurch verloren, dass man erst Stunden lang auf die Wirkung des Vesicators warten muss, und die Methode ist somit z. B. ganz ungeeignet, um einen neuralgischen Anfall, einen Reflexkrampf, einen Intermittens-Anfall u. s. w. zu coupiren. Allerdings könnte man einwenden, dass, nachdem die Abhebung der Epidermis einmal erfolgt ist, man immer dieselbe Applicationsfläche wieder benutzen kann und nicht eine neue Verwundung, wie bei Wiederholung der Injection, zu setzen braucht. Aber die kleinen Einstiche bei der Injection haben für den Kranken kaum etwas Belästigendes, während das längere Offenhalten des Geschwürs mit allen Beschwerden einer eiternden Wunde verbunden ist; und ausserdem wird der vermeintliche Gewinn dadurch zur Illusion, dass bei eintretender Entzündung und Eiterung der Cutis die Application nicht mehr in ein normales, sondern in ein pathologisch verändertes Gewebe stattfindet, und die Chancen für die Resorption somit immer misslicher werden.

Aus dem hier Entwickelten erklärt sich nun auch das dritte Moment, die Unsicherheit und Unzuverlässigkeit in der Wirkung. Viel grössere Dosen, als man sie hypodermatisch und selbst innerlich anzuwenden braucht, leisten oft nicht das Mindeste, wie ich denn z. B. selbst einen ganzen Gran Morphium endermatisch applicirt habe, ohne eine schlafmachende Wirkung zu erhalten, in Fällen, wo $\frac{1}{6} - \frac{1}{4}$ Gr. hypodermatisch, $\frac{1}{4} - \frac{1}{2}$ Gr. innerlich mit voller Sicherheit dieselbe hervorriefen. Einen sehr eclatanten Beweis zu Gunsten des hypodermatischen Verfahrens liefert u. A. der von Waldenburg (Med. Central-Z.. 1864, 21) mitgetheilte Fall von Aphonie durch Stimmbandlähmung, wo die drei Wochen hindurch fortgesetzte endermatische Anwendung des Strychnins (im Ganzen 2 Gr.) nicht den geringsten Effect hatte, während 11 Injectionen von im Ganzen $\frac{1}{4}$ Gr. vollständige und dauernde Heilung herbeiführten. —

Endlich ist das endermatische Verfahren auch nicht an allen Körperstellen anwendbar, und man verliert daher die Möglichkeit einer topischen Wirkung gerade in vielen Fällen, wo dieselbe besonders erwünscht ist, z. B. bei Prosopalgieen — ganz abgesehen davon, dass man überhaupt bei Neuralgieen und an-

derweitigen Neurosen dem betreffenden Nerven mittelst der subcutanen Injection viel näher kommt, und directer auf ihn zu
wirken vermag, als bei der endermatischen Methode. —
Einige Worte noch über das ebenfalls hierher gehörige Ein-
bringen von Arzneimitteln in bereits bestehende Wunden und
Geschwüre. Soweit von derartigen Localitäten aus Arzneimittel durch Resorption in's Blut gebracht werden sollen, ist das
Verfahren als im höchsten Grade unsicher und problematisch
zu bezeichnen, wie sich dies aus verschiedenen, von mir angestellten Versuchen ergab. So zeigten $\frac{1}{4}$—1 Gr. Morphium, auf
ein ulcerirtes Carcinom der Mamma gestreut oder in ein zuvor
gereinigtes Fistelgeschwür (bei Coxitis) gebracht, kaum eine
Spur von Wirkung, während $\frac{1}{8}$ oder $\frac{1}{4}$ Gr., in der Nachbar-
schaft subcutan eingespritzt, die Schmerzen linderten und mehrstündigen Schlaf hervorriefen. Es ist mindestens wahrscheinlich,
dass in eiternden Wunden u. s. w. die Bedingungen der Resorption gar nicht oder nur in sehr mangelhafter Weise vorhanden
sind; dass ferner schon vorher die eingebrachte Substanz durch
Eiter, Wundsecret, Blut in ganz unberechenbarer Weise ein-
gehüllt, ausgespült oder anderweitig unwirksam gemacht wird.
Bei ganz frischen Wunden mag der Effect, falls nur keine Blutung besteht, etwas sicherer sein, und ich würde dann diese
Application wenigstens dem Vesicans vorziehen, weil die Mittel
dabei in tiefere Schichten der Cutis oder des Unterhautzellgewebes gelangen; solche Wunden aber etwa künstlich zu diesem Zwecke zu etabliren, wäre dem so viel weniger verletzen-
den hypodermatischen Verfahren gegenüber fast als eine Bar-
barei zu bezeichnen.

---

Der Vergleich zwischen der subcutanen Injection und der
Inoculation, wie sie im ersten Kapitel beschrieben worden
ist, kann ebenfalls nur zu Gunsten der ersteren ausfallen. Was
namentlich die Inoculation par enchevillement von Lafargue
betrifft, so leuchtet es schon auf den ersten Blick ein, dass dieselbe umständlicher und complicirter ist, sowohl wegen der zeitraubenden Anfertigung der Cylindres médicamenteux, als auch,
wenn man diese immer vorräthig haben könnte, wegen einiger
in der Ausführung selbst liegender Schwierigkeiten; endlich

wird die Resorption und die directe örtliche Wirkung gewiss
nicht dadurch gefördert, dass man das Mittel in fester, nicht in
flüssiger Form in das Unterhautzellgewebe bringt, und also erst
die allmälige Auflösung desselben abwarten muss. Trotzdem
ist Lafargue der Ansicht geblieben, dass sein Verfahren den
subcutanen Injectionen allgemein vorzuziehen sei, wie er dies
noch in seiner letzten Arbeit (1861, Bull. de thér. LX. p.
22) durchzuführen sucht. Die Vorwürfe, die er bei dieser Gelegenheit der Wood'schen Methode macht, sind fast zu schwach
fundirt, um überhaupt einer Widerlegung zu bedürfen. In erster
Reihe figurirt die Höhe des Preises für den Apparat; aber ganz
davon abgesehen, dass auch zum Lafargue'schen Verfahren
specielle Instrumente gehören, ist dieser Preis doch nicht so bedeutend, um beschäftigte Practiker, welche häufig zur Anwendung des Instruments Gelegenheit haben, von der Anschaffung
desselben abzuschrecken. Es liesse sich auch erwidern, dass der
Kranke sich beim Wood'schen Verfahren jedenfalls besser
steht, da er nicht die gewiss kostspielige Bereitung der Cylinder bezahlen muss. Lafargue hebt ferner die leichte Dete-
rioration des Instruments hervor: es wird jedoch höchstens die
Nadel durch Oxydation und Abstumpfung verdorben, und dies
ist gewiss ebenso bei den von Lafargue angegebenen, ganz
ähnlichen Nadeln der Fall. Endlich behauptet Lafargue, die
Injection sei umständlicher (!) und die Genauigkeit der Dosirung
dabei nur scheinbar, indem der Inhalt „par son frottement con-
tre les parois trop graissées du corps de pompe" viscös werde.
Der erste Vorwurf wird aber wohl in den Augen jedes Unbe-
fangenen eine Retorsio argumenti zulassen, und der zweite er-
ledigt sich dadurch, dass das Einölen der Spritzenwände gar
nicht, am wenigsten aber „zu sehr" erforderlich ist. Diese
durchaus hinfälligen Argumente sind also keineswegs geeignet,
die Superiorität des hypodermatischen Verfahrens, der Inoculation gegenüber, irgendwie zu erschüttern. Uebrigens möge Jeder, der Lust dazu hat, letzteres Verfahren gelegentlich in Er-
mangelung einer Spritze in Gebrauch ziehen; nur würde ich
dann immer noch dem einfacheren und mit jeder Impflanzette
zu verrichtenden älteren Verfahren vor der Inoculation par
enchevillement den Vorzug einräumen. Auch ersteres hat jedoch, den subcutanen Injectionen gegenüber, den Nachtheil, dass

man zahlreiche Impfstiche machen muss, somit ein grösseres Terrain, mehr Zeitaufwand von Seiten des Arztes und Geduld von Seiten des Patienten erforderlich sind.

---

Bei den bisher in Vergleich gestellten Methoden handelte es sich darum, den Beweis der Entbehrlichkeit und der völligen Ersetzbarkeit derselben durch das viel zweckgemässere hypodermatische Verfahren zu liefern. Vergleichen wir nun letzteres mit der inneren Anwendung der Arzneimittel, und suchen wir auch hier gewisse Vorzüge der subcutanen Application geltend zu machen, so geschieht dies doch nur in dem Sinne, dass dieselbe für zahlreiche, aber immerhin die Ausnahme bildende Fälle empfehlenswerth sei; im Allgemeinen wird die innere Methode wohl stets, und mit Recht, ihre Souverainetät behaupten, und Wenige werden dem kühnen Beschlusse der „Amer. med. Association" beistimmen, wonach die innere Medication förmlich proscribirt und durch das subcutane Verfahren allgemein ersetzt werden sollte.

Es stehen sich vielmehr hier, wie leicht einzusehen, Vortheil und Nachtheil auf beiden Seiten gegenüber; und wenn häufig das subcutane Verfahren den Vorzug verdient, so ist dasselbe wiederum in einer grossen Reihe von Fällen seiner Natur nach ganz unanwendbar.

Die Nachtheile der subcutanen Injectionen im Allgemeinen, der inneren Application gegenüber, sind: 1) die nothwendige Beschränkung in der Wahl, Form und Dosis der Mittel; 2) die Neuheit für den Patienten und die mit der Procedur verbundene Schmerzhaftigkeit; 3) die Heftigkeit der Wirkung, die öfters unerwünscht ist und eine sorgfältige Ueberwachung des Patienten erforderlich macht.

Von wesentlichem Gewicht ist unter diesen Momenten besonders das erste. Die Beschränkung in der Wahl der zu injicirenden Substanzen ergiebt sich daraus, dass im Allgemeinen alle diejenigen Mittel und Präparate hier auszuschliessen sind, die zu örtlichen Gewebsveränderungen gefährlicher Art Veranlassung geben können; ferner alle diejenigen, die entweder gar nicht, oder nur in grossen Flüssigkeitsmengen, oder in einem stark reizend wirkenden Menstruum löslich sind; endlich alle,

die zu ihrer Wirkung eine grössere Dosis erfordern, da die Injection durchaus auf kleine Flüssigkeitsquanta beschränkt bleiben muss. Es verbietet sich aus diesen Gründen die Anwendung fast aller Metallsalze, ferner die Anwendung scharfer, reizender oder caustisch wirkender Substanzen (ausser wenn man,
nach Luton's Vorschlage, eine örtliche Entzündung dadurch
etabliren will) schon von selbst; ferner eine Menge indifferen-
ter und nur bei grösserer Dosis wirksamer vegetabilischer Mittel.
Schliesslich reducirt sich das Verfahren auf eine kleine Anzahl
differenter, hauptsächlich der Klasse der Narcotica angehöriger
Körper, und auch diese können fast nur in Form der sog. Alcaloide, welche die relativ kleinste Dosis gestatten, zur Anwendung kommen. Letzteres ist ebenfalls mit einigen Uebelständen
verbunden; denn obwohl die Alcaloide im Allgemeinen zu den
wirksamsten und brauchbarsten Präparaten gehören, so sind doch
manche von ihnen nicht überall rein zu erhalten, ihre Darstel-
lung und ihr Gehalt an wirksamem Princip zum Theil noch
streitig, ihre Wirkung noch wenig studirt, und sogar die anzu-
wendende Dosis noch fraglich, oder schon für den inneren Gebrauch eine so minimale, dass man sich schwerlich zu der die
Action des Mittels so sehr potenzirenden subcutanen Anwendung
entschliessen dürfte. —

Es ist ferner hervorzuheben, dass die hypodermatischen Injectionen den Patienten zum Theil ungewohnt und fremdartig
sind; dass sie wegen der damit verbundenen operativen Procedur etwas Furchterweckendes haben, und der Kranke das un-
mittelbare Verständniss für ihre Wirkung nicht besitzt, sie daher auch mit erklärlichem Misstrauen begrüsst. Dies verliert
sich freilich mit dem ersten günstigen Erfolge der Injectionen;
immer aber bleibt die Schmerzhaftigkeit während und nach der
Einspritzung eine für den Patienten unangenehme Begleiterin
des Verfahrens. Meist nur minimal und rasch vorübergehend,
wie wir oben gesehen haben, kann sie sich bei sehr empfindlichen Personen doch ausnahmsweise bis zu einer lebhaften Reaction des ganzen Nervensystems steigern.

Der dritte Nachtheil, dass die Wirkung des Mittels bei
subcutaner Application oft mit ungewöhnlicher Heftigkeit auftritt und daher eine sorgfältige Ueberwachung des Kranken in
der ersten Zeit nach der Einspritzung erforderlich ist, trifft be-

sonders die Anwendung der Injectionen in der Privatpraxis, wo
eine solche Controlle nicht immer stattfinden kann. Jedoch lässt
sich diesem Uebelstande wenigstens zum Theil vorbeugen, indem
man bei Patienten, deren individuelle Empfänglichkeit nicht bekannt ist, mit minimalen Dosen beginnt, und sie auf etwa eintretende beunruhigende Symptome (z. B. das Erbrechen bei
Morphium-Injection) vorbereitet. —

Dies sind die wesentlichen Nachtheile der hypodermatischen
Methode; obwohl nicht ohne Bedeutung, verschwinden sie doch
vor den Vorzügen, welche das Verfahren im einzelnen Falle der
inneren Medication gegenüber darbietet. Diese Vorzüge ergeben sich zum Theil schon aus dem in früheren Kapiteln Besprochenen; noch einmal zusammengefasst sind es hauptsächlich
folgende: 1) die Allgemeinwirkung des Mittels, somit der auf
ihr beruhende therapeutische Effect erfolgt rascher, sicherer und
mit grösserer Energie; 2) man kann mit der Allgemeinwirkung
in vielen Fällen eine zweckentsprechende örtliche Action verbinden; 3) das Verfahren ist in einer grossen Reihe von Fällen
anwendbar, wo die innere Application von Arzneimitteln contraindicirt, die Resorption vom Magen und Darmkanal aus erschwert ist; 4) es passt auch für Mittel, deren Resorption unter allen Umständen von der Gastrointestinalschleimhaut aus nur
sehr schwierig und langsam erfolgt, z. B. Woorara; 5) man ist
dadurch eher im Stande, den nachtheiligen und unerwünschten
Eintritt cumulativer Arzneiwirkungen bei rasch wiederholter
Dosis zu verhindern oder auf ein Minimum zu beschränken.
Als leichtere Momente sind noch hervorzuheben: 6) die unangenehme Geschmacksempfindung fällt weg und man hat, namentlich bei Kindern, nicht mit dem Widerstand gegen das Einnehmen von Arznei zu kämpfen, da man sie mit der Injection
gleichsam überraschen kann; 7) es sind kleinere Dosen und eine
seltene Application erforderlich, was bei manchen Mitteln, z. B.
dem Chinin, auch in finanzieller Hinsicht, besonders für die
Hospital- und Armenpraxis, nicht unerheblich in's Gewicht fällt.

Einer näheren Erläuterung bedarf nur der dritte Punkt, da
die beiden ersten, sowie der fünfte, im dritten und vierten Kapitel speciell erörtert worden sind, und die übrigen sich aus der
Natur des Verfahrens von selbst ergeben. Die innere Anwendung von Arzneimitteln kann entweder relativ oder absolut con-

traindicirt sein: relativ eben im Verhältniss zur hypodermatischen Injection, indem die letztere unangenehme Nebenwirkungen vermeidet, welche man sonst mit in den Kauf nehmen müsste; absolut in der Weise, dass man unbedingt zu anderweitigen Applicationen greifen müsste, auch wenn das hypodermatische Verfahren nicht zu Gebote stände. Im ersteren Falle hat man also die Wahl, aber mit überwiegendem Vortheil zu Gunsten der Injection; im zweiten ist letztere dringend indicirt, da sie allen anderen Applicationsweisen (auch der Infusion) vorgezogen zu werden verdient. Zu der ersteren Kategorie gehören namentlich die einfacheren, sog. gastrischen Zustände, wie sie nicht nur bei leichten katarrhalischen Afectionen der Verdauungsschleimhaut, sondern auch consecutiv bei Localaffectionen benachbarter und entfernter Organe, ferner fast bei allen fieberhaften Erkrankungen, bei Intermittens u. s. w. vorkommen; zu der zweiten die intensiveren Functionsstörungen. Structur- und Secretionsanomalieen im Gebiete des Digestionstractus, wo sowohl eine in hohem Grade mangelhafte und unvollkommene Resorption, als auch eine Reizung der erkrankten Schleimhaut, eine Steigerung und Verschlimmerung schon bestehender Localleiden bei der inneren Medication zu erwarten wäre. Hier sind u. A. die Zustände von hartnäckiger Brechneigung, von Brechdurchfällen u. s. w. zu erwähnen, wo die eingeführten Arzneimittel sofort wieder ausgeworfen werden; die oft so verderbliche Hyperemesis während der Schwangerschaft und Geburt u. s. w. — In einer dritten Reihe von Fällen ist die Einführung von Arzneien in den Magen aus mechanischen Gründen erschwert oder ganz unmöglich, sei es, dass ein organisches Hinderniss besteht, wie bei Stenosen des Oesophagus und der Cardia; oder dass Schling- und Schluckversuche von Seiten des Patienten zu den gefährlichsten Paroxysmen Veranlassung geben, wie beim Tetanus und der Hydrophobie; oder dass der Kranke sich der Arzneiaufnahme hartnäckig widersetzt, wie es bei mentalen Störungen so häufig der Fall ist. — So viel im Allgemeinen; das Nähere über die sich hieraus ergebenden Indicationen kann selbstverständlich erst bei Besprechung der einzelnen Mittel zur Erörterung kommen.

Die Application von Arzneimitteln durch den Mastdarm kann nur in so weit mit dem hypodermatischen Verfahren concurriren, als es sich dabei nicht um locale Zwecke, sondern um eine zu erzielende Allgemeinwirkung handelt. Hier kommt fast ausschliesslich die noch immer ziemlich beliebte Anwendung der Narcotica, namentlich des Opiums, in Klystierform in Betracht. Dass man dieselbe vortheilhaft und mit weniger Umständen durch die subcutanen Injectionen ersetzen könnte, unterliegt kaum einer Frage. Ich berufe mich hier auf das Urtheil von Bennet, der in zahlreichen Fällen, wo er früher Opium-Klystiere anwandte, sich neuerdings der Morphium-Injectionen bediente und die Vorzüge dieses Verfahrens erörtert (Lancet, 12. März 1864).

Dagegen dürfte eine etwas eingehendere Parallele zwischen der subcutanen Injection und der Infusion in die Venen wohl gerechtfertigt erscheinen. Letztere besitzt ohne Zweifel einen Theil der den Injectionen nachgerühmten Vorzüge in exquisitester Weise: das Mittel gelangt direct in die Blutmasse, und die Wirkung erfolgt mit ausserordentlicher Rapidität und Energie, wie man sich durch Versuche an Thieren leicht überzeugen kann. Auch ist die Methode am Thier merkwürdigerweise fast absolut gefahrlos; dagegen ist ihre Anwendung beim Menschen mit den grössten Bedenken verbunden, wie selbst die ihr am günstigsten gesinnten Autoren (Laurent und Percy, Dieffenbach und Andere) zugeben. Ganz davon abgesehen, dass das kleinste Versehen bei der Operation, zu rasches Infundiren, Lufteintritt u. s. w. den Tod herbeiführen kann, so bringen selbst die indifferentesten Stoffe (laues Wasser) nicht selten eine heftige Aufregung, Schüttelfrost und andere bedenkliche Zufälle hervor, und schliesslich stehen die Gefahren einer Phlebitis im Hintergrunde. Dieffenbach empfiehlt die Infusion noch beim Scheintode (bei Erstickten, Erhenkten, Ertrunkenen), beim Trismus, bei der Hydrophobie, der Epilepsie, bei fremden, im Schlunde stecken gebliebenen und nicht rasch herauszufördernden Körpern; Andere haben sie auch beim Typhus (Hemman) und bei der Cholera (Froriep) mit angeblichem Erfolg angewendet. — Ich glaube, dass man in allen von Dieffenbach citirten Fällen die Infusion durch das hypodermatische Verfahren ersetzen kann — ausser vielleicht beim Scheintode,

wo ein hochgradiges Daniederliegen des Resorptionsprocesses zu
erwarten ist, und daher die Injection weniger passend erscheint.
Allerdings vergeht bei der Injection ein gewisser, wenn auch sehr
kleiner Zeitraum zwischen der Einspritzung und der Anhäufung
des Mittels im Blute; dieser Nachtheil wird aber reichlich dadurch compensirt, dass bei der Infusion verschiedene, mehr oder
weniger zeitraubende Vorbereitungen erforderlich sind: Anlegung
der Aderlassbinde, Blosslegung der Vene, Durchführung der Fä-
den, Eröffnung des Gefässes und Einführung der Canüle u. s. w. —
während die Injection mit dem Instrumente von Luer fast in
demselben Augenblicke begonnen und beendet sein kann. Es
ist also möglicherweise durch Injection die beabsichtigte Wirkung
noch schneller zu erreichen, als durch Infusion; ausserdem ist
erstere Methode absolut unschädlich, während die letztere selbst
das Leben gefährdet, und man sollte daher meines Erachtens
niemals zur Infusion schreiten, ohne vorher mit den Injectionen wenigstens einen Versuch vorgenommen zu haben.

# Sechstes Kapitel.

## Indicationen im Allgemeinen.

---

So weit sich für ein Verfahren, wo der Kreis der anzuwendenden Mittel noch so wenig bestimmt und umgränzt ist,
allgemeine Indicationen überhaupt aufstellen lassen, können
wir dieselben nach dem bisher Erörterten etwa in folgender
Weise präcisiren:

Das hypodermatische Verfahren ist im Allgemeinen und vorausgesetzt, dass die in Frage kommenden
Mittel sich für dasselbe eignen, angezeigt:

1) Wo es sich darum handelt, die Allgemeinwirkung eines Mittels möglichst rasch und in
möglichst kräftiger Weise hervorzurufen; also
wo vitale Indicationen bestehen, wie bei Vergiftungen,
bei Erstickungsgefahren, wo ein nahe bevorstehender

oder bereits eingetretener Paroxysmus bei anfallsweise auftretenden Krankheiten coupirt werden soll, wie bei Neuralgieen, Krämpfen, Intermittens u. s. w.

2) Wo man mit der Allgemeinwirkung eine directe örtliche Wirkung auf sensible (oder motorische) Nerven verbinden will, also bei Affectionen der verschiedensten Art im Gebiete der peripherischen Nerven, Neuralgieen, Krämpfen, Lähmungen u. s. w. — überhaupt bei den mannigfaltigsten schmerzhaften Localaffectionen, wo der Schmerz als die Folge entzündlicher oder anderweitiger Gewebsveränderungen zu betrachten ist.

3) Wo die innere Anwendung der Mittel durch functionelle Störungen im Bereich der Verdauungsorgane contraindicirt ist, wie bei gastrischen Zuständen, bei hartnäckigem Erbrechen, Brechdurchfall u. s. w. — oder wo dieselbe durch mechanische Hindernisse erschwert, resp. unmöglich geworden ist, wie bei starker Angina, bei Stenosen oder fremden Körpern im Oesophagus, bei Trismus und Hydrophobie, bei Arzneiverweigerung der Irren. —

Als Contraindication kann nur der für den Zweck der subcutanen Einspritzung ungeeignete Charakter des anzuwendenden Medicaments betrachtet werden, sowie in der Privatpraxis die Unmöglichkeit einer zuverlässigen Beaufsichtigung des Kranken nach Injection differenter Substanzen, da alle sonst geltend gemachten Uebelstände sich bei Anwendung der nöthigen Cautelen vermeiden, oder doch auf ein Minimum zurückführen lassen.

# Specieller Theil.

.

# Siebentes Kapitel.

## Uebersicht der zu Injectionen benutzten Medicamente.

Von den Autoren sind, wie sich aus der Einleitung ergiebt, am häufigsten die Opium-Präparate (Morphium, ausserdem Tinct. und Extr. Opii), sodann Atropin, Strychnin, Woorara und Chinin zu Injectionen benutzt worden. Hunter hat auch mit Tinct. Cannabis ind. und mit Chloroform, v. Franque mit Tinct. Aconiti und Tinct. Digitalis, M'Leod mit Blausäure Einspritzungen gemacht. Zu rein örtlichen Zwecken wurden Brom, Liq. Ammonii caust., Alcohol, Tinct. Cantharidum, Tinct. Jodi und gesättigte Lösungen verschiedener Metallsalze (Chlornatrium, Argentum nitr. und Cuprum sulfuricum), endlich verdünnter Liq. Ferri sesquichlorati in Anwendung gezogen. — Ich habe aus der Gruppe der Narcotica, ausser den Opiumpräparaten, Atropin und Strychnin auch mit Coffein, Aconitin, Coniin, Veratrin und Digitalin Versuche gemacht. Von anderen Alcaloiden habe ich Chinin und Emetin, ausserdem noch Tinct. Cannabis ind., Liquor Ammonii anisatus und Campher, bei Thieren auch Tart. stib. subcutan injicirt.

Hiermit ist natürlich der Kreis der zur Injection geeigneten Substanzen bei Weitem nicht geschlossen; es dürften namentlich noch manche der Klasse der Narcotica und Sedativa, sowie auch der Excitantia angehörige Mittel und einzelne Metallsalze für die subcutane Anwendung nicht ungünstige Chancen darbieten. Beispielsweise steht vielleicht der hypodermatischen Application des Ergotins in der Geburtshülfe noch eine Zukunft bevor; und ebenso halte ich Injectionen von Sublimat, von Sol. Fowleri u. s. w. unter Umständen für brauchbar. So thöricht es wäre, mit allen möglichen Mitteln herum zu experimentiren, wo gar kein besonderer Vortheil zu erwarten steht und der Patient durch die Procedur nur unnütz belästigt wird, so ist eine weitere Ausdehnung der Methode doch gewiss gerechtfertigt, und es ist zu hoffen, dass bei verallgemeinerter Anwendung derselben noch manches neue Terrain für sie erkämpft, mancher bisher unsichere Besitz befestigt werden wird.

# Achtes Kapitel.
## Opium und Morphium.

Ueber die subcutane Anwendung der Opium-Präparate und die daraus sich ergebenden physiologischen und therapeutischen Thatsachen liegt bereits eine verhältnissmässig grosse Literatur vor.

Die meisten Autoren haben sich ausschliesslich des Morphiums, und zwar der meconsauren, salzsauren und essigsauren Salze desselben bedient. Von Einzelnen (Wood, Hunter, v. Franque) ist auch Tinct. Opii acetica oder simplex benutzt worden, und Lebert empfiehlt nach Versuchen an Thieren als geeignetste Form das Extr. Opii mit Aq. dest. ana. Die genannten löslichen Morphiumsalze wurden meist in wässerigen Lösungen (von Gr. ij — vj in Aq. dest. Drachm. j) angewandt; nur Rynd empfahl eine Auflösung von 10 Gr. Morphium in 1 Drachme Kreosot.

Was die Dosis betrifft, so variirt diese innerhalb der grössten Dimensionen, wie aus folgender Scala hervorgeht.

Es injicirten von Morph. acet. oder muriat. pro dosi:

Semeleder $\frac{1}{36}$ — $\frac{1}{43}$ Gr.,

Südeckum $\frac{1}{10}$ — $\frac{1}{5}$ Gr.,

v. Graefe $\frac{1}{10}$ — $\frac{1}{2}$ (durchschnittlich $\frac{1}{6}$ — $\frac{1}{5}$) Gr.,

Neudörfer $\frac{1}{10}$ — $\frac{1}{4}$ Gr.,

Hermann $\frac{1}{8}$ — $\frac{1}{4}$ Gr.,

Oppolzer (ungefähr) $\frac{1}{4}$ — $\frac{1}{6}$ Gr.,

Hunter $\frac{1}{2}$—$\frac{3}{4}$ Gr.,

Jarotzky und Zülzer $\frac{1}{4}$—$\frac{1}{8}$ Gr.,

Nussbaum $\frac{1}{2}$—1 Gr.,

Bardeleben bis zu 1 Gr.,

Ogle 1 Gr.,

Rynd 1 Gr.,

Scholz 1—1$\frac{1}{2}$ Gr.

Auch nach den ganz grossen Dosen von 1 Gr. und darüber sollen niemals erhebliche Vergiftungserscheinungen eingetreten sein, während andererseits schon nach den minimal zu nennenden Dosen üble Zufälle leichterer Art beobachtet wurden. Ich habe bereits bei einer früheren Gelegenheit darauf hingewiesen, dass die ausserordentlich kleinen Dosenangaben von Semeleder offenbar auf einem Fehler in der Berechnung beruhen; und ebenso dürfte es sich wohl bei einigen, in das entgegengesetzte Extrem verfallenden Autoren verhalten. Nach meinen Erfahrungen wenigstens zeigten sich bei Patienten und Krankheiten der verschiedensten Art $\frac{1}{6}$—$\frac{1}{3}$ Gr. stets ausreichend. In der Regel wurde $\frac{1}{4}$ Gr. injicirt; wo das Verfahren voraussichtlich oft wiederholt werden musste, wurde mit $\frac{1}{8}$—$\frac{1}{6}$ Gr. (bei Kindern mit noch weniger) begonnen, um allmälig zu $\frac{1}{4}$—$\frac{1}{2}$ Gr. zu steigen. Ich glaube, dass man nur in ganz seltenen und schweren Fällen (z. B. bei Delirium tremens) nöthig hat, über $\frac{1}{2}$ Gr. hinauszugehen, und halte die Anwendung so grosser Dosen unter gewöhnlichen Umständen für bedenklich und unmotivirt, da in der That nach viel kleineren Gaben häufig schon recht unangenehme und lang andauernde Nebenwirkungen auftreten.

Die Tinct. Opii simpl. habe ich zu Gtt. 5—10 und das Extr. Opii in der von Lebert angegebenen Form zu Gr. ij in einzelnen Fällen hypodermatisch angewandt, jedoch ohne besondere Vortheile. In der Regel bediente ich mich einer Lösung von

℞

Morphii muriat. Gr. iv

Acidi muriat. Gtt. iv

Aq. dest. ʒj

oder einer analog zusammengesetzten Lösung von Morph. acet. Leider scheidet sich aus so starken Lösungen trotz des Säurezusatzes ein Theil des Salzes bald aus, und man muss dann, um die frühere Concentration herzustellen, die Flüssigkeit vor dem Gebrauch etwas erwärmen. Das salzsaure Morphium scheint diesen Uebelstand in etwas grösserem Maasse zu besitzen, als das essigsaure. Bei diluirteren Lösungen kann man ihn allerdings vermeiden; man hat aber dann den Nachtheil, dass man grössere Flüssigkeitsquanta einspritzen muss. Die von Rynd angegebene Creosotlösung bleibt freilich ganz klar; ich möchte jedoch ihre Anwendung durchaus widerrathen, da sie örtlich sehr stark irritirend wirkt, Entzündung und Blasenbildung hervorruft, wie ich dies in einem (bereits im zweiten Kapitel erwähnten) Falle selbst beobachtet habe.

---

Die physiologischen Erscheinungen, welche nach subcutaner Anwendung der Opiumpräparate, namentlich des Morphiums, beobachtet werden, variiren in sehr hohem Grade je nach der Stärke der injicirten Dosis, der individuellen Empfänglichkeit, und selbst, wie wir gesehen haben, nach dem Orte der Application. —

Vor Allem zeigen sich diese Abstufungen in der Wirkung auf das Nervensystem. Die Angaben der Autoren über die nach Morphium-Injection auftretenden Allgemeinerscheinungen beziehen sich meist auf kranke Individuen; ich habe jedoch auch bei ganz gesunden Personen (z. B. an mir selbst) Versuche der Art angestellt. Hier macht sich sofort der grosse Unterschied bemerkbar, dass die Wirkung auf das Nervensystem überhaupt, namentlich der narcotisirende Einfluss, bei Gesunden in viel geringerem Grade hervortritt, als bei Kranken. Nach Injectionen mittlerer Dosen von $\frac{1}{6}$, $\frac{1}{4}$, höchstens $\frac{1}{2}$ Gran finden bei Ersteren in der Regel keine irgend erheblichen Erscheinungen von Seiten des Nervensystems statt. Gewöhnlich geben dieselben nach einigen Minuten, oft auch erst später, ein Gefühl von Wärme im Kopf und Schwere in den Gliedern, bald auch eine gewisse Mattigkeit und leichte Benommenheit als Symptom an. Ich selbst spürte nach Injection von $\frac{1}{6}$ Gr. Morph. muriat. am Oberarm nach 5—10 Minuten ein leichtes Gefühl von Brennen im Kopf, namentlich im Hinterkopf, und eine geringe Ermüdung, die jedoch an keiner Art der Thätigkeit hinderte. Nach einer Stunde waren diese an sich unbedeutenden Erscheinungen vollkommen verschwunden, und Schlaf trat nicht vor der gewöhnlichen Zeit ein.

Die Wirkung auf Circulation und Respiration ist unter normalen Verhältnissen ebenfalls sehr geringfügig, noch dazu inconstant. Die Pulsfrequenz wird zu Anfang gar nicht oder doch nur unerheblich (um 6—10 Schläge in der Minute) vermehrt, später in der Regel etwas verlangsamt. Hunter sah nach Injection von ⅛ Gr. Morphium am Arm den Puls in einer Minute von 80 auf 76 sinken, gleichzeitig voller und kräftiger werden; nach 12 Minuten war die Pulsfrequenz 66. Ich habe, wie gesagt, in der Regel erst ein Steigen beobachtet, was auch mit der Mehrzahl der Untersuchungen bei innerer Anwendung des Opiums übereinstimmt. Freilich waren die von mir angewandten Dosen stets kleiner. — Die Frequenz der Athemzüge wird ebenfalls anfangs nicht selten etwas erhöht, kehrt jedoch bald wieder zur Norm zurück. Die Hauttemperatur sah ich in einigen Fällen um 0,2—0,5° C. steigen, und gleichzeitig trat nicht selten vermehrte Hautsecretion ein, zuweilen auch ein Gefühl von Jucken und Prickeln, namentlich im Gesichte. —

Viel entschiedener zeigen sich die Erscheinungen der Morphiumwirkung bei kranken, nervös reizbaren oder für Narcotica sehr empfindlichen Individuen schon nach Injection kleiner oder mittlerer Dosen. Häufig kann man ein Stadium der primären Erregung und der secundären Depression unterscheiden. Das erstere, meist von sehr kurzer Dauer, beginnt oft fast momentan nach der Injection; es äussert sich durch allgemeine Unruhe, Angst, Schwindel, Zittern der Glieder, Flimmern vor den Augen, Respirations- und Pulsbeschleunigung, Hitze der Haut, brennenden Kopfschmerz. Nach 5—10 Minuten verlieren sich diese Symptome und die Kranken verfallen in einen ganz entgegengesetzten Zustand von Betäubung, Stupor, selbst völliger Ohnmacht; das Gesicht wird bleich, die Haut kühl, das Aussehen gänzlich verstört: die Patienten können sich nicht allein aufrecht erhalten, sinken um und fühlen sich im höchsten Grade hinfällig und abgeschlagen; dabei beobachtet man dann (namentlich wenn stärkere Dosen angewandt wurden) die schönste Opium-Myosis. Nicht ganz selten schon jetzt kommt es zu Uebelkeit und zu wirklichem Erbrechen; häufiger jedoch stellt sich dies innerhalb der nächsten Stunden, einmal oder wiederholt, ein. —

Wirklicher Schlaf erfolgt keineswegs constant, etwa unter drei
Fällen zweimal; wenn es überhaupt dazu kommt, bald früher,
bald später, doch selten unter 20—30 Minuten nach der Einspritzung. Auch die Dauer ist sehr verschieden, bald nur
¼—1 Stunde, bald 4—8 und selbst länger als 12 Stunden*);
die Respiration während des Schlafes ist tief, regelmässig und
nicht selten, namentlich im Anfang, stertorös; der Puls häufig
verlangsamt. Unruhige Träume und Delirien, wie im Atropin-
schlaf, sind selten. In der Regel erwachen die Kranken frei
und gestärkt; nur selten ist noch ein Rest allgemeiner Benommenheit und Abspannung auch am folgenden Tage vorhanden.

Häufig wird die primäre Erregung ganz vermisst, und es
treten gleich die Erscheinungen der Schwäche und Depression
in grösserem oder geringerem Maasse hervor.

Die schlafmachende Wirkung erklärt sich nach Hunter
dadurch, dass Herz- und Athemthätigkeit vermindert, folglich
ein verlangsamter Blutumsatz im Gehirn und verringerte Oxydation des Blutes hervorgebracht wird. Es ist jedoch hiergegen
zu bemerken, dass keineswegs überall, wo unter dem Einflusse
der Morphium-Injection Schlaf auftritt, auch die Respirations-
und Herzthätigkeit herabgesetzt wird; eine wesentliche Verminderung der Puls- und Athemfrequenz wird vielmehr nur unter
Umständen, wo dieselben pathologisch sehr bedeutend erhöht
waren, z. B. in fieberhaften Krankheiten, bei grosser psychischer
Aufregung u. s. w. beobachtet.

Einen bemerkenswerthen Fall von eigenthümlicher Einwirkung des Morphium auf die motorische Sphäre theilt Südeckum
mit (Diss. inaug. p. 22). Einem an Neuralgie des linken ersten
Trigeminusastes leidenden Arbeiter wurde ¼ Gr. Morphium in
der Supraorbitalgegend zur Zeit des Schmerzes injicirt. Nach
3 Minuten begannen ruckweise Contractionen der rechtsseitigen
Halsmuskeln, dann beider Sternocleidomastoidei, dann Trismus;
der Kranke sank mit entstelltem Angesicht um, erholte sich jedoch bald bei geeignetem Verfahren, und war vom Momente an
dauernd von seiner Neuralgie geheilt. — Es erinnert dieser Fall
an die Versuche von Kölliker, Albers und Anderen, die

---

*) Semeleder sah sogar einmal nach der Injection 54stündigen Schlaf mit
grosser Unruhe, Angst u. s. w. auftreten.

nach Anwendung von verschiedenen Opiumbasen bei Fröschen heftige Convulsionen und sogar Tetanus auftreten sahen. Die myotische Wirkung beobachtet man nach grösseren Gaben ($\frac{1}{1} - \frac{1}{2}$ Gr.) fast immer, nach kleineren dagegen sehr inconstant und rasch vorübergehend; dieselbe erscheint in der Regel nach 5 — 10 Minuten, mitunter auch erst nach 15 Minuten und darüber, zuweilen auf einem Auge etwas früher, als auf dem anderen. Ihre Dauer ist gewöhnlich eine Viertel- bis eine halbe Stunde: jedoch kann sie nach v. Graefe in seltenen Fällen sogar mehrere Stunden anhalten. Dem letztgenannten Autor verdanken wir noch die Beobachtung eines interessanten, wenn auch nur sehr unbeständig vorkommenden Phänomens. Es zeigte sich nämlich, besonders bei sehr erregbaren Individuen und relativ hoher Dosis, ein rasch vorübergehender Accommodationsspasmus, der das Gegenstück zu der durch Atropin bewirkten Accommodationslähmung bildet. Der Fernpunkt rückte so weit heran, dass der Accommodationsspielraum äusserst gering wurde, und dem entsprechend traten die Beschwerden der Myopie ein. Es wurde in der Entfernung Alles verschwommen, mit Hülfe von Convexgläsern aber klar gesehen. Bei genauerer Untersuchung ergab sich, dass die Myopie nicht so hochgradig war, als es den Anschein hatte — dass vielmehr für jedes Auge allein die Annäherung des Fernpunktes eine viel geringere war. Dies scheinbare Missverhältniss erklärt sich nach v. Graefe aus der schwächenden Wirkung des Morphiums auf die inneren Augenmuskeln, in Folge deren eine grössere Convergenz der Sehaxen nur mit relativ vermehrtem Kraftaufwande erzielt, und somit auch die relative Accommodationsbreite entsprechend verringert wird. Den Accommodationsspasmus erklärt v. Graefe in geistreicher Weise aus einer erregenden Wirkung des Morphiums auf die beim Accommodationsact thätigen Fasern des Tensor chorioideae, im Gegensatze zum Atropin, welches erhöhte Contractionen der Radialfasern dieses Muskels einleitet. — Das geschilderte Phänomen entsteht, wenn überhaupt, in der Regel erst nach 2 Stunden (also viel später als die Myosis), und ist nur von sehr kurzer Dauer: grössere Dosen, die man aber am Menschen nicht injiciren darf, würden dasselbe wahrscheinlich constanter und auf längere Zeit hervorrufen.

Versuche über die myotische Wirkung subcutaner Morphium-Injectionen an Thieren wurden von Hirschmann (Reichert und du Bois' Archiv 1863 pp. 309—318) angestellt. Dieser beobachtete bei Kaninchen und Hunden deutliche Pupillenverengerung; bei Katzen ging eine Erweiterung vorher: bei Vögeln zeigte sich gar keine Wirkung. Während der Verengerung ist die Reaction auf Licht erhalten; die Sympathicus-Reizung am Halse wirkt zwar noch, aber schwach. Es handelt sich also (?) um eine unvollkommene Lähmung der erweiternden Nerven[*]). Bei vollständiger Atropin-Mydriasis bewirkt Morphium keine Aenderung der Pupille; ist aber die Lähmung des Sphincter durch das Atropin unvollständig, so tritt bei Schwächung des Dilatator durch Morphium Verengerung ein und die Reaction auf Licht kann restituirt werden. —

Von der örtlichen Wirkung des Morphiums auf die peripherischen, sensibeln und motorischen Nerven ist bereits im ersten Theil (Kap. 4) ausführlich die Rede gewesen. Es ergab sich als Resultat der Tastversuche, dass das Morphium die Erregbarkeit der sensibeln Nerven vermindert; dagegen konnte ein direkter Einfluss auf motorische Nerven nicht nachgewiesen werden.

Wir gehen nun zur therapeutischen Anwendung der Morphium-Injectionen über, und besprechen der Reihe nach:

1) Krankheiten der peripherischen Nerven;
2) Krankheiten der Nervencentra;
3) Krankheiten der Muskeln;
4) Krankheiten der Respirations- und Circulationsorgane;
5) Krankheiten der Digestionsorgane;
6) Krankheiten der Harn- und Geschlechtsorgane;
7) Krankheiten der Knochen und Gelenke;
8) Augenkrankheiten;
9) Verletzungen und Entzündungen äusserer Theile;
10) locale und allgemeine Anästhesirung bei Operationen.

---

[*]) Mir scheint der Beweis kein stringenter. Eine pathologische Beobachtung, auf die ich weiter unten zurückkommen werde, lässt mich im Gegentheil vermuthen, dass die Myosis in einer primären Erregung der Oculomotorius-Fasern ihren Grund habe.

# 1) Krankheiten der peripherischen Nerven.

### a. Hyperästhesieen (Neuralgieen).

**Literatur.**

Wood, Edinb. med. and surg. journ., vol. 82, 1855, April, p. 265. — B. Bell, ibid. 1858, Juli. — Ch. Hunter, British med. journ., 1859, Jan. 8. — Idem, Med. times and gaz., March 5, April 16, Oct. 8, 1859. — Courty, Gaz. des hôp. 1859, p. 551. — Rynd, Dubl. journ. XXXII. 63. p. 13, 1861. — Semeleder, Wiener Medicinal-Halle II. 34, 1861. — Scholz, Wiener med. Wochenblatt XVII. 2, 1861. — v. Jarotzky und Zülzer, Wiener Med. Halle II. 43, 1861. — Scanzoni, Würzb. med. Zeitschr., 1861 H. 4. — Hermann, Med. Halle III. 8—10, 1862. — v. Franque, Bair. ärztl. Intelligenzbl. 1862, 6. — Oppolzer, Wiener Med. Halle 1862, 9. — Bergson, Annali universali 171—173. — Südeckum, Diss. inaug. (Jena) 1863. — Nussbaum, Bair. ärztl. Intelligenzbl., 1853, Nr. 33. — v. Graefe, Archiv f. Ophthalmol. IX. 2. — Hunter, Lancet 12. Dec. 1863. — Wolliez, Spitalzeitung 1863, Nr. 34. — Lebert, Handbuch der pract. Medicin, II. 2, p. 580. — Bois, De la méthode des injections sous-cutanées, Paris 1864. — Oppolzer, Spitalsz. 1864 Nr. 21 und 22. — Rosenthal, Allg. Wiener med. Z. 1864 Nr. 12 und 13.

Die Neuralgieen, welche bereits der Anwendung des Morphiums auf endermatischem Wege und mittelst der Inoculation ein verhältnissmässig grosses Contingent lieferten, haben auch zur hypodermatischen Injection von Morphium am häufigsten Veranlassung dargeboten; sie gaben sogar, wie schon früher erwähnt, den Anstoss zur Erfindung dieses neuen Verfahrens, indem man das Narcoticum auf den betroffenen Nerven direkt appliciren und so seine Erregbarkeit abstumpfen wollte. Bedenkt man den quälenden, oft zur Verzweiflung treibenden Charakter und den meist sehr protrahirten Verlauf dieser Leiden — die langsame Wirkung und nur zu häufige Machtlosigkeit der gepriesenen inneren Mittel und zahlloser äusserer Verfahrungsweisen (Elektricität, Kälte, Compression, Bäder, Einreibungen, Vesicantien, selbst Glüheisen u. s. w.) — endlich die Unzulänglichkeit und Gefährlichkeit der, ohnehin nur selten anwendbaren chirurgischen Encheiresen: so wird man es nicht wunderbar finden, dass ein Verfahren, welches fast mit absoluter Sicherheit palliative Hülfe und in vielen Fällen sogar Radicalheilung erwarten lässt, lebhaften Anklang und Benutzung von vielen Seiten gefunden hat.

### Prosopalgie.

Bei der Prosopalgie wurden von Wood, Bell, Hunter die Opiumpräparate (Morphium, Tinct. Opii) in einer Reihe von

Fällen mit günstigem Erfolge injicirt. — Dasselbe beobachtete
Rynd, der hier seine Lösung von Morphium in Creosot anwandte. — Scholz sah in einem Falle von Neuralg. fronto-
temporalis und einem von Neuralg. maxillaris inf. schnelle,
schmerzlindernde Wirkung. — Hermann theilt folgenden Fall
mit, der wegen der raschen Heilung durch 2—3 Injectionen
nach mehrjährigem Bestehen bemerkenswerth ist:

Eine 40jährige Frau litt seit 4 Jahren an linksseitiger Facialneuralgie, ohne
Typus, seit 3 Wochen so heftig, dass Pat. laut aufschreien musste; der Schmerz
Tag und Nacht anhaltend. Die erste Injection verunglückte, indem die Flüssigkeit während des Einspritzens wieder abfloss. Am folgenden Tage neue Injektion: allmäliger Nachlass des Schmerzes, der nach einer halben Stunde ganz verschwindet; aber Uebelkeit, Ohnmacht, dreimaliges Erbrechen, profuser Schweiss;
nach 10 Minuten sanfter, ruhiger Schlaf, aus dem Pat. am anderen Morgen ohne
Schmerzen erwacht. Am Abend wieder etwas Stechen; neue injektion, die den
Schmerz fast augenblicklich und ohne die früheren Zufälle beseitigt. — An den
vier folgenden Tagen Wiederholung der Operation, blos auf Bitten der Patientin, die kaum glauben konnte, ihre Schmerzen so plötzlich verloren zu haben.
Seitdem ist kein neuer Anfall mehr eingetreten.

Nicht so günstige Erfolge scheint Nussbaum gehabt zu
haben, da derselbe in mehreren Fällen (4, 7, 17 u. s. w.) nach
vorangegangener fruchtloser Anwendung der Injectionen die Aus-
schneidung der erkrankten Nerven vornehmen musste. — Südeckum beschreibt fünf auf der Gerhardt'schen Klinik beobachtete Fälle von Neuralgieen im Gebiete des Quintus, die mit
Morphium-Injectionen behandelt wurden. In drei Fällen, bei
denen alle Trigeminus-Aeste befallen zu sein schienen, wurde
durch wiederholte Injectionen zwar nicht Heilung, jedoch be-
ständige Linderung der Anfälle und Besserung des Allgemeinbefindens erzielt. In dem vierten Falle (einer seit 8 Tagen bestehenden, typisch auftretenden Neuralgia supraorbitalis) verschwand der Schmerz nach Injection von $\frac{1}{10}$ Gr. Morphium und
war nach 14 Tagen noch nicht wiedergekehrt. Der fünfte Fall
von dauernd geheilter Neuralg. supraorbitalis ist wegen der auf-
fallenden Intoxicationserscheinungen bereits früher erwähnt worden. — v. Graefe sagt über die typischen, Morgens auftretenden Supraorbital-Neuralgieen, dass dieselben in der Regel zwar
auch dem inneren Gebrauche grosser Chinindosen weichen, dass
jedoch Morphium-Injectionen die oft qualvollen Anfälle abkür-
zen und die hartnäckigeren Fälle den mässigen Chinindosen zu-

gänglicher machen. — Bois wandte in einem Falle von Prosopalgie die Injectionen (täglich 1 Ctgrmm. Morphium) 3 Monate hindurch mit schliesslichem Erfolg an. — Ebenso empfehlen dieselben Lebert und Bardeleben in den neuesten Auflagen ihrer Lehrbücher. Letzterer betrachtet sie als das sicherste Palliativmittel und nennt den Erfolg „wahrhaft überraschend". (Desgleichen auch Erichsen, Handbuch der Chirurgie, deutsch von Thamhayn, II. p. 285.)

Ich habe zwölf Fälle von Neuralgieen im Gebiete des Trigeminus mit Morphium-Injectionen behandelt. Nur in einem Falle war der ganze Trigeminus (und noch dazu abwechselnd auf beiden Seiten) Sitz der Erkrankung; in einem Falle war der erste, in 4 Fällen der zweite und in 6 Fällen der dritte Ast ausschliesslich befallen.

### Neuralgie des ganzen Trigeminus.

Frau K., eine Dame in den Vierzigen, von gesundem Aussehen, mehrmals entbunden. Seit 4 Monaten cessiren die Menses; gleichzeitig stellten sich, ohne bekannte Veranlassung, Schmerzen in der rechten Gesichtshälfte ein, die anfallsweise, meist in den Abendstunden, auftraten und bald eine furchtbare Heftigkeit erreichten. Der Schmerz wird, wie es scheint, durch geistige Thätigkeit leichter hervorgerufen; Kaubewegungen sind ohne Einfluss. Der Anfall beginnt mit leichtem Ziehen und Zerren in der Schläfengegend oder in der Gegend des Alveolarfortsatzes, und strahlt allmälig über die ganze rechte Gesichtshälfte aus. Zuckungen treten während des Anfalls nicht auf, auch kein Thränenfluss; dagegen ist Nasen- und Speichelsecretion öfters vermehrt. Dauer in der Regel 4—6 Stunden, oft auch die ganze Nacht hindurch; gegen das Ende stellt sich meist vermehrter Drang zum Urinlassen ein. Die Intervalle sind schmerzfrei. Die Backzähne auf beiden Seiten, soweit sie noch vorhanden, cariös und rechts während des Anfalles ebenfalls der Sitz von Schmerzen, sonst jedoch völlig schmerzlos. Anderweitige Erkrankungen nicht vorhanden. Der Gebrauch von Seebädern und längere Anwendung von Sol. Fowleri waren bisher ohne allen Nutzen.

Am 8. Sept. wurde (nachdem am vorhergehenden Abend ein Anfall stattgefunden) mehrere Stunden vor der gewöhnlichen Eintrittszeit ¼ Gr. Morphium in der rechten Schläfengegend injicirt. Es traten ziemlich intensive Erscheinungen der Morphiumwirkung (ohnmachtähnliche Benommenheit, Uebelkeit u. s. w.), jedoch kein Schlaf ein. Der Anfall blieb aus; auch an den drei folgenden Tagen war Pat. ganz schmerzfrei, so dass sie und ich in Hinsicht auf den Erfolg der Injection die günstigsten Erwartungen hegten. Am vierten Tage (12. Sept.) trat plötzlich Nachmittag um 8 Uhr ein neuer Schmerzanfall auf, und zwar überraschender Weise in der bisher freien (linken) Gesichtshälfte, sonst übrigens in ganz derselben Ausdehnung und Vehemenz. Nach 1—2stündigem Bestehen des Anfalls wurde eine Injection in der linken Schläfe gemacht, worauf nach wenigen Minuten Linderung, nach einer Viertelstunde gänzliches Erlöschen der Schmerzen und Schlaf folgte. (Seitdem blieben die Anfälle längere Zeit auf der linken Seite, sprangen aber später wieder auf die rechte Gesichtshälfte über.) Am 13. Sept. spät Abends neuer Anfall; während desselben Injection von ⅛ Gr. Morphium. Vom 14. bis zum 22. Sept., also 9 Tage, kein Anfall; nur von Zeit zu Zeit schmerzhaftes Ziehen in der Schläfe und in der oberen Zahnreihe. In der Nacht vom 22. zum 23. Sept. neuer, äusserst heftiger Paroxysmus; nach einstündiger Dauer Sedirung durch ⅛ Gr. Morphium. Folgende Nacht frei. In der Nacht vom 24. zum 25. neuer Anfall; gleiches Verfahren, Remission nach einer Stunde; folgende Nacht frei. Vom 26. zum 27. Anfall; Injection von ⅛ Gr. in der Schläfengegend; dort hört der Schmerz sehr bald auf, tobt jedoch in anderen Gebieten (namentlich des Mentalis) mit unverminderter Heftigkeit. Seitdem fast tägliche Anfälle von 4—5stündiger Dauer; das Morphium (auch innerlich bis zu ½ Gr. pro dosi gereicht) zeigt zwar immer noch palliative Wirkung, jedoch schwächer als früher. In der Schläfengegend, woselbst die Einspritzungen gemacht wurden, verliert sich der Schmerz, ist aber am heftigsten in der Gegend der oberen Backzähne.

Nachdem im Ganzen etwa 40 Einspritzungen gemacht, wurde das Verfahren ausgesetzt; Kälte, Compression der schmerzhaften Punkte, Einreibungen mit Aconitsalbe, Electricität und Chloroforminhalationen wurden successive angewendet. Die Schmerzanfälle wurden nach und nach seltener und milder, und nachdem dieselben mehrere Wochen hindurch ganz ausgeblieben, reiste Pat. ziemlich ein Jahr nach Entstehung des Leidens in ihre Heimath. Ein Recidiv soll nicht stattgefunden haben.

## Neuralgia supraorbitalis.

Wiese, Krankenwärter, 29 Jahre alt, von kräftiger Constitution, leidet seit zwei Jahren an neuralgischen Schmerzen im Bezirk des N. supraorbitalis der rechten Seite. Die Anfälle kommen gewöhnlich einen Tag um den andern und pflegen den ganzen Tag über anzuhalten. Der Anstrittspunkt des N. supraorbitalis ist auf Druck schmerzhaft. Am 28. Juni Vormittags 10 Uhr (wenige Stunden nach Beginn eines Anfalls) wird ⅛ Gr. Morph. acet. in der Gegend der Incisura supraorbitalis injicirt. Gegen Mittag Nachlass der Schmerzen und Schlaf bis zum Abend. Sechs Tage lang völlige Intermission; am siebenten ein sehr milder Anfall von nur zweistündiger Dauer. Dann wieder Analgesie bis zum 12. Juli, an welchem sich Vormittags ein leichter Schmerzanfall einstellt, der schon gegen Mittag spontan verschwindet. Seitdem ist Pat. (über ein Jahr) nicht wieder von seiner Neuralgie heimgesucht worden.

## Neuralgieen im Gebiete des zweiten Astes.

1. v. K., Stud. med. Seit 2 Jahren bestehende, angeblich durch Erkältung (Zugluft) bei einem Commerce entstandene Neuralgie des linken Infraorbitalis und Alveolaris superior. Die Anfälle treten Nachts auf und remittiren gegen 5 Uhr Morgens. Druck auf For. infraorbit. schmerzhaft; mehrere cariöse Backzähne. Nach Injection von ⅛ Gr. am For. infraorb. während der freien Zeit blieb der Anfall eine Nacht aus, kehrte aber in der folgenden wieder. Ob nach Extraction der cariösen Stifte Besserung eintrat, ist mir nicht bekannt geworden.

2. Sophie Schrader, Dienstmädchen, 36 Jahre, leidet seit 3 Monaten an Schmerzen in der Gegend des Jochbogens und der oberen Zahnreihe rechterseits, die gewöhnlich Nachts exacerbiren. Da Pat. dieselben für Zahnschmerzen hält, wünscht sie Extraction eines Backzahns, der jedoch gesund ist und auch bei der Percussion nicht schmerzt. Injection von ⅙ Gr. Morphium; nach einer Viertelstunde Uebelkeit, Präcordialangst, Schwere in den Gliedern, Pulsbeschleunigung (108); Haut feucht, Pupille nicht verengt. Nach einer halben Stunde gehen diese Erscheinungen vorüber; es tritt Schlaf ein. Die Anfälle setzen aus, beginnen aber nach viertägiger Remission von Neuem.

3. Frau Gehrke, 59jährige, marastische Person, hat seit 3 Tagen permanente Schmerzen in der Gegend der oberen Zahnreihe, namentlich des Eckzahns der linken Seite. Lauter höchst cariöse Wurzeln, deren Extraction jedoch verweigert wird. Injection von ⅛ Gr. Morph. muriat. in der Gegend des Eckzahns; es tritt Uebelkeit, dreimaliges Erbrechen, Kopfschmerz, zuletzt Schlaf ein. Am folgenden Morgen bedeutende Erleichterung, die bei Entlassung der Pat. (nach 8 Tagen) noch anhält.

4. Dobbel, Instrumentenmacher, 28 Jahre, leidet seit mehreren Jahren an Neuralg. infraorbitalis dextra. Die Anfälle sind nicht typisch, treten besonders bei Witterungswechsel auf und halten oft Tage lang an. Die während eines Anfalls gemachte Injection von ⅙ Gr. Morph. muriat. am For. infraorbitale bewirkt fast momentan bedeutende Linderung, ohne erhebliche Allgemeinerscheinungen. Der Schmerz kehrt jedoch nach 3 Tagen wieder, und wird dann durch innere Mittel gemildert.

## Neuralgicen im Gebiete des dritten Astes.

1. Sohn, Steuermann, 28 Jahre, klagt seit mehreren Tagen über Schmerzen im ganzen Gebiete des Ramus tertius (Schläfe und Unterkiefergegend) der rechten Seite. Für gewöhnlich nur schwach und dumpf, werden die Schmerzen durch jede Kaubewegung in hohem Maasse gesteigert. Die befallenen Theile sind etwas geröthet und öfters der Sitz von Zuckungen; Salivation findet nicht statt. Druck am For. mentale ruft den Schmerz in exquisiter Weise hervor. Nach Injection von ⅙ Gr. Morph. muriat. an der Austrittsstelle des Mentalis mehrtägige, sehr erhebliche Remission, namentlich an Ort und Stelle, während in der Schläfe der Schmerz in verringertem Grade fortbesteht und selbst in die Stirngegend hineinzieht; Druck auf den Supraorbitalis ist nicht schmerzhaft. Am vierten Tage neue Injection von ⅙ Gr. Morph. muriat. am For. mentale; fast blitzähnliche Wirkung auf den eben bestehenden Anfall, auch Kaubewegungen unmittelbar nachher vollkommen schmerzlos. Seitdem bleiben die Schmerzen in Unterlippe und Kinn ganz fort; auch die Neuralgie des Auriculo-temporalis wird durch drei Injectionen im Laufe der nächsten acht Tage dauernd beseitigt.

2. Ein 46jähriger Arbeitsmann leidet seit mehreren Monaten an Schmerzen, die über die untere Zahnreihe und Schläfengegend ausstrahlen und ohne bestimmten Typus exacerbiren, ohne aber jemals ganz auszusetzen. Wegen der für Zahnschmerz gehaltenen Affection hat Pat. sich bereits zwei cariöse Backzähne der leidenden (rechten) Seite extrahiren lassen, empfindet aber den Schmerz jetzt gerade an der Stelle der ausgezogenen Zähne am stärksten. Injection von ⅙ Gr.

Morphium bewirkt sofort und ohne üble Erscheinungen Linderung, die fast 24 Stunden anhält, ebenso mehrere folgende Injectionen; da Pat. sich aber nur sehr unregelmässig behufs Wiederholung des Verfahrens einfindet, so wird dasselbe mit Anwendung innerer Mittel vertauscht.

3. Ein 43jähriger Schornsteinfeger hat bereits vor 2 Jahren einmal in Folge von Zug an Schmerzen in der linken Gesichtshälfte gelitten, die nach mehreren Wochen spontan vorübergingen. Seit gestern Abend empfindet Pat. äusserst heftige Schmerzen längs des unteren Randes der Mandibula, sowie auch in Ohr und Schläfe der linken Seite. Cariöse Zähne, die jedoch nicht schmerzen; leichte Röthung in der Gegend des Masseter; kein Speichelfluss. Der Schmerz namentlich seit einer Stunde so violent, dass Pat. laut aufschreit und stöhnt. Injection von ½ Gr. Morph. muriat. in der Schläfe. Nach wenigen Stunden grosse Müdigkeit, Taumel beim Versuch zu gehen; nach einer halben Stunde ist Pat. (unter Anwendung von analepticis) wieder gehfähig; der Schmerz vollkommen fort; die Pupille eng, jedoch reagirend. Am Abend des nächsten Tages kehrt der Schmerz wieder, ist jedoch minder heftig; am folgenden Vormittag neue Injection mit demselben günstigen Erfolge, ohne die Allgemeinerscheinungen. Später hat sich Pat. nicht wieder vorgestellt. —

4. W a m p , Arbeitsmann, 45 Jahre, leidet seit 4 Jahren an Neuralgie im Gebiete des Mentalis und Alveolaris inf. der linken Seite. Entstehung unbekannt. Vor 2 Jahren liess sich Pat. des Leidens wegen den Eckzahn und 3 Backzähne extrahiren; jetzt tobt der Schmerz in den beiden noch erhaltenen (übrigens vollkommen gesunden) Backzähnen und am Mundwinkel. Anfälle mehrmals täglich, von kurzer Dauer, durch Kau- und Sprechbewegungen hervorgerufen. Am 15. März d. J. erste Injection; viertägige Besserung. Am 19. März zweite Injection, am 26. März dritte und am 2. April vierte mit stets mehrtägigem Erfolge. Bis zum 18. Juni wurden im Ganzen 21 Einspritzungen gemacht; die zuletzt auf einen kleinen Bezirk in der Nähe des Mundwinkels eingeengten Schmerzen sind seitdem nicht wiedergekehrt.

5. Bei einem 27jährigen, poliklinisch behandelten Patienten hatten wiederholte Injectionen von ½ Gr. Morphium ebenfalls günstigen Erfolg; derselbe entzog sich jedoch nach kurzer Zeit der Behandlung.

6. Ein Oberjäger der hiesigen Garnison hat bereits vor 3 Jahren nach Erkältung einen heftigen neuralgischen Anfall im Gebiete des dritten Trigeminus-Astes auf der rechten Seite gehabt, der nach 3 Tagen spontan vorüberging. Gegenwärtig besteht der Schmerz seit mehreren Stunden mit unerträglicher Heftigkeit in der ganzen sensiblen Ausbreitung des dritten Astes (in der Haut des Ohrs, der Schläfe und des Unterkiefers), besonders vor dem Ohrläppchen, wird durch Kauen gesteigert und ist mit Röthung und leichten Zuckungen in der betreffenden Gesichtshälfte verbunden. — Injection von ¼ Gr. Morphium an der vom Pat. hervorgehobenen Stelle, vor dem Ohre; nach kaum einer Minute empfindet Pat. bereits deutliche „Lösung" des Schmerzes, der sich im Laufe des Abends vollständig verliert und seitdem auch nicht wiedergekehrt ist.

Im Ganzen wurden also unter diesen 12 Fällen von Neuralg. facialis 4 (darunter eine ganz frisch entstandene) durch Anwendung der Morphium-Injectionen völlig geheilt, in allen übrigen aber gute palliative Wirkung — Linderung der Paroxysmen und längere Intermissionen von zwei bis zu neun Tagen — auf diese Weise erzielt. Es liegt in der Natur des Leidens, namentlich wenn dasselbe leichteren Grades ist und Patienten aus den ärmeren Volksklassen davon befallen werden, dass die Kranken sich einer klinischen Behandlung in der Regel nicht unterziehen, überhaupt ihren Geschäften nachgehen, sich allen Schädlichkeiten exponiren und die regelmässige Wiederholung der Injectionen verabsäumen. Hierdurch wird nicht nur die Beobachtung sehr erschwert, sondern auch die Statistik der Erfolge wesentlich verschlechtert; denn es unterliegt wohl kaum einem Zweifel, dass mancher Fall durch consequenten Fortgebrauch der Injectionen geheilt werden könnte, während dieselben, vereinzelt und unregelmässig applicirt, ein nachhaltiges Resultat nicht zu äussern vermögen.

Ueber das Verhältniss der Morphium-Injectionen zu anderen therapeutischen Agentien und namentlich zur Nervendurchschneidung verweise ich auf die allgemeinen Bemerkungen am Schlusse dieses Abschnitts.

### Hemicranie.

Es lässt sich darüber streiten, ob die Migräne zu den Neuralgieen gehört oder nicht; dass sie aber zu den hartnäckigsten und am schwersten zu beseitigenden Nervenaffectionen gehört, ist wohl sicher. Da das Leiden stets anfallsweise und oft typisch auftritt, so wären die narcotischen Injectionen besonders als Palliativmittel, zum Coupiren des Anfalls, auch hier indicirt; jedoch lässt sich deswegen von ihnen hier weniger erwarten, als z. B. bei Prosopalgie, weil ein bestimmter Nervenast als Sitz der Schmerzen nicht nachweisbar ist, der günstige örtliche Einfluss des Narcoticums also wegfällt. (Ich kann mich wenigstens der, u. A. von Lebert getheilten Ansicht, dass die Migraine eine Neuralgie der Verzweigungen des Ramus ophthalmicus sei, nicht anschliessen).

Der einzige Schriftsteller, der sich über die Morphium-Injectionen bei Migraine äussert, ist v. Graefe; er sagt (p. 72): „Gegen die gewöhnliche Migraine lässt sich ebenfalls von den Morphium-Injectionen, je nach den Umständen an der Schläfe oder längs des Supraorbitalnerven verrichtet, einiger Nutzen erzielen. Allerdings ist derselbe nach der Individualität und den Ursachen äusserst wandelbar, wie überhaupt alle gegen dieses Leiden bezweckten Arzneiwirkungen." — Ich würde dem Morphium hier das Atropin vorziehen wegen der ostensibeln Wirkung auf diejenigen Theile des Centralnervensystems, in welchen wir nach den interessanten Beobachtungen von du Bois-Reymond den eigentlichen Heerd des Leidens, wenigstens in vielen Fällen von Migraine, vermuthen müssen.

### Mastodynie.

Von Neuralgie der weiblichen Brustdrüse ist mir ein sehr exquisiter Fall bekannt, der längere Zeit von Herrn Dr. Krabler und von mir selbst mit Morphium-Injectionen behandelt wurde.

Frl. E., 20 Jahre alt, etwas unregelmässig menstruirt, übrigens gesund, will sich vor 2 Jahren an der rechten Brusthälfte, unterhalb der Mamma, gestossen haben, ohne Sugillationen u. s. w., aber mit bedeutender Schmerzhaftigkeit, die in wochenlangen Pausen, besonders nach körperlicher Anstrengung, wiederkehrte. Vor 3 Wochen, 8 Tage vor Eintritt der Menses, traten nach anhaltendem Vornüberbeugen des Rumpfes plötzliche, heftig durchschiessende Schmerzen in der rechten Brustdrüse auf, die mit Exacerbation und Remission stundenlang dauerten, und dann in vollständige Euphorie übergingen. Objectiv ist an dem erkrankten Organ nichts wahrzunehmen. Beim fünften Anfalle, der mit ungewöhnlicher Heftigkeit bereits 24 Stunden lang andauert, wird ⅓ Gr. Morph. acet. oberhalb der Brustdrüse injicirt. Nach 10 Minuten Nachlass der Schmerzen, leichte Uebelkeit, später Narcose. — Am folgenden Tage neuer Anfall, der auch über die rechte Schultergegend und den Arm ausstrahlt; Wiederholung der Injection mit demselben Erfolge. — Der Eintritt der Menses ohne Einfluss auf Häufigkeit und Intensität der Anfälle, die fast täglich schon in den Morgenstunden wiederkehrten, aber durch die Injection jedesmal sehr rasch gemässigt wurden.

Im weiteren Verlaufe zeigte sich eine auf Druck empfindliche Stelle an der Wirbelsäule, in der Gegend der unteren Cervical- und oberen Brustwirbel; später wurde diese Stelle auch spontan schmerzhaft. Es wurden Blutegel und Schröpfköpfe wiederholt daselbst applicirt; auch mehrere sehr heftige Schmerzanfälle in Brust und Arm konnten durch Injectionen von ⅓ Gr. Morphium (so weit war allmälig gestiegen) am Nacken, neben der schmerzhaften Stelle, coupirt werden. Nach einigen Wochen verlor sich jedoch die Schmerzhaftigkeit im Nacken, und auch die Injectionen daselbst zeigten sich wirkungslos, weshalb zu den früheren Einspritzungen an der Brustdrüse selbst zurückgekehrt wurde.

Seit dem ersten Auftreten des Leidens sind jetzt 8 Monate verflossen, und es sind während dieser Zeit im Ganzen mehr als 400 Injectionen bei der Pat. gemacht worden. In der letzten Zeit wurde ½ Gr. Morph. muriat. auf einmal eingespritzt, und zwar in der Regel zweimal täglich, in den Vormittags- und in den Abendstunden; jede Injection schafft der Kranken im Durchschnitt 3—4 Stunden, oft auch etwas länger, vor dem quälenden Uebel Ruhe, das sich statt des früheren paroxysmenweisen Auftretens jetzt in Permanenz erklärt zu haben scheint. Die so rasche Wiederholung der Injectionen und die grosse Häufung derselben auf einem kleinen Terrain ist von keinen örtlichen oder allgemeinen Nachtheilen begleitet gewesen. Mehrmals ist der Versuch gemacht worden, die subcutanen Injectionen durch innere Darreichung der Narcotica zu ersetzen; er wurde aber jedesmal auf dringenden Wunsch der Patientin, der ungenügenden Wirkung halber, wieder aufgegeben.

## Neuralgia brachialis.

Bergson empfiehlt in seiner klassischen Monographie der Brachial-Neuralgieen auch die Anwendung der Opiate, endermatisch und hypodermatisch.

Ich selbst habe in 3 Fällen von Neuralg. cervico-brachialis zur Anwendung der Injectionen Gelegenheit gehabt. Als Ort derselben wurden theils die Fossa supraclavicularis, theils besonders schmerzhafte Punkte des Oberarms u. s. w. gewählt.

1. In dem ersten Falle, bei einer 21jährigen, sehr anämischen und an Tuberculosis pulmonum leidenden Patientin hatten die besonders über dem Acromion und dem M. deltoides empfundenen, jedoch auch nach der Achselhöhle, nach Brust und Oberarm ausstrahlenden Schmerzen, die oft auch mit Herzklopfen und Stichen bei der Respiration verbunden waren, ihre nächstliegende Veranlassung wahrscheinlich in einer von Zeit zu Zeit recidivirenden Schwellung der axillaren Lymphdrüsen, deren eine sogar in Abscedirung überging und längere Zeit eiterte. Dennoch wirkten auch hier Injectionen von Morphium, theils in der Fossa supraclavicularis, theils an Schulter und Oberarm in der Nähe der schmerzhaftesten Punkte entschieden sehr vortheilhaft, und bewirkten nach und nach eine fast völlige Beseitigung der neuralgischen Symptome trotz des noch fortbestehenden Causalleidens.

2. Bei einem 46jährigen Tagelöhner wurden die über Schulter und Oberarm verbreiteten, bei jeder Bewegung sehr heftigen Schmerzen, denen keine materielle Veranlassung zu Grunde lag, ebenfalls durch Morphium-Injectionen vorübergehend sistirt; jedoch fand eine fortgesetzte Behandlung nicht statt.

3. Bei einem 28jährigen kräftigen Kutscher wurde die entschieden rheumatische, linksseitige, seit 8 Tagen bestehende Cervicobrachialneuralgie nach erfolglosem Gebrauche von Tinct. Jodi und Schröpfköpfen durch Morphium-Injectionen sehr erheblich gebessert. Nach der dritten Einspritzung stellte sich der (poliklinisch behandelte) Patient nicht wieder vor.

## Scapalalgie.

Diese seltene Neuralgie, dadurch charakterisirt, dass die ohne nachweisbare materielle Veranlassung, anfallsweise auftretenden Schmerzen sich ganz im Verbreitungsbezirk der zur Scapula, namentlich zur hintern Fläche derselben tretenden Ner-

ven (des Suprascapularis und Dorsalis scapulae) manifestiren,
schien bei einer poliklinisch behandelten Frau in den klimacte-
rischen Jahren zu bestehen, und wurde nach vergeblicher Anwendung von Vesicantien durch Morphium - Injectionen etwas
gebessert; jedoch entzog sich die Kranke nach zwei Injectionen
der Behandlung.

### Neuralgia intercostalis.

Wood und Oppolzer empfehlen Morphium - Injectionen
bei der Intercostal-Neuralgie; letzterer sah davon auch Nutzen
bei gleichzeitig bestehender Bright'scher Krankheit und Pyelitis. — Ich habe in folgendem Falle, wo die Intercostal-Neuralgie durch einen frisch entstandenen Herpes verursacht war,
das Verfahren einmal versucht, jedoch anscheinend erfolglos:

Ein 21jähriger Schuhmacher litt seit 5 Tagen an Herpes Zoster auf der linken Hälfte des Bauches mit heftiger Intercostalneuralgie in der Gegend der unteren Rippen, woselbst zahlreiche, zum Theil frische Bläschen - Eruptionen sich
vorfanden. Eine Injection von ¼ Gr. Morphium linderte den Schmerz nicht, vielmehr war derselbe angeblich gerade in der Nähe der Injectionsstelle am stärksten, während Einreibungen mit Ungt. Zinci sehr bald Nachlass bewirkten.

### Cardialgie.

Bei der reinen, nicht von Structurveränderungen der Ma-
genwandungen abhängigen Cardialgie habe ich in 2 Fällen das
Morphium hypodermatisch mit vorübergehendem Erfolge angewandt.

1. Frl. H., 41 Jahre alt, von anämischem Aussehen, leidet seit mehreren
Jahren an cardialgischen Schmerzen, die paroxysmenweise ohne Regelmässigkeit
auftreten, nach Brust, Rücken und Lendengegend hin ausstrahlen und öfters mit
Aufstossen und Erbrechen endigen. Die Anfälle kommen fast jeden Tag oder
selbst mehrere Male am Tage; die Intervalle sind schmerzfrei, die Verdauung
ungestört, Magengegend auf Druck nicht empfindlich; ausser leichter Flatulenz
und Verstopfung keine weiteren Beschwerden. Carlsbader Brunnen und Mag.
Bismuthi mit sehr vorübergehendem Erfolge gebraucht. — Am 28. Aug. Nachmittags 5 Uhr Injection von ¼ Gr. Morph. acet. in der Regio epigastrica eben
im Beginn eines Anfalls. Der Schmerz hört nach kaum 5 Minuten auf; Pat.
will sich entfernen, ist aber kaum wenige Schritte gegangen, als sie von einer
fast ohnmachtähnlichen Müdigkeit überfallen wird; nur mit Mühe gelangt sie
nach Hause. Schlaf bis zum folgenden Morgen; Remission bis zum Nachmittag,
dann neuer Anfall, jedoch minder heftig, mehr nach der linken Lumbalgegend
hin ausstrahlend, während die Injectionsstelle fast ganz verschont bleibt. Am
30. Aug. Injection einer gleichen Dosis in der Gegend der letzten Rippe linker-
seits. Völlige Euphorie bis zum folgenden Mittag; dann Wiederkehr des Schmerzes,

der jetzt vorwiegend die rechte Seite befällt. Leichte Besserung nach Application eines Sinapismus; Würgen und schleimiges Erbrechen. Am 2. September steigerte sich der Schmerz wieder während des Gehens; am Nachmittag Injection an der schmerzhaftesten Stelle (rechts); grosser Schwindel und Hinfälligkeit, und nach einer halben Stunde Schlaf bis gegen 9 Uhr. Die Nacht und der folgende Tag schmerzfrei. — Die Behandlung mittelst Injection wurde dann noch von einem anderen Arzte lange Zeit hindurch mit gutem Erfolg fortgesetzt, eine definitive Heilung jedoch nicht erreicht.

2. Marie Rasmus, 23 Jahr, unverheirathet, wegen einer chronischen Kniegelenksentzündung in Behandlung, leidet an Cardialgie, deren Ursprung zweifelhaft, da Patientin entschieden hysterisch und mit einem hartnäckigen Uterinalcatarrh, ausserdem aber auch mit einer faustgrossen hernia ventratis oberhalb der linken Crista ossis ilei behaftet ist. Der innere Gebrauch der Opiate zeigte sich dem cardialgischen Leiden gegenüber ganz wirkungslos.

Die erste Injection von ⅓ Gr. Morphium, am 28. 8. (Abends um ½ 8 Uhr) gemacht, hatte hier ebenfalls sehr wenig Wirkung. In der Nacht fast gar kein Schlaf; die Schmerzen verlieren sich erst gegen Morgen. Am 4. 9. Injection von ⅓ Gr. Vormittags; keine Narcose, nur Müdigkeit; die Schmerzen hören nicht ganz auf, ziehen aber mehr nach Schultern und Brust hin. Am Nachmittag Erbrechen. Abends um 7 Uhr neue Injection von ⅓ Gr. — Remission nach einer halben Stunde; um 9 Uhr Schlaf, der die ganze Nacht dauert; am Morgen völlige Euphorie. Nachmittag wieder ein sehr heftiger Anfall; rasche Linderung bei Injection von ⅓ Gr., ohne Spur von Narcose. Der Nachlass dauert bis zum folgenden Morgen.

Ich verzichte darauf, den weiteren Verlauf genau zu beschreiben, und erwähne nur, dass noch 23 Morphium-Injectionen gemacht wurden, die meist eine mehrstündige Linderung bewirkten. Nachdem bis zu ½ Gr. Morphium vorgeschritten war, wurde das Mittel ausgesetzt und an seiner Stelle Atropin, ebenfalls mit palliativem Erfolge, subcutan injicirt.

## Enteralgie.

Hierher gehören die wenigen, bisher in der Literatur bekannt gewordenen Fälle von Colica saturnina, die mit Morphium-Injectionen behandelt wurden. Béhier und Bois wollen durch dieses Verfahren Heilung bewirkt haben. Ausführlicher berichtet Hermann über zwei Fälle, in denen ein sehr glänzendes Resultat erzielt wurde, und die ich hier kurz anführe.

1. Ein 17jähriger Anstreicher leidet seit 4 Tagen an heftigem Grimmen um den Nabel herum und Drang zum Stuhlgang. Der Schmerz so heftig, dass Pat. sich windet und laut aufschreit. Bauchdecken hart, Puls verlangsamt. Injection von ⅓ Gr. Morphium oberhalb des Nabels. Der Schmerz hört sogleich auf; keine allgemeinen Symptome. Nach einer Stunde Rückkehr des Schmerzes; neue

Injection mit demselben Erfolge. Nach einer Stunde dritte Injection. Bei Wiederkehr des Schmerzes wird statt der Einspritzungen stündlich ½ Gr. Opium (sechsmal hinter einander) gegeben, jedoch ohne den geringsten Nachlass; hierauf dieselbe Dosis noch sechsmal. 24 Stunden nach der ersten innerlichen Verabreichung, nachdem sich bereits ein geringer Sopor eingestellt, lassen die Schmerzen nach und kehren auch nicht wieder; Patient verlässt nach 2 Tagen geheilt das Spital.

2. Im zweiten Falle wurde etwas über ¼ Gr. Morphium pro dosi in der Umgebung des Nabels injicirt. Noch während der Einspritzung (es wurden zwei Spritzen hinter einander gefüllt) entsteht Schwindel im Kopf, Mattigkeit, Schläfrigkeit. Der Erfolg eclatant: der Schmerz hört sogleich auf; Patient schläft ein, erwacht zwar nach 3 Stunden, der Schmerz kehrt jedoch erst nach 12 Stunden zurück. Neue Injection mit derselben Wirkung. Die Einspritzung wird bei Erneuerung der Schmerzen auf Bitten des Kranken noch mehrmals wiederholt, und nach 3 Tagen wird Patient vollkommen gesund aus dem Spital entlassen.

## Coccygodynie.

Bei dieser, ihrem eigentlichen Sitze nach dunkeln Affection versuchte Wolliez sowohl Morphium- als Atropininjectionen ohne Erfolg. Der Fall betraf ein 18jähriges Mädchen, bei dem freilich alle sonstigen Mittel ebenfalls versagten. — Dagegen stellt Scanzoni die subcutanen Morphium-Injectionen auch hier an die Spitze der örtlich wirkenden Mittel; narcotische Suppositorien, Eis, Sitzbäder u. s. w. können dieselben nach ihm nicht ersetzen.

## Ischias.

Wood, Hunter und Rynd erhielten, wie bei Gesichtsneuralgien, so auch bei Ischias von Injection der Opiate die besten Erfolge. — Semeleder bestätigte die schnelle, schmerzstillende Wirkung in einem Falle von Ischias rheumatica; hier wurden zuweilen, wenn die Spritze in Unordnung war, Morphiumpulver innerlich substituirt: der Kranke empfand die Allgemeinwirkung, allein die örtliche Schmerzstillung blieb weit zurück, trotz der viel grösseren Dosis. — Scholz erwähnt zweier, ebenfalls mit Glück behandelter Fälle. — Jarotzky und Zülzer bewirkten in einem Falle durch 2 Injectionen dauernde Heilung.

Derselbe betraf einen 60jährigen, an Paralysis agitans leidenden Jnvaliden. Es wurde ¼ Gr. Morphium nach hinten und innen vom Trochanter major eingespritzt. Die Linderung erfolgte schon nach ¼ Stunde; nach ca. einer Stunde allgemeine, sehr tiefe, achtzehnstündige Narcose. Nach dem Erwachen war die

Ischias fast verschwunden, recidivirte jedoch nach einigen Tagen; die Procedur wurde, und nun mit dauerndem Erfolg, wiederholt.

Hermann sah ebenfalls nach 4 Einspritzungen Heilung eintreten.

Bei einem seit 8 Tagen an Ischias erkrankten Schuster wurden erst 3 Wochen lang die gebräuchlichen Curmethoden angewandt: der Effect war fast null; die Schmerzen waren dieselben und vom Gehen war überhaupt keine Rede. Injection zwischen Tuber ischii und Trochanter; Aufhören des Schmerzes nach einigen Minuten; am folgenden Tage ging Patient im Zimmer herum. — Am folgenden Tage zweite Injection mit demselben Erfolg; nach 4 Tagen noch eine dritte und nach 24 Stunden eine vierte, worauf kein Recidiv mehr folgte.

Oppolzer empfiehlt neben anderen örtlichen und allgemeinen Mitteln auch Injectionen von Morphium oder Atropin bei Behandlung der Ischias; ebenso Lebert, Bardeleben und Andere. — Rosenthal spricht sich über die Wirkung der subcutanen Injectionen bei dieser Neuralgie folgendermassen aus: „Subcutane Injectionen von Morphium erwiesen sich bei symptomatischer Ischias als ein wirksames Verfahren, um die Heftigkeit der Exacerbationen abzustumpfen. Selbst hochgradige Beschwerden wurden hierdurch für eine längere Weile zum Schweigen gebracht, in einzelnen Fällen die nächtlichen Paroxysmen (ohne deren Wiedereintritt abzuwarten) zurückgedrängt, oder wenigstens deren Intensität auf das Maass der Erträglichkeit herabgesetzt, und dadurch ein Theil der Nachtruhe dem Leidenden gerettet. Bei idopathischen Neuralgieen von besonderer Heftigkeit hatten wohl eine Reihe (20—30) Injectionen die Affection nicht gebannt, allein die ausserordentliche Empfindlichkeit der Nerven wurde wenigstens soweit beschwichtigt, dass im weiteren Verlauf zur Anwendung der Electricität oder eines anderen Heilverfahrens mit mehr Aussicht auf Erfolg geschritten werden konnte."

Unter den von Rosenthal mitgetheilten Fällen von Ischias ist namentlich einer bemerkenswerth.

Es handelte sich um eine 40jährige Frau, wo die (linksseitige) Ischias gleichzeitig mit Carcinoma uteri bestand und von letzterem abhängig schien. Die besonders nächtlich exacerbirenden Schmerzen wurden durch Morphium-Injectionen stets beschwichtigt. Die Kranke starb später an Dysenterie, und bei der Section ergab sich eine Vermehrung des interstitiellen Bindegewebes der Nervenbündel mit stellenweise eingelagerten, grossen, vielgestaltigen, ein- oder zweikernigen Krebszellen. —

Ich selbst habe in den folgenden 8 Fällen von idiopathi-

6*

acher, meist rheumatischer Ischias Injectionen und zwar theils
von Morphium, theils von Extr. Opii in Anwendung gezogen.

1. Brook, Kaufmann, 34 Jahre, von kräftiger Constitution, leidet seit
März 1863 an Ischias auf der rechten Seite, die plötzlich nach Erkältung (Zugluft auf einem Bahnhofe) entstanden sein soll. Die Schmerzen treten anfallsweise
auf, folgen dem Verlaufe des Cutaneus femoris post. und des Suralis; Haupt-
schmerzpunkte in der Gegend des Tuber ischii und am Malleolus externus.
Dampfbäder waren bisher ohne allen Nutzen; seit Kurzem gebraucht Patient
auch Electricität (Inductionsstrom) und Heilgymnastik. Am 20. August (Vormittags 9 Uhr) Injection von ½ Gr. Morphium in der Nähe der incisura ischiadica.
Besserung bis zum Nachmittag; keine Narcose. Am folgenden Morgen Injection
von ½ Gr. an derselben Stelle; gleich darauf merkliche Erleichterung, die Remission hält bis zum folgenden Mittag an; auch bei Bewegung weniger Schmerz
als gewöhnlich. Auch jetzt keine Narcose, nur leichtes Schwindelgefühl und
„Dröhnen" im Kopfe. Am Nachmittag des 21. 8. beginnt der Schmerz wieder,
jedoch fast ausschliesslich an der äusseren und vorderen Seite des Unterschenkels,
und verschwindet nach Injection von ½ Gr. am Capitulum fibulae. Neue Injectionen mit gleichem (mehrstündigen bis eintägigen) Nutzen am 23., 24., 26., 27.
und 29. August. Von jetzt ab wurde 4 Wochen hindurch der constante Strom
täglich, jedoch ohne Erfolg, angewendet. Schliesslich wurde das Ferrum candens
applicirt, und Patient reiste 3 Wochen später, mit noch eiternder Brandwunde,
wesentlich gebessert, in seine Heimath. Patient stellte sich später als völlig geheilt vor, ohne dass er inzwischen eine andere Kur angewendet hätte.

2. Ewert, Arbeiter, 40 Jahr, nicht sehr kräftiger Mann, jedoch sonst gesund, war bereits im November und December 1862 wegen einer frischen Ischias
rheumatica dextra clinisch behandelt worden; nach Anwendung von Vesicantien,
Kalium jodatum, Dampfbädern, Electricität, wurde er am 19. 12. gebessert entlassen. Am 12. Juni 1863 kehrte Patient in sehr verschlimmertem Zustande zurück; nachdem er sich bis vor 5 Wochen ganz wohl befunden, haben die Schmerzen plötzlich, während des Gehens, erst im linken, dann im rechten Oberschenkel
begonnen, und sind besonders links ausserordentlich heftig, das Gehen jetzt ganz
unmöglich. Exacerbationen meist Abends und Nachts; die Gegend der Incisura
ischiadica auf beiden Seiten bei Druck schmerzhaft, abwechselnd auch die Punkte
am Trochanter major, Caput fibulae und Malleolus externus. Nachdem zwei
Wochen hindurch Electricität und Dampfbäder erfolglos versucht, wird am 28. 6.
(Abends) ⅓ Gr. Morphium in der Gegend der linken Incisura ischiadica eingespritzt. Der Schmerz verliert sich sehr bald, es tritt Schlaf bis zum Morgen ein;
nach dem Erwachen ist der Schmerz auf der linken Seite vollständig verschwunden, rechts zwar ebenfalls vermindert, doch nicht ganz aufgehoben.
(Es wurden in diesem Falle die Tastkreise beiderseits bestimmt. Vor der
Injection am Orte der Einspritzung links 48, rechts 50 Millimeter — eine Viertelstunde darauf, bei schon eingetretener günstiger Wirkung, links 55 — 58, rechts
62 — am folgenden Morgen beiderseits 50 — 51 Mm.).
Am 30. 6. kehrt der Schmerz auch links wieder; neue Injection von ½ Gr.
links mit gleichem Erfolge.

Am 2. 7. Abends 8 Uhr Injection, diesmal rechts am Trochanter; erhebliche Remission auf dieser Seite, die 3 Tage anhält. In der Nacht vom 5. zum 6. Juli wieder stärkere Schmerzen. Am Abend des 6. Juli Injection von ½ Gr. links; Schlaf nach 1½ Stunden, die ganze Nacht hindurch, beim Erwachen völlige Analgesie. Es tritt eine längere Pause ein; links verliert sich der Schmerz total, während rechts leichte Residuen zurückbleiben. Am 4. 7. ist der Schmerz rechts zwischen Tuber ischii und Trochanter wieder sehr heftig, wird aber durch Injection von ½ Gr. nach wenigen Minuten sistirt. Neue Injectionen am 15., 17., 18. und 21. Juli, stets nur auf der rechten Seite, da links der Schmerz ganz fortbleibt. Auch rechts tritt nach der letzten Einspritzung während einer vierzehntägigen Beobachtungszeit eine erhebliche Exacerbation nicht mehr ein, und Patient wird daher am 5. August entlassen.

3. Kasch, Schiffer, 50 Jahre alt, muskulöser Mann, seit zehn Tagen mit Ischias postica sinistra behaftet. Schmerz hauptsächlich in der Glutäengegend, nach der äusseren und hinteren Seite des Femur ausstrahlend; bisherige Behandlung mit Vesicantien erfolglos. Am 27. Juni hypodermatische Injection von ½ Gr. Morphium an der Austrittstelle des Ischiadicus. Am 1. Juli kommt Pat. wieder; die Schmerzen haben seit der Einspritzung bedeutend abgenommen, eine eigentliche Exacerbation hat nicht mehr stattgefunden. Neue Injection von gleicher Dosis. Am 7. Juli stellt sich Patient wieder vor; er hat seit der zweiten Injection gar keinen Schmerz mehr gehabt und vollkommen unbehindert seinem Beruf nachgehen können. Aus Vorsicht wird noch eine dritte Einspritzung an derselben Stelle gemacht. Auch nach 4 Wochen war ein Recidiv nicht erfolgt.

4. Joseph Nehls, Arbeitsmann, 46 Jahr, leidet seit einem Jahre an neuralgischen Schmerzen, die besonders an der vorderen und inneren Seite des Oberschenkels ihren Sitz haben, also den Hautausbreitungen des Cruralis (Cutaneus femoris medius und internus) entsprechen. Beim Husten ist der Schmerz besonders lebhaft und wird auch beim Niedersitzen sehr gesteigert. Eine Hernie ist nicht vorhanden. Injection von ½ Gr. Morph. muriat. in der fossa ileopectinea bewirkt nach 10 Minuten Sistirung der Schmerzen bei leichter Mattigkeit, Uebelkeit und Brechneigung; eine Viertelstunde darauf geht Patient ohne Beschwerden nach Hause. Wiederholung der Procedur am fünften Tage darauf hat denselben Erfolg; da Patient sich jedoch zu unregelmässig einstellt, so wird später zur Anwendung der Vesicantia volantia und des Kalium jodatum innerlich übergegangen. Die Neuralgie verliert sich unter dieser Behandlung in Zeit von 7—8 Wochen ziemlich vollständig.

5. Frau Raabe, 26 Jahr alt, von sehr anämischem Aussehen, ist wegen Insufficienz und Stenose der Aortenklappen in clinischer Behandlung, und mit einer continuirlichen Neuralgia brachialis sin. behaftet, wofür eine aneurysmenartige Gefässerweiterung und Druck auf den Plexus brachialis als ätiologisches Moment angenommen wird. Seit 3 Tagen hat sich ausserdem eine Ischias post. sin. bei der Patientin entwickelt, deren Veranlassung eine rheumatische (Erkältung beim Besuche des Gartens) gewesen zu sein scheint. Die Schmerzen treten paroxysmenartig auf und folgen besonders dem Verlauf des Cutaneus femoris post., auch die Glutäengegend ist schmerzhaft. Am Abend des 10. Juli wurde eine Injection von ½ Gr. Morphium hinter dem Trochanter major gemacht, die jedoch

keinen Erfolg hatte; es trat weder erhebliche Schmerzlinderung noch Schlaf ein — vielleicht weil in der benutzten Flüssigkeit sich schon viel Morphium aus der Lösung geschieden hatte. Am Vormittag des 12. Juli neue Injection von ¼ Gr. in der Nähe der incisura ischiadica. Nach 1½ Stunden tritt Schlaf ein, der eine Stunde anhält; beim Erwachen völlige Analgesie, dagegen Uebelkeit und Brechneigung; den ganzen Tag über leichte Somnolenz. Am Abend gegen 8 Uhr stellt sich wieder etwas Schmerz ein, der sich jedoch spontan verliert. Erst am 16. Juli eine neue, heftigere Exacerbation; es wird ein thalergrosses Vesicans hinter dem Trochanter major applicirt und nach Eröffnung der Blase ⅛ Gr. Morphium in Pulverform eingestreut, was jedoch weder eine narcotische noch örtlich schmerzstillende Wirkung zur Folge hat; ebenso wird durch mehrmalige Wiederholung dieser Procedur in den nächsten Tagen kein Nutzen erzielt, wesshalb zur Anwendung der Injection zurückgekehrt wird. Am Mittag des 23. Juli Einspritzung von ¼ Gr. Morph. muriat.; nach einer Stunde bemerkbare Remission, jedoch den ganzen Tag über heftiger Kopfschmerz, Uebelkeit, zweimaliges Erbrechen; kein Schlaf. Gegen Abend beginnt der Schmerz wieder mit unverminderter Heftigkeit, und wird durch eine Chloroform-Inhalation nur für mehrere Stunden gelindert. Wegen der übeln Erscheinungen der Morphiumwirkung werden weiterhin Injectionen von Atropin, welche von der Patientin besser ertragen werden und etwas dauerhafteren Erfolg zeigen, bei ihr angewendet.

6. Herr U —, Gutsbesitzer aus Rügen, ein kräftiger Mann und früher stets gesund, leidet seit 5½ Monaten an einer Ischias auf der linken Seite, über deren Veranlassung nichts bekannt ist. Der anfallsweise, besonders Abends exacerbirende Schmerz, der übrigens nie ganz verschwindet und durch Husten, Niedersetzen, Aufstehen nach dem Sitzen und längeres Gehen in hohem Masse gesteigert wird, hat seinen Sitz theils an der Glutäengegend, theils an der hinteren und äusseren Seite des Oberschenkels, an der Wade und der äusseren Seite des Unterschenkels; als besonders schmerzhaft werden einige Punkte in der Mitte der Glutäen, hinten und aussen vom Trochanter major, in der Kniekehle, dem caput fibulae und in der Mitte der Wade bezeichnet. Eisen und Terpentin innerlich, Vesicantien, Dampf- und Schwefelbäder haben nicht das Geringste geleistet. Am 4. Februar Injection von 1½ Gr. Extr. Opii (gr. lij einer Lösung von Extr. Opii und Aq. dest. aa) zwischen Trochanter und Tuber ischii. Der vorher sehr heftige Schmerz lässt fast unmittelbar nach der Einspritzung erheblich nach, und kehrt auch während der eine Stunde darauf unternommenen mehrstündigen Heimreise des Patienten nicht wieder. Bis zum 10. Tage besteht völlige Analgesie; alsdann kehrt der Schmerz, jedoch in milderer Form, zurück, so dass Patient, sehr entzückt von dem Erfolge der ersten Injection, sich behufs regelmässiger Wiederholung derselben in die Klinik aufnehmen lässt. Am Abend des 16. 2. Injection von 2 Gr. Extr. Opii an derselben Stelle. Der Schmerz verschwindet bis auf ein leichtes Brennen an der Stichstelle sehr rasch; nach einer Stunde tritt Schlaf ein, während dessen Patient öfters durch ein eigenthümliches (auch schon nach der ersten Einspritzung bemerktes) Gefühl von Jucken und Prickeln in der Haut, namentlich im Gesichte, incommodirt wird. Am Morgen, nach Genuss von etwas Kaffee, einmaliges Erbrechen. Während des Tages völlige Analgesie; Patient klagt jedoch über Appetitlosigkeit und leichte Benommenheit, die

sich erst gegen Abend verlieren; der Stuhlgang ist nicht retardirt. Im Laufe
des folgenden Tages erneuert sich der Schmerz etwas an der äusseren Seite des
Oberschenkels bis zum Knie, während er in der Umgebung der früheren Stichstelle verschwunden ist. Am Abend (8 Uhr) Injection von 1½ Gr. Extr.
Opii etwas unterhalb und nach hinten vom Trochanter major; nach kaum einer Stunde
Schlaf, der die ganze Nacht über mit flüchtigen Unterbrechugen anhält. Am
nächsten Vormittag ist Patient noch etwas matt, aber ganz schmerzfrei, Erbrechen ist nicht wieder eingetreten, Puls und Appetit normal. — Fünf Tage hindurch bleiben die Schmerzen völlig fort, obwohl Patient sich bereits viele Bewegung macht, auch weitere Spaziergänge ausserhalb zurücklegt. Am Abend des
24. 2. veranlasst ein sehr leichtes und unbedeutendes Recidiv des Schmerzes
in der Wade und äusseren Seite des Unterschenkels, nach längerem Gehen, noch
einmal zur Injection von nur 1 Gr. Extr. Opii in der Kniekehle, worauf ruhiger
Schlaf und nach dem Erwachen völlige Euphorie eintritt. Nach fast vierzehn-
tägiger Beobachtung, während deren sich keine Spur von Schmerz mehr einfindet,
wird Patient am 7. 3. aus der clinischen Behandlung entlassen. Einen Monat
später hatte kein Recidiv stattgefunden.

7. Willitz, Arbeitsmann, 36 Jahr alt; Ischias rheumatica dextra, die seit
6 Monaten besteht. Die Schmerzen haben den gewöhnlichen Sitz, sind fast permanent, nehmen jedoch beim Gehen und Stehen, Ausstrecken des Beins u. s. w.
etwas zu, ebenso durch Witterungswechsel; bei Druck auf die Austrittsstelle des
Ischiadicus fährt Patient zusammen. Die Anfangs eingeschlagene Behandlung mit
Vesicantien zeigt sich erfolglos. Injection von ¼ Gr. Morph. muriat. (am 3. Sept.)
in der Nähe des Sitzbeinhöckers beseitigt den Schmerz auf mehrere Stunden,
ohne dass Narcotisationserscheinungen eintreten. Die Einspritzungen werden
noch am 4., 9., 12. und 14. Sept. bei recidivirendem Schmerz mit ziemlich gleichem Erfolge wiederholt; später entzog sich Patient der Behandlung. —

8. Bei einem policlinisch behandelten Patienten wurde die rechtsseitige,
ebenfalls rheumatische Ischias durch die erste Morphium-Injection vierzehn Tage
hindurch sehr erheblich gebessert. Nach der zweiten Injection stellte sich Pat.
nicht wieder vor, so dass das Resultat unbekannt ist.

Wie sich aus diesen Beobachtungen und den analogen
Fällen anderer Autoren ergiebt, sind die Wirkungen der Morphium-Injectionen gerade bei der Ischias sehr eclatant, und
berechtigen auch hier eher zur Erwartung einer Radicalheilung,
selbst nach wenigen Einspritzungen, als bei anderen Neuralgieen. Von meinen 8 Fällen wurde ein frisch entstandener
durch 3 Injectionen, ein zweiter, schon veralteter und noch
dazu doppelseitiger, durch 9 Injectionen, ein dritter, ebenfalls
veralteter, durch 4 Injectionen geheilt. Bei zweien ist der
Grad des Erfolges ungewiss; in den drei noch übrigen Fällen
wurde nur eine palliative Besserung erzielt, und demnächst zum
Gebrauch anderweitiger Verfahren (Vesicantien, Electricität,

Glüheisen u. s. w.) übergangen, die jedoch, mit Ausnahme des Ferr. candens in Fall 1., keineswegs mehr leisteten.

## Allgemeine Bemerkungen über die Wirkung der Morphium-Injectionen bei Neuralgieen.

Fragen wir, nach dieser Uebersicht, welche Rolle die Morphium-Injectionen in der Behandlung der Neuralgieen spielen, und wie sie sich anderen therapeutischen Agentien gegenüber verhalten, so lässt sich unser Urtheil, den vorliegenden Erfahrungen gemäss, in folgenden Sätzen zusammenfassen:

1. Die Morphium-Injectionen wirken als das beste, fast nie versagende Palliativmittel bei idiopathischen wie bei symptomatischen Neuralgieen. — Es ist bekannt, wie wenig wir in der Behandlung dieser Leiden auf die narcotischen Mittel verzichten können, weil sie, bei der so häufigen Ohnmacht, den causalen Momenten gegenüber, vor Allem die Indicatio symptomatica erfüllen, die quälende Schmerzempfindung vermöge ihrer Wirkung auf das Gehirn mildern oder beseitigen. In dieser Beziehung leisten die Injectionen unstreitig viel mehr, als der innere Gebrauch der Narcotica, da die Allgemeinwirkung auf das Nervensystem und die davon abhängige Schmerzlinderung durch sie viel zuverlässiger, rascher und vollkommener erreicht wird; bei Neuralgieen mit peripherischer Basis verringern sie aber ausserdem noch den zum Gehirn hingelangenden Reiz, indem sie durch ihre locale Wirkung die Erregbarkeit (und Leitungsfähigkeit?) der peripherischen Nerven direct alteriren. Es kann also keinem Zweifel unterliegen, dass in Hinsicht auf den palliativen Effect die Injectionen vor der inneren Anwendung der Narcotica unbedingt den Vorzug verdienen. Mit ihnen zu vergleichen sind in dieser Beziehung allenfalls nur die Chloroform-Inhalationen, die aber viele anderweitige Inconvenienzen mit sich führen und namentlich in der Privatpraxis oft ganz unausführbar sind, wie ich wohl nicht näher zu erläutern brauche. Die Anwendung der Kälte, der Compression und selbst des electrischen Stroms als symptomatischer Mittel, zur Bekämpfung der neuralgischen Paroxysmen, kann sich mit den Injectionen durchaus nicht messen, da bei jenen die Wirkung viel unsicherer, schwankender und

im günstigsten Falle bei Weitem langsamer auftritt, und fast niemals so langdauernde Remissionen zu Stande kommen, wie man sie unter dem Gebrauch der Morphium-Einspritzungen beobachtet.

2. Die Injectionen können bei idiopathischen, namentlich bei frisch entstandenen Neuralgieen peripherischen Ursprungs, mögen dieselben das ganze Gebiet eines Nervenstammes oder auch nur einzelne Aeste desselben umfassen, Radicalheilung herbeiführen. — Zum Verständniss dieser Wirkung liefert uns der örtliche Einfluss der Narcotica auf sensible Nerven den Schlüssel, indem, wie wir sahen, durch jede auf einen sensibeln oder gemischten Nervenstamm gerichtete Einspritzung eine Abnahme der Empfindung in dem ganzen zugehörigen Hautbezirk, somit eine Herabsetzung der Erregbarkeit, und wahrscheinlich auch der Leitungsfähigkeit, aller sensibeln Fasern desselben erzielt wird. Die Injectionen erfüllen daher, ausser der Indicatio symptomatica, auch die indicatio morbi, indem sie, in entsprechenden Intervallen wiederholt, die Erregbarkeit und Leitung in den sensibeln Fasern auf die Dauer so weit herabsetzen, dass auch bei fortwirkender peripherischer Ursache der zur Schmerzempfindung nöthige Erregungsgrad nicht mehr zu den Nervencentren fortgepflanzt werden kann. Hieraus ergiebt sich die Möglichkeit einer Heilung bei peripherischen Neuralgieen selbst ohne Berücksichtigung der Indicatio causalis, wie dies auch aus einigen der mitgetheilten Fälle deutlich hervorgeht. Jedoch ist diese Wirkung der Injectionen viel ungewisser und seltener, als die palliative. Unter den von mir behandelten 28 Fällen sind nur 8 Radicalheilungen durch Anwendung der Injectionen — ein Verhältniss, welches sich freilich viel günstiger gestalten würde, wenn die Methode überall lange und regelmässig genug hätte durchgeführt werden können.

3. Aus dem Vorhergehenden folgt, dass die Injectionen, von so grosser Wichtigkeit sie auch bei der Behandlung der Neuralgieen überall sind, doch weder von der Berücksichtigung der Indicatio causalis dispensiren, noch auch andere, durch die Erfahrung bestätigte Verfahren und specifisch wirkende Mittel ausschliessen können. — Es wäre Anmaassung,

wollte ich entscheiden, welche aus der grossen Menge der, namentlich bei rheumatischen Neuralgieen gerühmten Specifica, den ersten Platz einnehmen; nur beiläufig führe ich daher an, dass ich von der Electricität und der Sol. Fowleri, in typisch verlaufenden Fällen vom Chinin verhältnissmässig die besten Erfolge gesehen habe, während ich den Vesicantien, dem Kalium jodatum, dem Ol. Terebinthinae, dem Eisen, den Dampf- und Schwefelbädern Gleiches nicht nachrühmen kann. Jedoch bin ich weit entfernt, auch diesen und anderen Mitteln in speciellen Fällen ihre Indication zu bestreiten.

Bei Neuralgieen mit . centraler Grundlage kann natürlich nur die calmirende Wirkung der Narcotica auf das Central-organ in Betracht kommen. Freilich ist auch hier eine „Heilung", d. h. eine Beseitigung der nach der Peripherie reflectir-ten Schmerzempfindung, nicht undenkbar, indem bei dauernd verminderter Erregbarkeit der sensibeln Centralapparate ein noch fortwirkender, gleich starker Reiz natürlich nicht mehr den gleichen Grad abnormer Empfindung hervorruft; doch wird hier noch viel mehr als bei peripherischem Sitze des Uebels die Erfüllung der Causal-Indication obenan stehen. —

4. Die Neurotomie oder Neurectomie und die übrigen in Anwendung gebrachten operativen Verfahren (Carotis - Unter-bindung, osteoplastische Kiefer - Resection bei der Prosopalgie!) werden immer das ultimum refugium bleiben in den verzwei-felten Fällen, wo alle Mittel im Stich lassen, und die Kranken von ihren Schmerzen auch um den Preis einer nicht unbedenk-lichen Operation Befreiung verlangen. Allerdings dürfte die Zahl derartiger Fälle durch die ausgezeichnete palliative Wir-kung der Injectionen erheblich zusammenschrumpfen; allein zu-weilen leisten die letzteren nichts, wie an einigen von Nuss-baum operirten Fällen, und in einem Falle von Prosopalgie, dessen ich mich von der Langenbeck'schen Klinik her er-innere: und es bleibt dann eben nur die Operation übrig. Letz-tere jedoch auch da zu machen, wo die Injectionen und andere Mittel einen günstigen, wenn auch nur vorübergehenden Erfolg zeigen, scheint mir ungerechtfertigt; denn es ist nicht zu ver-gessen, dass diese, nicht immer gefahrlosen Eingriffe doch eben-falls nur einen temporären Nutzen gewähren, und Recidive,

namentlich bei centraler Ursache der Neuralgieen, fast nie
ausbleiben. Haben doch einzelne Stimmen (Wagner) sich sogar
dahin ausgesprochen, dass die Neurectomie nur als ein kräftiges
Alterans auf das Nervensystem wirke; und Bardeleben sah
Neuralgieen des zweiten und dritten Trigeminus-Astes nach
Resection des Ramus frontalis zeitweise verschwinden!*)

Das hier in Betreff der Morphium-Injectionen Bemerkte
gilt im Allgemeinen vorausgreifend auch von den Injectionen
des Atropins, Coffeins, Aconitins und anderer ähnlich wirkender Narcotica. Nachdem ich also hier meine Meinung über
die Wirkung narcotischer Injectionen kurz ausgesprochen, will
ich nicht verhehlen, dass andere Autoren, wie z. B. Béhier
nnd Courty, sich über die definitive Heilung der Neuralgieen
durch subcutane Injectionen, besonders von Atropin, günstiger
äussern, als in Vorstehendem geschehen ist. Ich werde auf
diese Ansichten bei Besprechung der Atropin-Injectionen noch
etwas näher eingehen, glaube jedoch, die Entscheidung über
diesen Punkt zahlreicheren eigenen und fremden Erfahrungen
überlassen zu müssen.

Schliesslich sei noch als Curiosum die Ansicht von Lafargue erwähnt, dass bei Neuralgieen nicht allein das eingespritzte Narcoticum, sondern der mit der Injection (oder Inoculation) verbundene Einstich an sich beruhigend wirke, indem
er dem aufgehäuften und condensirten Nervenfluidum einen Ab-
zug eröffne! Den Gönnern abenteuerlicher, nach dem vorigen
Jahrhundert schmeckender Hypothesen bleibe es anheimgestellt,
die weitere Ausführung dieses Satzes im Original (Bull. de thér.
LX. p. 150) nachzulesen.

**b. Hyperkinesen (spastische und convulsivische Neurosen).**

Literatur.
Hunter, l. c. — Hermann l. c. — Brown-Séquard (vergl. Wintrich
med. Neuigkeiten f. pract. Aerzte, 62, Nr. 47). — Levick, amer. journal
of med. sc. N. F. LXXXV. p. 40. — Neudörfer, Handbuch der Kriegschirurgie (1864) p. 332. — v. Graefe, l. c. p. 73 ff.

Der gewöhnlichen Eintheilung folgend berücksichtige ich
hier ausser den eigentlichen peripherischen Krämpfen auch die

---

*) Tageblatt der 38. Vers. deutscher Naturforscher und Aerzte (1863) Nr. 3.

Motilitätsneurosen mit unbekannter anatomischer Grundlage: Tetanus, Epilepsie, Chorea, Tremor artuum u. s. w.

Es liegen auf diesem Gebiete erst wenige, vereinzelte Beobachtungen vor, da andere Narcotica (Atropin, Curare) hier im Allgemeinen mehr cultivirt worden sind, als das Morphium. Bei traumatischem Tetanus werden die Injectionen von Hunter und Neudörfer empfohlen. Obwohl ich selbst keine derartigen Fälle zu behandeln gehabt habe, so hatte ich doch erst kürzlich im schleswig-holsteinischen Feldzuge während eines Aufenthaltes in den Flensburger Lazarethen Gelegenheit, über die Wirkung subcutaner Morphium-Injectionen bei Tetanus Beobachtungen zu machen. Nach schon ausgebrochenem allgemeinem Tetanus konnte auch durch wiederholte Injection starker Morphiumdosen in der Regel der letale Ausgang nicht abgewandt werden; jedoch wurden fast in allen Fällen längere Remissionen bis zu 6- oder 8 stündiger Dauer durch dieselben erzielt. Die auf einmal eingespritzte Quantität betrug bis zu $\frac{2}{3}$ Gran. In einzelnen glücklich abgelaufenen Fällen kam es nur zu Trismus, der ohne Ausbruch allgemeiner Krämpfe mehrere Tage oder selbst Wochen lang anhielt. Wieviel hierbei auf Rechnung der Therapie und speciell der Injection zu setzen war, muss ich freilich dahingestellt lassen.

Bei Epilepsie wurden die Injectionen ($\frac{1}{4}$ Gr. Morphium und $\frac{1}{50}$ Gr. Atropin) von Brówn-Séquard — bei Chorea von Hunter und Levick mit Erfolg angewandt. Letzterer will bei einer 17 jährigen Schwangeren durch Injectionen von Laudanum (2 mal täglich), gleichzeitig mit Ferrum subcarb. innerlich, völlige Heilung erzielt haben.

Bei einer Eclampsia post partum mit rasch auf einander folgenden Anfällen machte Hermann eine Morphium-Injection an der inneren Fläche des Vorderarms. Etwa 2 Minuten nach der Injection trat noch ein heftiger Anfall auf, der 4—5 Secunden dauerte; in der Nacht noch zwei „Mahnungen", worauf die Erscheinungen fortblieben.

Ich habe in einem ziemlich ungewöhnlichen Falle von Tremor artuum und einem von epileptoiden Krämpfen das Morphium hypodermatisch angewandt, jedoch ohne wesentlichen Nutzen davon zu beobachten.

1. Dr. K —, 49 Jahr alt, practischer Arzt in S —, zog sich vor 8 Jahren eine Luxation des rechten Humerus zu, indem er in den Wagen von einer Rampe aus steigen wollte, in welcher lockere Steine sich ablösten, und dabei zwischen die Räder fiel. Die Reposition war leicht, ohne Chloroform. Es blieb Schwäche und Zittern im Arm zurück, letzteres Anfangs unbedeutend und nur nach Anstrengung, allmälig jedoch so zunehmend, dass Patient vor anderthalb Jahren nicht mehr zu schreiben vermochte. (Gleichwohl hat er noch immer practicirt und alle Verordnungen in der Apotheke persönlich ausgerichtet). Es wurden Anfangs spirituöse Einreibungen, 1857 Wiesbaden, Electricität, (Rotationsapparat), 1859 Moorbäder in Franzensbad, 1860 Wassercur, 1861 Wildbad, 1862 römische Bäder und der constante Strom (70 Sitzungen) ohne jeden Nutzen angewendet; das Zittern wurde im Gegentheil stets schlimmer, und verbreitete sich fast über alle Muskeln des Körpers.

Status praes. am 23. 7. 1863: Heftiges Zittern beider Arme und Beine, welches beim Sprechen, beim Essen, kurz bei jeder Willensintention entsteht oder zunimmt. Auch am Rumpfe lassen sich undulirende Bewegungen der Muskeln erkennen. Der Kopf steht fest. Bei Erregung wird das Zittern so heftig, dass die Füsse mit einem klappernden Geräusch gegen den Boden schlagen; ebenso die Hände, wenn sie auf einem harten Gegenstand aufliegen. Es ist gleich, ob Patient sitzt oder steht; während des Schlafes ist Ruhe. Pupillen etwas weit, jedoch gut reagirend; leichte Myopie. Aussehen gesund; alle Functionen ohne Störung.

Am 30. Juli Application des Ferrum candens im Nacken. Seit dem 8. August Belladonna innerlich (⅛ Gr. pro dosi, dreimal täglich). Der Zustand war, so lange die Eiterung dauerte, etwas gebessert, namentlich an den unteren Extremitäten; dann aber wurde das Zittern wieder sehr heftig. Beiderseits starke Mydriasis.

Am 22. August Injection von ¼ Gr. Morphium im Nacken, auf der rechten Seite (nach aussen von der, durch das Ferrum candens markirten Stelle). Nach 7 Minuten Verengerung der rechten Pupille, normale Reaction; links tritt die Verengerung etwas später ebenfalls ein. Gleichzeitig ein ausserordentlich heftiger Anfall von Tremor, namentlich im rechten Beine und in der rechten Hand, während die linke Seite sich weniger betheiligt. Auf dem Wege nach Hause bekommt Patient Schwindelgefühl, Uebelkeit, und, zu Hause angelangt, Erbrechen; worauf nach einer Stunde Schlaf eintritt. Das Zittern war nach Angabe des Patienten den Rest des Tages hindurch (von 5 Uhr Nachmittags ab) seltener und schwächer als sonst, an dem folgenden Tage aber im Gegentheil stärker als je, obwohl die Erscheinungen der Morphiumwirkung sich erst nach mehr als 24 Stunden gänzlich verloren. Application einer Fontanelle und innerer Gebrauch von Zinc. sulf. bleiben ohne Wirkung.

Am 3. Sept. wurde die Einspritzung wiederholt, und zwar mit etwas schwächerer Dosis (⅛ Gr. Morphium). Trotzdem traten wieder sehr heftige Erscheinungen der Morphiumwirkung hervor, und es wurden die Anfälle gleich von Anfang an offenbar nicht nur nicht gemildert, sondern eher gesteigert; auch die folgenden Tage brachten entschieden keine Mässigung der Beschwerden. Unter diesen Umständen wurde von einer Fortsetzung des nutzlosen, für den Kranken

nur quälenden Verfahrens Abstand genommen. Bald darauf reiste derselbe ungeheilt in seine Heimath, und habe ich seither nichts weiter von ihm erfahren.

In diesem ätiologisch höchst räthselhaften Falle, der sich
durch die Heftigkeit der Oscillationen vom einfachen Tremor
und durch die Abwesenheit eigentlicher Lähmung trotz lang-
jährigen Bestehens von der Paralysis agitans unterscheidet, leisteten also die Morphium-Injectionen nichts, und schienen im
Gegentheil die Erregung der motorischen Apparate vorübergehend zu vermehren. Alle anderen Mittel, von denen man
eine umstimmende oder reizmindernde Wirkung auf das Nervensystem erwartet, zeigten sich freilich in gleicher Weise nutzlos oder nachtheilig.

2) Wilhelm Wittich, ein 26jähriger, kräftiger Eisenbahnarbeiter, wird
am 23. October 1863 in die Klinik aufgenommen. Seiner Angabe nach hatte
er auf der Strasse, im Dunkeln und mit unbekanntem Werkzeug, von hinten
einen Schlag auf die Stirn bekommen, war momentan betäubt, dann jedoch im
Stande, sich behufs der nöthigen Hülfsleistung nach der Klinik zn begeben. Es
fand sich eine ¾" lange, klaffende und bis auf das Periost dringende Wunde mit
etwas gequetschten Rändern, oberhalb des Margo supraorbitalis. Bei Anlegung
der Suturen zeigt Patient ungewöhnliche Erregtheit; unmittelbar nachher klagte
er, dass sich ein Schauer über den ganzen Körper bei ihm einstelle. Eine Viertelstunde darauf wurde ich zu dem im Bett liegenden Patienten gerufen, den so
eben ein heftiger, mit völliger Bewusstlosigkeit verbundener Krampfanfall ergriffen
hatte. Das Gesicht war livid, die Gesichtsmuskeln lebhaft contrahirt, die Lippen
fest auf einander gepresst; die Nackenmuskeln, sowie die ganze Musculatur des
Ober- und Vorderarms von brettartiger Härte, Hände und Finger krampfhaft
flectirt; die unteren Extremitäten wurden von convulsivischen Stössen erschüttert;
dazwischen trat förmlicher Opisthotonus ein, wobei Patient zugleich die Arme mit
solcher Kraft rückwärts bewegte, dass er die am Kopfende des Bettes befind-
liche Stange fasste und in der Mitte zerbrach. Der ganze Anfall dauerte 4 Minuten: dann verfiel Patient in einen soporösen Zustand mit weiten Pupillen,
vollem und etwas beschleunigtem Puls, tiefer, nicht stertoröser Respiration, und
Reactionslosigkeit gegen äussere Reize. Nach kaum 10 Minuten wiederholte
sich der Anfall in derselben Weise und mit gleicher Vehemenz. Es wurde
nun ¼ Gr. Morphium in der rechten Schläfengegend subcutan injicirt, jedoch ohne
allen Effect: es folgten vielmehr in gleichbleibenden Intervallen noch ein dritter,
vierter und fünfter Anfall von demselben Character und nur etwas längerer
Dauer, als die beiden ersten. Im Beginne des fünften Anfalls wurde die Chloroform-Narcose eingeleitet: unter derselben trat eine allmälige Entspannung
sämmtlicher Muskeln ein; der Opisthotonus, die convulsivischen Stösse verschwanden, und Patient fiel, nachdem etwa eine Unze Chloroform verbraucht war, in
Narcose mit lauter, tiefer, stertoröser Respiration. Das Chloroform wurde jetzt
entfernt, und, um die Narcose zu verlängern, noch ¼ Gr. Morphium subcutan injicirt. Patient kam nun aus der Chloroformbetäubung gar nicht wieder zu sich,

sondern blieb, nachdem die Respiration sehr bald zur Norm zurückgekehrt war, in ruhigem, ungestörtem Schlafe: die Frequenz der Pulse und Athemzüge war dabei verlangsamt, auf Hautreize zeigte sich keine Spur von Reaction; die Morphiumwirkung gab sich nach einer Viertelstunde durch intensive, beiderseitige Myosis zu erkennen. Der Schlaf dauerte von Abends 8 bis Morgens 3½ Uhr; nach dem Erwachen fühlte sich Patient vollkommen frei und wusste sich auf das Vorgegangene nicht zu besinnen. — Bei weiterer anamnestischer Nachforschung sagte Patient nun aus, dass er seit einer Reihe von Jahren an epileptiformen Krampfanfällen leide, von denen er den letzten vor 8 Wochen gehabt und seitdem eine Pneumonie durchgemacht habe. Die Wunde heilte in Zeit von acht Tagen und wurde Patient darauf, ohne Wiederkehr der Anfälle, aus der Clinik entlassen, da eine weitere Behandlung seinerseits nicht in Anspruch genommen wurde.

In diesem Falle zeigte sich also die erste Morphium-Injection gegen den Krampf ganz wirkungslos; die durch die zweite Injection bedingte Verlängerung der Chloroform-Narcose werden wir später besprechen. Es muss die sedirende Wirkung des Morphiums bei primär gesteigerter Erregbarkeit der motorischen Apparate schon von vorn herein zweifelhaft erscheinen, wenn wir die Resultate der zahlreichen Thierversuche von Charvet, Kölliker, Hoppe, Albers in Betracht ziehen. Alle diese Autoren sahen bekanntlich unter Anwendung von Opium und Morphium heftige Muskelkrämpfe und sogar einen dem Strychnin ähnlichen Tetanus entstehen. Der Opiumtetanus vernichtet allerdings nach Kölliker durch Ueberanstrengung die Reizbarkeit der motorischen Nerven und Muskeln; indessen ist diese Wirkung doch nur eine secundäre und therapeutisch wohl nicht zu verwerthen. Sind nun auch die Erscheinungen der Opiumintoxication beim Menschen wesentlich andere als bei Thieren, und haben wir auch sogar in der oben erwähnten schwächenden Einwirkung auf die Recti interni des Auges ein scheinbar entgegengesetztes Beispiel, so sahen wir doch auch andererseits wieder durch das Morphium erhöhte Contractionszustände im Tensor chorioideae einleiten, und in einem Falle von Morphium-Injection bei Prosopalgie Trismus und Krämpfe der Halsmuskeln entstehen.

Anders verhält es sich, wo die krampfhafte Erregung peripherischer motorischer Nerven nur eine secundäre ist, wo dieselbe reflectorisch in Folge primär gesteigerter Erregung von Empfindungsfasern zu Stande kommt, und man also hoffen darf, durch ein auf die letztern herabstimmend wirkendes Mittel,

auch den pathischen Zustand in den zugehörigen Bewegungs-
nerven zur Norm zurückzuführen. Wir gehen hiermit auf das
Gebiet der Reflexkrämpfe im engeren Sinne über, bei denen
eine solche Coincidenz von primär sensibler Erregung und
vermehrter motorischer Spannung nachweisbar oder doch wahrscheinlich ist.

Hier hat besonders v. Graefe auf die wichtige Rolle,
welche die Morphium-Injectionen bei gewissen Formen von
Reflexkrämpfen am Auge spielen, ausführlich hingewiesen. Der
Blepharospasmus, welcher Hornhautentzündungen begleitet oder
nach Ablauf derselben zurückbleibt, sowie der nach Verletzungen des Auges, eingedrungenen fremden Körpern u. s. w. auftretende Lidkrampf können durch Injectionen längs des N.
supraorbitalis gelindert und sogar in geeigneten Fällen radical
geheilt werden, so dass auch hier oft die Neurotomie überflüssig gemacht wird. Bei der spontanen, auf das ganze Gebiet
des Facialis und noch weiter irradiirenden Form von Blepharospasmus, die von bestimmten sensibeln Nervenpunkten (Druck-
punkten) aus sistirt wird, nützen die Morphium-Injectionen nur
palliativ, machen aber auch hierdurch die bei dieser lästigen
Krampfform sonst angezeigte Operation weniger dringend, resp.
selbst entbehrlich.

Den folgenden interessanten Fall von Blepharospasmus ver-
danke ich der gütigen Mittheilung meines Collegen, des Herrn
Dr. Schirmer, Assistenzarztes der hiesigen chirurgischen Policlinik.

Ein 20jähriger, kräftiger Student leidet seit 5 Jahren an Conjunctivitis granulosa, die bereits vielfach mit Cauterisationen und localen Blutentziehungen behandelt worden ist, stets im Mai recidivirt und bis in den October hinein anhält.
Noch im vorigen Jahre wurde modificirter Lapis energisch angewandt, ohne dass
das Leiden darum früher aufhörte. Bei Wiederkehr desselben im Mai d. J. fand
sich die Conjunctiva palp. mit Narben durchzogen, sonst aber hyperämisch, ohne
deutliche Granulationen; Secretion schleimig, so dass am Morgen die Cilien verklebt sind; Subconjunctivalinjection nicht vorhanden. Patient giebt an, besonders
Morgens äusserst lichtscheu zu sein, so dass er nach dem Erwachen 2 Stunden
bedarf, um seine Augen gebrauchsfähig zu bekommen. Sobald seine Lidränder
berührt werden, empfindet er so starkes Jucken, dass er die Lider zusammen-
kneift und stark reiben muss. — Zuerst bloss Umschläge von Aq. plumbi Bestrei-
chen der Lidränder mit öligen Substanzen, blaue Brille. Erfolg minimal. Ebenso
nützen Einreibungen von Ung. Bellad. In die Schläfe nichts, auch Tauchen nur
ganz vorübergehend. Constitution ohne Anhaltspunkte für die Therapie. —

Es wurden neue Injectionen von Morphium, abwechselnd in beide Schläfen und einen Tag um den anderen, zu ¼ Gr. pro dosi gemacht. — Nach 11 Injectionen konnte Patient ohne heruntergelassene Rouleaux schlafen und 10 Minuten nach dem Erwachen seine Augen gebrauchen, auch mit blauer Brille im Sonnenschein spazieren gehen. Die Lider waren bei Weitem nicht mehr so empfindlich; der catarrhalische Zustand ziemlich derselbe.

—————

Ich möchte hier kurz noch auf eine zweite Reihe localer peripherischer Krümpfe, deren Zustandekommen ich mir ebenfalls als ein wesentlich reflectorisches denke, aufmerksam machen. Es sind dies die besonders in Amputationsstümpfen, jedoch auch nach rein traumatischen Verletzungen, Quetschungen, complicirten Fracturen u. s. w. auftretenden Myospasmen. Gegen dieses oft äusserst lästige, den Heilungsprocess störende Phänomen habe ich in 2 Fällen von tiefer Femur-Amputation, wo dasselbe besonders lebhaft hervortrat, die subcutanen Morphium-Injectionen mit entschiedenstem Erfolg in Anwendung gezogen. Nicht nur wurde durch die in möglichster Nähe des Cruralnerven und des M. ileopsoas, dicht unter dem Lig. Poupartii vollführten Einspritzungen den Kranken rasche Beruhigung und Schlaf verschafft, sondern es blieben auch die allnächtlichen, sehr quälenden und schmerzhaften Zuckungen im Stumpf in der auf die Injection folgenden Nacht vollständig weg, und wurden bei späterer vereinzelter Wiederkehr durch neue Injectionen bald dauernd beseitigt.

Es dürfte sich hieraus vielleicht auch für manche Fälle von Tetanus, namentlich traumatischem, die Möglichkeit ergeben, die Morphium-Injectionen in einer wirksamen und zweckentsprechenden Weise zu verwerthen, indem man die locale Wirkung des Opiats auf sensible Nerven berücksichtigt, und die Einspritzung demgemäss nicht auf irgend einem neutralen Terrain (Schläfe, Arm) — sondern auf den direct oder in seinen Endfasern bei der Verletzung betheiligten sensibeln, resp. gemischten Nervenstamm selbst vornimmt. Da in manchen Fällen von Wund-Tetanus die Durchschneidung des Hauptnervenstammes am verletzten Gliede (Pecchioli, Larrey, Murray, Colles, Alquié, Guérin und Andere) einen glücklichen Erfolg gehabt hat, so möchten statt dieses immerhin ein-

greifenden und gefährlichen, ausserdem nicht überall anwendbaren und mit nachträglicher Lähmung drohenden Verfahrens
die subcutanen Morphium-Injectionen, in der obigen Weise zur
localen Erregbarkeits-Verminderung benutzt, sich zu weiteren
Versuchen bei dieser ohnehin desperaten Krankheit empfehlen.
Nur müsste man hier vor grossen Dosen und rascher Wiederholung der Injection nicht zurückschrecken.  Auch in den (relativ seltenen) Fällen von Epilepsie, wo die Anfälle durch Neu-
rome, Narben, die auf einen Nervenstamm drücken u. s. w.
unterhalten werden, lässt sich von fortgesetzter Anwendung der
Morphium-Injectionen möglicherweise einiger Erfolg erwarten,
indem zwar nicht die peripherische Ursache gehoben, aber die
Erregungsfähigkeit (und Leitung) in den zugehörigen sensibeln
Nerven mit der Zeit abgestumpft wird.

## 2) Krankheiten der Nervencentra.

Der leichteren Uebersicht wegen ziehe ich auch diejenigen
Fälle hierher, wo die Centralorgane erst secundär, in Folge veränderter Blutmischung, befallen wurden (Delirium tremens, Vergiftung durch Atropin und Strychnin, Pyämie). Ausserdem
liegen über gewisse Formen psychischer Erkrankung und über
Meningitis cerebro-spinalis einzelne Beobachtungen vor.

### Delirium tremens.

#### Literatur.
Hunter, l. c.; ausserdem Lancet, 12 Dec. 1863 p. 675. — Semeleder,
l. c. — Ogle, british med. journal 1861.

Hunter injicirte bei Delirium tremens Morphium in das
Zellgewebe des Nackens.  Er empfiehlt das Verfahren hier
ganz besonders, da der Magen öfters keine Arznei aufnehme,
und sah davon sehr günstige und schnelle Wirkung, schon nach
wenigen Minuten Abnahme der Respirations- und Pulsfrequenz,
demnächst Narcose und Schlaf eintreten. — Ogle injicirte,
ebenfalls mit Erfolg, gr.j Morph. acet. in das Zellgewebe
des Arms. — Semeleder erzählt einen Fall, wo der Patient
nach Einnahme von 18 Gr. Opium sich weigerte, innerliche

Medicin zu nehmen; er erhielt in einzelnen Gaben von je 40 Mgrmm. (?) binnen 3½ Tagen 280 Mgrmm. (= ⅕ Gr.) Morphium eingespritzt, bis Schlaf und damit das Ende der Erscheinungen auftrat; Patient starb später an Pneumonie. — Auch ich habe im folgenden Falle einen wesentlichen Effect erst nach öfterer Wiederholung der Injection eintreten sehen.

Ein 40jähriger, musculöser Eisenbahnarbeiter kam bereits zum dritten Male wegen Delirium tremens in Behandlung. Zwölf Gran Opium (Tinct. theb.) innerhalb 24 Stunden innerlich gereicht, waren ohne Erfolg. Patient sitzt aufrecht im Bette oder wirft sich umher und versucht aufzuspringen, delirirt unausgesetzt vor sich hin, zum Theil mit abwesenden Personen, ist aber nicht ganz ohne Bewusstsein; der Puls voll und beschleunigt, 112 in der Minute. Am Abend um 9 Uhr wurde ¼ Gr. Morph. muriat., eine halbe Stunde darauf nochmals ¼ Gr. in der Schläfengegend injicirt, ohne dass während der Nacht in den Erscheinungen sich etwas änderte. Auch die Pulsfrequenz schwankte nur in sehr geringem Grade, nahm sogar in Folge der lebhaften Muskelanstrengung zeitweise noch etwas zu (108 — 120); die Respirationsfrequenz war während der kurzen Erschöpfungspausen immer noch erhöht, 32 in der Minute. Am folgenden Tage wurden noch drei Injectionen von je ¼ Gr. Morphium, theils in der Schläfe, theils im Nacken gemacht, im Ganzen also 1¼ Gr. innerhalb 24 Stunden injicirt, worauf am Nachmittag gegen 3 Uhr Schlaf mit tiefer, stertoröser Respiration, Pulsverlangsamung (92) und vermehrter Hautsecretion eintrat, der bis zum folgenden Morgen fast ununterbrochen anhielt.

### Atropin-Intoxication.

#### Literatur.

B. Bell, Bericht an die Edinb. med. surgical soc. 1857. — v. Graefe, l. c.

Gegen die mehr oder minder erheblichen Erscheinungen der Atropin-Intoxication, welche gerade bei hypodermatischer (aber auch bei endermatischer) Anwendung dieser Substanz nicht selten beobachtet werden, hat zuerst Bell das Morphium in Form subcutaner Injectionen in Vorschlag gebracht. Mehreren Autoren (Béhier, Courty, Macnamara u. s. w.) gelang die Beseitigung der durch Atropin herbeigeführten Vergiftungserscheinungen auch bei innerer Anwendung der Opiate. — Neuerdings hat v. Graefe wieder die hypodermatische Einspritzung von Morphium als das rascheste und sicherste Antidot gegen die acute und chronische Atropin-Vergiftung hingestellt. In mehreren Fällen, wo die Patienten aus Versehen die zu Tropfwassern verordneten Atropinlösungen verschluckt hatten, wich der Besorgniss erregende Zustand einer oder zweien Morphium-Injectionen schneller und sicherer, als irgend einer anderen Therapie. Die besonders quälende Ischurie verlor sich in einem Falle bereits wenige Minuten nach der Morphium-Injection theilweise und nach einer Viertelstunde vollkommen; auch die enorme Steigerung der Pulsfrequenz um 40, 60 Schläge und selbst darüber, wie sie bei Atropin-Injectionen vorkommt, wurde zuweilen schon in 10 Minuten auf die Hälfte und in einer Stunde gänzlich reducirt.

Zuweilen kommen bei häufigen Instillationen von Atropin Vergiftungen vor, indem das Mittel durch die Thränenpunkte fortgeführt und theilweise verschluckt wird. Wo in diesen Fällen die Weglassung der Instillationen aus örtlichen Gründen (z. B. wegen einer bedrohlichen Iritis) nicht thunlich ist, empfiehlt sich das Nachschicken einer Morphium-Injection; das Atropin wird bei Tage instillirt und Abends die Einspritzung gemacht. Auch gegen die chronische, beim Fortgebrauch der Atropin-Instillationen eintretende Vergiftung, welche sich besonders durch allgemeine erethische Schwäche und Daniederliegen der Assimilation ankündigt, fand Graefe die Morphium-Injectionen, vor dem Schlafengehen angewandt, von guter Brauchbarkeit, obwohl sie hier wahrscheinlich durch den inneren Gebrauch zu ersetzen wären.

### Chloroform - Intoxication.

Ich schliesse hieran einige Bemerkungen über einen, in gewissem Sinne analogen Zustand, nämlich über die nach Chloroform-Inhalationen oft längere Zeit, selbst 24 Stunden und darüber, zurückbleibenden Erscheinungen des Rausches, des quälenden Schwächegefühls und allgemeinen Uebelbefindens mit heftigem Kopfschmerz, Brechneigung, und häufig wiederholtem Erbrechen. Es findet sich dieser im höchsten Grade peinliche, oft auch für den Arzt sehr unwillkommene Zustand besonders bei sehr. erethischen Individuen, namentlich wenn die Chloroform-Narcose behufs Vornahme einer grösseren Operation, Anlegung von Verbänden u. s. w. längere Zeit hindurch unterhalten werden musste, wie ich denn Patienten gesehen habe, die nahezu zwei Stunden fast unausgesetzt chloroformirt waren, und während dieser Zeit 4 — 5 Unzen Chloroform inhalirt hatten.

Gegen diesen Zustand habe ich in einer Reihe von Fällen (im Ganzen etwa 20) die Morphium-Injectionen in Anwendung gezogen, und zwar im Allgemeinen mit sehr befriedigendem Resultate. Bei den meisten trat nach Injection von ⅓--⅕ Gran Morphium ein mehrstündiger, erquicklicher Schlaf ein, mit welchem alle die übeln Nachwirkungen des Chloroforms aufhörten, namentlich das Erbrechen, der Kopfschmerz, die ohnmachtähnliche Mattigkeit vollständig verschwanden. In einzelnen Fällen wurde dieses Resultat erst nach einer zweiten Einspritzung erreicht; und nur in 3—4 Fällen schienen die Injectionen gar keinen Effect zu haben, wenigstens die von dem Chloroform herrührenden Erscheinungen in keiner Weise zu beeinflussen. — Beiläufig bemerke ich noch, dass in den hier besprochenen Fällen die Injection erst 2¼ — 12 Stunden nach dem Aussetzen der Chloroform-Inhalationen verrichtet wurde; dass dieses Verfahren also nichts mit der durch Nussbaum empfohlenen, auch von mir mehrfach angewandten Verlängerung der Chloroform-Anästhesie durch narcotische Injectionen zu thun hat.

In einem von Burow jun. beobachteten, durch Woorara geheilten Falle von Strychnin-Vergiftung (s. Cap. 13) zeigte sich die einmalige Injection von Morphium (¼ Gr.) völlig erfolglos.

Bei pyämischen Zuständen empfiehlt Billroth (Wundfieber und Wundkrankheiten, Langenbeck's Archiv II. p. 441) Morphium-Injectionen als reizmildernde Mittel, namentlich wenn das Opium bei innerer Anwendung ausgebrochen wird, wie es bei einzelnen Kranken auch ohne besondere Veranlassung der Fall ist.

### Agrypnie.

Wo die Schlaflosigkeit von einer gesteigerten peripherischen Erregung sensibler Nerven (Schmerz) abhängt, sind die Morphium-Injectionen natürlich das beste Specificum schon dadurch, dass sie rascher als fast irgend ein anderes Mittel den Schmerz lindern oder beseitigen und somit die Möglichkeit des Schlafes herbeiführen. Ob auch da, wo eine abnorme Erregung des Gehirns durch vermehrten Zufluss von arteriellem Blut, wie in fieberhaften Krankheiten, die Schlaflosigkeit herbeiführt, die Morphium-Injectionen diese Ursache beseitigen, indem sie

die Circulation verlangsamen und eine grössere Venosität des
Blutes veranlasen (Hunter), muss einstweilen dahingestellt
bleiben; die Injectionen wirken hier jedenfalls viel unsicherer,
und es kommt gewiss neben der allgemeinen Wirkung auf den
Kreislauf auch die örtliche Schmerzstillung häufig mit in Betracht. Ueber die gewissermaassen idiopathische, besonders se-
nile Form der Agrypnie fehlt es an Erfahrungen. — Beispiele
und Belege zu den beiden ersteren Categorieen finden sich im
Verlaufe der Arbeit zahlreich, so dass es nicht nöthig erscheint,
hier besonders darauf zurückzukommen.

### Psychosen.

#### Literatur.
Hunter, l. c. — Lorent, Erlenmeyer, Riedel. im amtl. Ber. über die
37. Vers. deutscher Naturf. und Aerzte, p. 302.

Hunter empfiehlt Morphium-Injectionen ganz besonders
in maniakalischen Zuständen, wo das Schlingen erschwert sei
oder verweigert werde. Er beobachtete auch hier sehr rasche
Abnahme der Pulsfrequenz, sogar von 120 auf 80, und Narcose. —
Lorent giebt in frischen Seelenstörungen (Melancholie und
Manie) der subcutanen Injection den Vorzug vor der inneren
Anwendung des Opiums; subcutan wirkt das Morphium auch
noch da, wo es innerlich schon keine Wirkung mehr entfaltet. —
Nach Erlenmeyer ist die subcutane Injection von Morphium
besonders bei der Nahrungsverweigerung angezeigt; dann auch
da, wo die Kranken wohl essen, aber keine Arznei nehmen.
Die Injection ist besser, als wenn man die Arznei in die Spei-
sen giebt, da im letzteren Falle leicht Sitophobie eintritt. —
Riedel bestätigt ebenfalls die Wirkung der Injectionen, und
meint, diese und der Pulverisateur würden alle Gewaltmittel
zum Einnehmen mit der Zeit entbehrlich machen.

### Meningitis cerebro-spinalis.

#### Literatur.
Traube, Vhdlg. d. berl. med. Ges. (deutsche CL 1863 Nr. 20). — Bois, l.
c. (p. 19).

In einem Falle von Meningitis spinalis mit Schmerzen im
Kreuz und den unteren Extremitäten wurden von Traube hypodermatische Einspritzungen von Morphium, und zwar ad nates,

applicirt. Die Schmerzhaftigkeit wurde zwar momêntan beschwichtigt; im Allgemeinen war jedoch der Zustand nach den
Injectionen stets schlechter als vorher, und zeigte sich eine noch
grössere Erregbarkeit der Sensibilität; nach dem Aussetzen der
Injectionen waren die Schmerzintervalle grösser und freier, als
beim Gebrauche derselben. Nach Traube beruht dies auf der
Wirkung, welche das Opium überhaupt bei acuten entzündlichen Krankheiten äussert, weshalb seine Anwendung bei diesen
im Allgemeinen zu verwerfen ist.

Bois führt dagegen einen Fall von Meningitis cerebro-
spinalis an, wo eine Injection von 8 Ctgrmm. Morph. muriat. sogleich die sehr schmerzhaften Convulsionen beseitigte, und die
Kranken in tiefen Schlaf versetzte.

---

## 3) Krankheiten der Muskeln.

Hier ist nur der acut auftretende, schmerzhafte Muskelrheumatismus, die Myalgia rheumatica, zu erwähnen. Jarotzky
und Zülzer wandten in einem Falle von Lumbago das Morphium hypodermatisch an. Die Injection hatte jedoch keinen
nennenswerthen Erfolg; es wurde durch ein Vesicans mit nach-
folgender Einstreuung von Morphium mehr geleistet. — Auch
ich habe in 2 Fällen von Lumbago einen wesentlichen Erfolg
der Injectionen nicht wahrnehmen können.

1. Haeusler, ein 63jähriger, ziemlich decrepider Arbeitsmann, Potator,
leidet seit 3 Tagen an einer Lumbago rheumatica. Heftiger Schmerz bei jeder
Bewegung, namentlich beim Aufrichten im Bette, beim Bücken u. s. w. — In-
jection von ½ Gran Morphium in der Lumbalgegend (möglichst tief, bis in die
Muskelsubstanz hinein) bewirkt nur eine leichte Schwere in den Gliedern, aber
weder Narcose, noch erhebliche Verringerung der Schmerzen. Am folgenden
Vormittag neue Injectionen am rechten Oberarm; diesmal tritt nach einer halben
Stunde Schlaf ein, der bis Mittag andauert und sich am Nachmittag mehrere
Stunden wiederholt; nach dem Erwachen sind jedoch die Beschwerden bei jeder
Lageveränderung ziemlich unverändert. Application von Schröpfköpfen schaffte
einige Erleichterung, und so wurde Patient nach mehreren Tagen entlassen.

2. Timm, Arbeitsmann, 26 Jahr, leidet seit mehreren Wochen an Schmerzen in der Lendengegend, namentlich rechts von der Wirbelsäule, die beim Heben
von schweren Lasten (Bausteinen) aufgetreten sein sollen. Die Lumbalmuskeln
sind strangartig gespannt, Druck und Bewegung sehr schmerzhaft. Injection von

¦ Gr. Morphium an Ort und Stelle bewirkte nach einigen Minuten Schwindelgefühl, Uebelkeit ohne Erbrechen, Myosis und leichte Pulsbeschleunigung. Erst
nach 1¼ Stunden erholte sich Patient von diesen Zufällen und konnte nun anfangs ohne Beschwerde gehen, was ihm seit längerer Zeit nicht möglich gewesen
war; jedoch schon auf dem Heimwege kehrten die Schmerzen wieder, und waren
bald fast so arg wie vorher. Es wurde daher auch in diesem Falle zu anderweitigen Verfahren (Electricität, Schröpfköpfe) übergegangen.

# 4) Krankheiten der Respirations- und Circulationsorgane.

### Literatur.

v. Jarotzky und Zülzer, l. c. — Waldenburg, Vhdlg. d. Ges. f. Heilk.
(berl. kl. Wochenschr. 1864, 20). — Südecknm, l. c. — Bois, l. c.

### Lungenemphysem.

Bei einem an Emphysem und starkem Catarrh nebst nächtlichen Erstickungsbeschwerden leidenden Manne von 35 Jahren
injicirten Jarotzky und Zülzer ¾ Gr. Morphium auf der
Mitte des Sternum. Nach wenigen Minuten zeigten sich Erscheinungen der Morphiumwirkung; nach ¼ Stunde sechsstün-
diger, erquickender Schlaf, worauf die bisherige grosse Dyspnoe
fortblieb. Bei dem gewöhnlichen Asthma sind nach Waldenburg die Morphium-Injectionen erfolglos.

### Pleuritis und Pleuropneumonie.

Südeckum erwähnt einen, auf der Gerhardt'schen Clinik behandelten Fall von Pleuritis, bei dem Morphium-Injectionen, wegen der heftigen Schmerzen gemacht, eine regelmässige
Besserung zur Folge hatten. Die Schmerzen wurden bei Abends
vorgenommenen Injectionen gelinder und hörten in der Nacht
ganz auf, erneuerten sich jedoch am folgenden Tage.

Bois injicirte bei Pleuropneumonie ebenfalls Morphium,
zur Linderung der Schmerzen. — Auch ich habe in einem
Falle von Pleuropneumonia sinistra bei einem 15jährigen Knaben wiederholt Injectionen von Morphium (¼—¦ Gr.) in den
schmerzhaften, unteren Intercostalräumen an der Seitenwand
des Thorax gemacht. Nach Abends vollzogener Einspritzung

schlief Patient die Nacht ruhig, und konnte, was sonst kaum
möglich war, auf der erkrankten Seite liegen, wodurch die
Dyspnoe wesentlich gemildert wurde; der cyclische Verlauf des
Leidens wurde durch die Injectionen in keiner Weise verändert, und das Fieber auch nicht vorübergehend, wie ich anfangs gefürchtet hatte, erhöht.

Bei bedeutenden pleuritischen Exsudaten, sowie auch bei
Pneumothorax, wo wegen Compression der einen Lunge heftige Dyspnoe besteht, und dieselbe noch durch die Unmöglichkeit, auf der erkrankten Seite zu liegen, wesentlich gesteigert
wird, dürften die Morphium-Injectionen, in angemessenen Ab-
ständen wiederholt, eine wichtige palliative Bedeutung gewinnen
und den Zustand der Patienten sehr viel erträglicher gestalten.

### Tussis convulsiva.

Während einer noch fortdauernden, heftigen Keuchhusten-
Epidemie wurden in der hiesigen medicinischen Policlinik auch
mehrere Versuche mit Morphium-Injectionen gemacht. Die
Resultate waren im Allgemeinen negativ; eine Besserung war
nur so lange zu bemerken, als die durch das Morphium hervorgerufene allgemeine Narcose anhielt. — Bei 3 Kindern unter
$\frac{1}{2}$ Jahr wurde $\frac{1}{12}$ Gr. Morphium in der Nähe des Larynx injicirt; bei einem derselben trat in Folge dessen 36stündiger
Schlaf ein.

### Tuberculose.

Bei der gewöhnlichen chronischen Miliartuberculose habe
ich in einigen Fällen, wo der quälende Hustenreiz und die
vorhandenen pleuritischen Stiche, sowie die Schlaflosigkeit, zur
Anwendung der Narcotica nöthigten, die innere Darreichung
derselben mit den subcutanen Injectionen von Morphium vertauscht. Wie zu erwarten, tritt die Abnahme der so belästi-
genden Symptome nach den Injectionen rascher und sicherer
zu Tage; und es scheinen mir dieselben hier auch den Vortheil
zu bieten, dass man wegen der seltenen Wiederholung und der
langsamer stattfindenden Gewöhnung von Seiten des Kranken
nicht zu so hohen, die Consumption beschleunigenden Gaben
der Opiate zu greifen braucht.

Hervorzuheben ist folgender Fall, in welchem bei nicht sehr vorgeschrittener Lungentuberculose gleichzeitig eine bedeutende Hyperästhesie der Larynxschleimhaut bestand, die durch Morphium-Injectionen in eclatanter Weise sistirt wurde.

Engel, Kaufmann, 24 Jahr alt, war bis vor 1½ Jahren vollkommen gesund, stammt aber aus phthisischer Familie. Seit jener Zeit stellten sich wiederholte Catarrhe, leichte Ermüdung und Abnahme der Kräfte, Störung des Schlafs durch Husten, zuletzt gänzlicher Appetitmangel und Abmagerung bei ihm ein, ohne colliquative Erscheinungen. Oertlich empfand Patient besonders einen Tag und Nacht quälenden Kitzel im Halse, wo er daher auch den Sitz seiner Leiden und die Ursache des beständigen Hustenreizes vermuthet. Nur einmal will Pat. eine kleine Haemoptysis (etwa einen halben Theelöffel voll Blut) gehabt haben; sonst wenig crude, durchsichtige Sputa. In der letzten Zeit traten Febricitationen mit hectischem Character (abendliche Erhöhungen der Temperatur und Pulsfrequenz) auf und Pat., der sonst noch seinen Geschäften nachgegangen war, fühlte sich so schwach, dass er nicht mehr das Zimmer verliess. Die physicalische Untersuchung ergab bei dem blassen, hagern Patienten mit leicht paralytischer Thoraxformation nur eine schwache Dämpfung in der linken Fossa supraspinata, und unbestimmte, etwas verlängerte Exspiration in beiden Lungenspitzen, sonst nichts Abnormes. Die von Herrn Sanitätsrath Tobold in Berlin ausgeführte laryngoskopische Untersuchung lieferte einen durchaus negativen Befund, indem sich nur leichte Anämie und Auflockerung der Schleimhaut, jedoch keine intensiveren catarrhalischen oder gar ulcerativen Processe im Kehlkopf herausstellten, die als Ursache der höchst lästigen Halsbeschwerden gedeutet werden konnten.

Morphinm innerlich, bis zu ⅓ Gr. pro dosi, war auf diese Beschwerden ohne Einfluss, hob namentlich weder den Hustenreiz, noch die daraus entspringende Schlaflosigkeit, sondern schien vielmehr die nervöse Erregung des Kranken zu steigern.

Es wurde nun am 1. Januar, um 1 Uhr Mittags, ¼ Gr. Morphium am Halse zur Seite des Kehlkopfes subcutan injicirt. Nach 10 Minuten stellten sich leichte Betäubungserscheinungen ein, die jedoch rasch vorübergingen; dann folgte ein sehr erheblicher Nachlass der beschriebenen Symptome, und Pat. schlief fast die ganze Nacht hindurch ohne alle Störung, was ihm seit langer Zeit nicht vergönnt gewesen war. Auch an den folgenden Tagen war die Besserung eine sehr erkennbare; namentlich war der Hustenreiz nicht, wie früher, fast permanent, sondern trat nur in einzelnen, von einer Viertelstunde bis zu einer Stunde dauernden Anfällen und mit sehr verminderter Heftigkeit auf, so dass Patient eine baldige Wiederholung der Procedur dringend begehrte.

Diese fand denn auch mehrmals in geeigten Zwischenräumen statt, und der Effect ist im Ganzen höchst überraschend. Patient klagt jetzt gar nicht mehr über unangenehme Sensation im Halse; er hustet wohl noch, aber viel weniger als sonst; des Auswurf ist ebenso gering. Der Schlaf ist ungestört, der Appetit gut, der Kräftezustand sichtlich besser, der Puls kaum noch in den Abendstunden leicht beschleunigt. Patient, der seit der ersten Injection (vor zwei

Monates) das Zimmer noch nicht verlassen hat, ist doch den ganzen Tag auf, in viel besserer Stimmung, und mit zerstreuenden Arbeiten beschäftigt. Die Behandlung war während dieser Zeit, mit Ausnahme der Injectionen, eine rein diätetische. — Beständen nicht die obenerwähnten, wenn auch leichten Erscheinungen von Infiltration in beiden Lungenspitzen noch fort, so könnte man sich in Hinblick auf das jetzige Befinden des Kranken den günstigten Hoffnungen für ihn überlassen.

## 5) Krankheiten der Digestionsorgane.

Literatur.

Südecknm, l. c. — Bois, l. c. — v. Graefe, l. c. — v. Franque, l. c. — Bennet, lancet, 12. März 1864. — Scholz, l. c.

Von zwei hierher gehörigen Affectionen, nämlich von der nervösen Cardialgie und von der auf Bleiintoxication beruhenden Enteralgie, ist bereits oben bei Besprechung der Neuralgieen die Rede gewesen.

Bei frisch entstandener, rheumatischer oder nervöser Colik ohne secretorische Veränderungen der Intestinalschleimhaut zeigten sich mir die Morphium-Injectionen ($\frac{1}{4} - \frac{1}{2}$ Gr. in der Gegend des Colon transv.) zweimal von entschiedenem Nutzen.

### Ulcus ventricull.

Südeckum erwähnt einen Fall von Magenbeschwerden, die (wahrscheinlich) von Ulcus ventriculi und consecutiver Dilatation des Magens herrührten, in welchem wiederholte Morphium-Injectionen bei den Schmerzanfällen anfangs gute Dienste leisteten, später jedoch im Stich liessen. Der Kranke wurde durch passende Diät und Mag. Bismuthi wesentlich gebessert.

Im folgenden Falle, wo es sich möglicherweise um Carcinom handelte, war der Nutzen der Morphium-Injectionen nur ein sehr temporärer.

Suhr, Maler, 40 Jahr, leidet seit mehr als zwei Jahren an heftigen, anfallsweise auftretenden Schmerzen im Epigastrium, die besonders nach der Mahlzeit exacerbiren; dazu gesellt sich häufiges Erbrechen, Verstopfung, mehrmals Haematemesis und blutige Stuhlausleerung. Durch die intensiven Verdauungsstörungen ist Pat., der ausserdem mit prolabirten Hämorrhoidalknoten behaftet und sehr zur Hypochondrie geneigt ist, bedeutend heruntergekommen, abgemagert und von schmutzig - bleichem Aussehen. Die Magengegend anf Druck schr empfindlich, ein Tumor oder eine Erweiterung des Magens bei wiederholter Untersuchung nicht wahrzunehmen. Auf Wunsch des Patienten wurden die vorgefallenen Knoten (mittelst der Ligatura candens) exstirpirt; später wurden Sal thermarum und Arg. nitr. innerlich verordnet. Diese Mittel besserten im Ganzen etwas den Zustand der Verdauung, leisteten jedoch nichts gegen die Schmerzanfälle, die auch Nachts auftraten und selbst enormen Dosen von Opium innerlich (30 — 40 Tropfen Tinct. Opii simpl. Abends auf einmal) hartnäckig widerstanden. Es wurde daher am 19. Jan. eine subcutane Injection von ¼ Gr. Morphium in der Magengegend gemacht. Der Schmerz liess in Kurzem etwas nach und Pat. brachte die Nacht ein wenig ruhiger zu als gewöhnlich, wo er durch lautes Geschrei seine ganze Umgebung zu alarmiren pflegte; jedoch war die Besserung im Ganzen nur unerheblich. Am folgenden Tage wurde die Einspritzung erneuert; dieselbe beschwichtigte den Schmerz aber nur auf eine halbe Stunde, ohne dass Schlaf eintrat, und klagte Patient wohl mehr als es wirklich der Fall war, über die durch den Stich veranlassten Sensationen, wesshalb von der Methode abgestanden wurde. Später wurde Pat. auf die medicinische Abtheilung verlegt, wo ebenfalls noch mehrmals Morphium-Injectionen, jedoch mit nicht günstigerem Erfolge, bei ihm gemacht wurden; auch der Allgemeinzustand besserte sich nach zweimonatlicher Behandlung nicht wesentlich, und es musste hier auch, trotz der mangelhaften, objectiven Symptome, an eine maligne Neubildung gedacht werden.

Der geringe Erfolg, den die Injectionen im vorliegenden Falle hatten, schien im Ganzen mehr von individuellen Verhältnissen abzuhängen, und halte ich trotzdem das subcutane Verfahren gerade bei intensiven Structurveränderungen der Magenwände, wie sie durch chronischen Catarrh, Ulcus, Carcinom u. s. w. bedingt sind, für besonders gerechtfertigt, da hier theils die Degeneration der Schleimhaut und die secretorischen Anomalieen, theils das häufige Erbrechen, und endlich bei Dilatation oder Pylorus - Stenose das erschwerte und verzögerte Hineingelangen des Mittels in den Dünndarm die Assimilation und Resorption bei innerer Darreichung erheblich beeinträchtigen. Die Injectionen, wo alle diese Uebelstände wegfallen und ausserdem die directe Reizung der kranken Schleimhaut durch das Ingest vermieden wird, gewähren somit eine viel grössere Garantie der Wirkung.

### Catarrh und Tuberculose des Darmkanals.

Gegen die Durchfälle, welche bei einfach catarrhalischen Zuständen des Darms auftreten, habe ich in drei Fällen ver-

suchsweise statt der inneren Anwendung adstringirender Mittel
Opiate in Form der hypodermatischen Injection applicirt. Da
wir von der Art und Weise, in welcher die stopfende Wirkung
des Opiums zu Stande kommt, nichts Sicheres wissen, und es
namentlich zweifelhaft erscheint, ob die Beschränkungen der
Secretion und Transsudation von irgend welcher örtlichen Einwirkung oder nur von dem allgemeinen Einfluss auf die Thätigkeit der Gefässnerven abhängen: so hielt ich es für nicht
unmöglich, auch bei dieser Applicationsweise das gewünschte
Resultat zu erzielen, zumal da die primäre Reizung der Schleimhaut durch das eingebrachte Medicament wegfällt und die Chancen für die Resorption günstiger sind. In der That war der
Erfolg wenigstens bei diesen Versuchen ein sehr befriedigender;
die Durchfälle blieben schon nach einer, resp. nach zwei im
Laufe eines Tages gemachten Injectionen für längere Zeit, einmal sogar dauernd fort, und die vorher sehr lästigen Colik-
schmerzen verloren sich vollständig. Natürlich sind diese wenigen Fälle nicht geeignet, um allgemeine Schlüsse oder therapeutische Indicationen darauf zu begründen; sie haben vielmehr
nur den Werth eines Experiments in dem oben angedeuteten
Sinne. Zur Injection benutzte ich bei einer Kranken das Extr.
Opii mit Aq. dest. ana, von welcher Flüssigkeit 3 Gr. (also
1¼ Gr. Extr. Opii) auf einmal verwandt wurden; bei 2 Patienten die Tinct. Opii simplex unverdünnt zu 7 — 9 Tropfen.
Oertliche Irritationserscheinungen traten nach diesen Einspritzungen nicht auf, auch der Schmerz war sehr unerheblich. Die
allgemeinen Nebenwirkungen waren ziemlich dieselben wie beim
Morphium; leichtes Taumelgefühl, Uebelkeit, selbst Erbrechen
blieben auch hier nicht aus (vergl. auch oben in dem sechsten
Falle von Ischias). Der Ort der Einspritzung schien ohne Be-
lang; es wurde bald die Regio epigastrica, bald die Ileocöcal-
und selbst die Lumbalgegend gewählt.

Gegen die von Darmtuberculose abhängigen, profusen Durchfälle bei einer 26jährigen, mit ausgebreiteter Lungentuberculose
behafteten Frau erwiesen sich, nachdem Acid. tannicum und
Opiate innerlich den Dienst versagten, auch subcutane Injectionen von Tinct. Opii völlig erfolglos; jedoch wurden die von
der Peritonäalreizung herrührenden Schmerzen bei den Entlee-
rungen dadurch etwas gemildert.

**Peritonitis.**

Bei acuter Peritonitis wurden Morphium-Injectionen von Bois angewandt und empfohlen.

In dem folgenden, auf der hiesigen geburtshülflichen Clinik beobachteten Falle von circumscripter puerperaler Peritonitis und Endometritis zeigte sich eine einzige Morphium-Injection von überraschender Wirkung.

Die 21jährige Johanna Stade wurde am 17. Mai d. J. zum ersten Male entbunden. Am 20. Mai ein Schüttelfrost; der Leib besonders links schmerzhaft; Lochien fötid und sparsam; zahlreiche Puerperalgeschwüre. Die Empfindlichkeit des Leibes nahm fortdauernd zu, blieb aber ganz auf die linke Seite beschränkt. Blutegel an der schmerzhaftesten Stelle (eine Handbreit über dem Lig. Pouparti) applicirt, schafften nur vorübergehende Erleichterung. Der Leib war etwas aufgetrieben; die fortwährend, namentlich in den Abendstunden sehr erhöhte Temperatur (39—40° C.) wurde durch Chinin nicht herabgesetzt. Am Abend des 6. Juni Temperatur 40,4. Injection von ⅛ Gr. Morphium an der schmerzhaftesten Stelle. — Während der Nacht sehr guter Schlaf; am folgenden Morgen Schmerzen sehr gering, Temperatur 38, am Abend 38,2. Am 8. Juni Temperatur 37, Abends 37,2; Schmerzen nicht mehr vorhanden. Am 13. Juni wurde Patientin als geheilt entlassen.

(Besonders auffällig ist hier das plötzliche Herabgehen der Temperatur, von der es allerdings mehr als zweifelhaft, ob sie mit der Morphium-Injection in einen directen Zusammenhang zu bringen ist.)

---

Bei heftiger Gastrointestinalreizung, bei Brechdurchfällen, wo innere Mittel theils wieder ausgeworfen, theils in unsicherer Weise resorbirt werden, empfiehlt v. Graefe die Morphium-Injectionen und misst denselben hier unter Umständen eine lebensrettende Wirksamkeit bei. Ferner benutzte v. Franque die Injectionen in 10 Fällen von Erbrechen bei Schwangeren und Bennet erwartet von denselben bei der Seekrankheit Hülfe.

Scholz bewirkte in einem Falle von Retroperitonäalkrebs mit heftigen Schmerzen in der Kreuzgegend durch Morphium-Injection Linderung.

# 6) Krankheiten der Harn- und Geschlechts-organe.

**Literatur.**

Bois, l. c. — Scholz, l. c. — v. Franque, l. c. — Bennet, lancet, 12. März 1864. — Tilt, Handbuch der Gebärmutter-Therapie, deutsch Erlangen 1864, p. 52. — Semeleder, l. c. — Friedreich, Virchow's Archiv XXIX p. 312.

## Colica renalis.

Bei einer 31jährigen, unverheiratheten Dame, die an öfters wiederkehrenden Anfällen von Nierencolik litt, wo jedoch die definitive Diagnose einer Pyelitis calculosa aus der Beschaffenheit des Harns nicht mit Sicherheit gestellt werden konnte, wurden die äusserst intensiven, nach der Blase und dem rechten Schenkel ausstrahlenden Schmerzanfälle durch Injectionen von Morphium ($\frac{1}{4}$ Gr.) oder Atropin in der Lumbal- und Sacralgegend meistens sehr rasch gemildert und entschieden verkürzt. Die Kranke war nur kurze Zeit in Behandlung und begab sich später zum Gebrauche einer Thermalcur nach Carlsbad.

Bei Cystitis will Bois Morphium-Injectionen mit Erfolg angewandt haben.

## Epididymitis.

Herr R . . . ., Kaufmann, in den Dreissigen, an Hämorrhoidalbeschwerden leidend und zu rheumatischen Affectionen geneigt, hat im Sommer 1862 eine Badecur in Kissingen (Soolbäder) gebraucht, und sich gegen das Ende derselben, vor 8 Tagen, eine rheumatische Epididymitis zugezogen. Der consultirte Badearzt hatte ein Emeticum und Morphium (zu $\frac{1}{4}$ Gr.) innerlich verordnet, jedoch die Abreise des Patienten nicht für contraindicirt erachtet. Während der längeren Post- und Eisenbahnfahrt verschlimmerten sich die Schmerzen, die nicht nur in dem befallenen rechten Hoden, sondern auch in der Leistengegend und dem Oberschenkel derselben Seite empfunden wurden. Bei Ankunft des Patienten in seiner Heimath zeigte sich die fast hühnereigrosse Entzündungsgeschwulst von der nach hinten liegenden, harten und unebenen Epididymis bereits auf den Testikel und den unteren Theil des Samenstrangs übergegangen; einzelne Leistendrüsen geschwollen; mässige Fiebererscheinungen, Zunge belegt, Schlaf und Appetit schlecht. Am 24. August wurde ein Fricke'scher Heftpflasterverband angelegt, jedoch am folgenden Tage wieder entfernt, da Patient die Compression nicht ertragen konnte und die Schmerzen bei ruhiger Lage doch zunahmen. Es wurde nun $\frac{1}{4}$ Gr. Morphium in der rechten Leistengegend subcutan injicirt. Schon nach 10 Minuten liessen die Schmerzen nach; es trat Müdigkeit und abwechselnd Schlaf ein. Am Abend (8 Minuten nach der Injection) empfand Patient in der

Leistengegend keinen Schmerz, der dagegen mehr nach der Symphysis und dem rechten Oberschenkel hin irradiirte. Am 26. August (Vormittags) neue Injection von ½ Gr. im Verlaufe des Samenstrangs; leichte Benommenheit und Uebelkeit; nachher mehrstündiger Schlaf. Am Abend sind die Schmerzen wieder lebhafter. An den beiden folgenden Tagen neue Injectionen mit vorübergehender Schmerzlinderung. — Die Krankheit nahm weiterhin einen günstigen Verlauf, indem die acuten Erscheinungen verschwanden und Patient seinen Geschäften wieder nachgehen konnte, obwohl längere Zeit noch einige Verhärtung im Nebenhoden zurückblieb.

### Carcinoma uteri et vaginae.

Bei Carcinoma uteri fanden Scholz in einem und v. Franque in 2 Fällen die Injectionen von Nutzen. — Ich habe ebenfalls bei einem von der Portio vaginalis ausgegangenen und nach theilweiser Exstirpation auf die vordere Scheidewand übergreifenden, mit furchtbarer Verjauchung und Perforation in die Blase verbundenen Cancroid, nachdem wahrhaft colossale Opiumdosen (4 Gr.!) erfolglos blieben, durch Injection von ¼ — ⅓ Gr. Morphium in der Schläfe noch vorübergehende Remissionen und Schlaf bewirkt; der letale Ausgang liess freilich nicht lange auf sich warten.

### Hysterodynie.

Bei Uterinschmerzen in Folge von Dysmenorrhoe, Hysterie, Neuralgie, Spasmus u. s. w. empfiehlt Bennet Morphium-Injectionen in der Präcordialgegend, und giebt denselben den Vorzug vor der inneren Darreichung oder Anwendung in Clystiren, weil bei letzteren üble Zufälle, namentlich Verdauungsstörungen, häufiger auftreten. Zum Beweise der günstigen Wirkung werden 4 Fälle mitgetheilt:

1) Heftiger Uterinschmerz nach Menstruationsstockungen. Auf 30 Tropfen einer Lösung von gr. ix in ℥ij in ½ Stunde Heilung. Am nächsten Morgen Wiederkehr der Menses.

2) Uterinschmerz mit Hysterie. Heilung und Besserung des Allgemeinbefindens.

3) Allgemeine und Gesichtsneuralgie, grosse Irritabilität, nach einem schweren Wochenbett vor 3 Jahren zurückgeblieben. Gleichzeitig am Collum uteri entzündliche Ulcerationen. Das Touchiren derselben veranlasste stets

heftige Neuralgieen; wurde jedoch gleich nachher eine Injection gemacht, so blieben die Schmerzen aus. Heilung nach öfterer Wiederholung.

4) Sporadische Neuralgie; 24 Tage lang mit Injectionen behandelt, stets 18- bis 15stündige Besserung. Zuletzt Heilung mit Besserung des Allgemeinbefindens.

Bois wandte bei Dysmenorrhoe und bei drohendem Abortus Morphium-Injectionen mit Erfolg an. — Ich habe von denselben in zwei Fällen chronischer parenchymatöser Metritis eine entschieden gute, palliative Wirkung gesehen. In dem einen Falle, bei einem 22jährigen anämischen Mädchen, waren die Beschwerden hauptsächlich durch die gleichzeitig vorhandene Retroversion bedingt; in dem zweiten, bei einer etwa 40jährigen Frau, die vor zwei Jahren eine schwere Zangengeburt durchgemacht hatte, bestand ein leichter Grad von Senkung und Anteversion. Gegen die in beiden Fällen sehr lebhaften, auch mit Hysterie verbundenen Schmerzen leisteten Morphium-Injectionen am Unterleib oder an der inneren Schenkelfläche mehr, als Blutentziehungen im Kreuz oder an der Portio vaginalis. — (Tilt bespricht in seinem trefflichen Handbuche der Gebärmutter - Therapie die Morphium - Injectionen ebenfalls, scheint jedoch im Ganzen den narcotischen Einspritzungen in die Scheide oder den Mastdarm den Vorzug zu geben.)

### Carcinoma Mammae.

Bei Carcinoma Mammae beobachtete Semeleder nach kurzer Zeit (15 Minuten) Linderung der Schmerzen durch Morphium - Injectionen.

In einem mir zur Beobachtung gekommenen Falle von exulcerirtem Scirrhus der linken Brustdrüse bei einer 55jährigen, noch wohlgenährten Frau zeigte sich das Einstreuen von Morphium in die ulcerirten Stellen des Carcinoms nutzlos und nur unnöthig schmerzhaft, während hypodermatische Injectionen in der Umgebung der Brust, aber im Bereich der gesunden Haut, baldige Schmerzlinderung und allgemeine Narcose zur Folge hatten. Der Tumor wurde bald darauf auf operativem Wege glücklich entfernt.

114

Friedreich theilt einen in mehrfacher Beziehung interessanten Fall von (wahrscheinlicher) Extrauterin-Schwangerschaft mit, der durch Morphium-Injectionen zu einem günstigen Ausgange geführt wurde. Die Kranke hatte eine Geschwulst in der rechten Beckenhälfte, die innerhalb 14 Tagen von Hühnerei- bis zu Faustgrösse wuchs und auch vom Scheidengewölbe aus fühlbar war; die Uterushöhle beim Sondiren leer. Die grosse Empfindlichkeit kindlicher Organismen gegen Morphium brachte Friedreich auf den Gedanken, dieses Mittel in Form von Injectionen zur Tödtnng des Foetus zu benutzen. Zwischen Spritze und Nadel eines Pravaz'schen Instruments wurde eine 6″ lauge, metallene Röhre eingeschaltet und die Nadel wie eine Uterussonde gekrümmt. Es wurde ¹⁄₆ Gran, am folgenden Tage ¼, an den beiden folgenden je ⅛ Gr. injicirt. Die bedeutenden Schmerzen in der Geschwulst nahmen sofort nach der Injection ab; der Tumor verkleinerte sich schon in den ersten Tagen merklich und wurde bald ganz unempfindlich. Nach 4 Wochen hatte derselbe nur noch die Grösse einer Wallnuss; das Fieber wich vollständig, die Pulsfrequenz sank von 76 — 84 auf 48 — 52, eine allgemeine Morphium-Wirkung trat nicht ein. — Friedreich knüpft an diesen Fall die Bemerkung, dass sich auch für die Behandlung anderer Geschwülste von dieser Methode Vortheil erwarten liesse. Wir werden hierauf in einem späteren Kapitel zurückkommen. .

## 7) Krankheiten der Knochen und Gelenke.

Literatur.
Semeleder, l. c. — Hermann, l. c. — Jarotzky und Zülzer, l. c. — Scholz, l. c. — Südeckum, l. c.

### Odontalgie.

In mehreren Fällen von Zahnschmerz machte Semeleder die Injectionen mit Erfolg unter die Backenschleimhaut oder die Schleimhaut des Zahnfleisches.

Hermann injicirte bei einem seit 8 Tagen an cariösem Zahnschmeez leidenden Manne in das Zahnfleisch der oberen rechten Zahnreihe. Nach einigen Minuten hörten die Schmerzen auf und kamen nicht wieder; allgemeine Erscheinungen traten nicht ein. — In einem zweiten Falle war die Wirkung ähnlich.

Jarotzky und Zülzer sahen in zwei Fällen von rheumatischem, resp. cariösem Zahnschmerz nach Injection von ⅜ Gr. Morphium in das Zahnfleisch fast augenblickliche Remission, ohne allgemeine Erscheinungen.

Ich habe in sieben Fällen von Odontalgie bei Caries Morphium-Injectionen applicirt, wo entweder die Kranken (sämmtlich dem weiblichen Geschlechte angehörig) die Extraction des cariösen Zahnes verweigerten, oder nach anderweitig vorgenommenen Extractionen der Schmerz durch Quetschung des Zahnfleisches, Splitterung am Alveolarrand u. s. w. nachträglich unterhalten wurde. In einem Falle war der seit 3 Tagen bestehende Schmerz nach dem Einsetzen eines künstlichen Zahnes (äusserer Schneidezahn des linken Oberkiefers) aufgetreten. Nachdem ich zweimal die Injection in das Zahnfleisch selbst gemacht hatte, kam ich später davon zurück, da sich diese Procedur als verhältnissmässig sehr schmerzhaft herausstellte, und injicirte nun immer unter die Wangenhaut, in möglichster Nähe des erkrankten Zahns. Ich kann, auf diese allerdings nicht zahlreichen Fälle hin, das Verfahren in den Fällen, wo der Schmerz einen hohen Grad von Heftigkeit erreicht und durch die gewöhnlichen Palliativmittel (Cataplasmen, Watte mit Chloroform u. dgl.) nicht gemildert wird, angelegentlich empfehlen. Die Linderung tritt fast momentan ein, und ist meist eine anhaltende, so dass nur selten eine Wiederholung der Injection oder eine anderweitige Therapie erforderlich wird.

#### Entzündungen der Knochen und Gelenke.

Semeleder erwähnt einige Fälle von acuter und chronischer Entzündung und Eiterung grösserer Gelenke, ferner zwei Fälle von Entzündung der Ossa tarsi et metatarsi, bei denen das Verfahren günstigen Erfolg hatte. — Scholz wandte es in zwei Fällen von Schwellung und grosser Schmerzhaftigkeit in der Gegend der Hals-, resp. Lendenwirbelsäule (bei Tuberculose derselben?), ferner in einem Falle von wochenlanger Schmerzhaftigkeit und Unbrauchbarkeit des linken Kniegelenkes ohne nachweisbare organische Veränderung mit Erfolg an. — Hermann sah bei einer Coxitis nach der Injection dreistündige, völlige Analgesie eintreten; dagegen konnten Jarotzky und Zülzer, ebenfalls in einem Falle von Coxitis, keinen nennenswerthen Erfolg wahrnehmen. — Südeckum beschreibt zwei Fälle von ganz unbestimmten Schmerzen im Knie-, resp. im Hüftgelenk; im ersten Falle wich der Schmerz nach einer Morphium-Injection, im letzteren hatte dieselbe keinen Effekt. — Endlich will Hermann in einem Falle, wo es sich um Tophi syphilitici mit grosser Schmerzhaftigkeit handelte, von den Morphium-Injectionen ausgezeichneten Erfolg gesehen haben, während die innere Anwendung von Morphium ($\frac{1}{4}$ Gr. pro dosi) dem Kranken keine Erleichterung verschaffte. In 9 hierhergehörigen, meist sehr chronisch verlaufenden Fällen habe ich, veranlasst durch ungenügende innere Wirkung der Opiate, abwechselnd mit diesen die Morphium-Injectionen in Anwendung gezogen. In einem verzweifelten Falle von Coxarthrocace bei einem 24jährigen Manne, dessen schon früher gedacht wurde, liessen nach vergeblicher innerer und endermatischer Application der Narcotica schliesslich auch die Injectionen im Stich; der Fall endete bald darauf letal. Aehnlich verhielt es sich in einem zweiten Falle vorgeschrittener Hüftgelenkscaries mit grossen Senkungsabscessen bei einem 20jährigen Mädchen, der ebenfalls tödtlich verlief. — Günstigere palliative Erfolge zeigten die Morphium-Injectionen in einem Falle von acuter traumatischer und in einem von chronischer Kniegelenksentzündung, wo allerdings der Nachlass der Schmerzen mit auf Rechnung der sonstigen Localtherapie (Kälte, Gipsverband u. s. w.) gesetzt werden musste, und in einem Falle von Pes planus mit chronischer Entzündung und grosser Schmerzhaftigkeit in den Fusswurzelknochen bei einem 30jährigen Arbeiter. Hier leisteten die theils an der Sohle, theils am Fussrücken gemachten Injectionen entschieden mehr, als die sonst angewandten Mittel (Tinct. Jodi, Vesicantien).

Zwei Fälle betrafen Caries der Wirbelsäule. Bei einer 29jährigen, seit dem 15ten Jahre an Spondylitis lumbalis leidenden und furchtbar heruntergekommenen Frau mit bedeutenden Congestionsabscessen, Paraplegie und ausgedehntem Decubitus, die an enorme Opiumdosen gewöhnt war und bis zu

60 Tropfen Tinct. Opii simpl. auf einmal verbrauchte, konnten $\frac{1}{2} - \frac{2}{3}$ Gr. Morphium, in der Lendengegend applicirt, nur momentan die Schmerzen besänftigen und die schreiende und stöhnende Patientin etwas beruhigen; der Ausgang war bald darauf letal.

Bei einem noch in Behandlung befindlichen 8jährigen Knaben mit Entzündung der untersten Hals- und oberen Rückenwirbel, mit Senkungsabscessen unterhalb der linken Scapula, Parese der unteren Extremitäten und Lähmung des Detrusor vesicae waren die Injectionen durch die heftigen, sowohl spontan, als auch bei Bewegung in den gelähmten Extremitäten auftretenden Schmerzen indicirt. Ich spritzte hier mehrmals $\frac{1}{12}$ bis $\frac{1}{8}$ Gr. Morphium theils an der Schläfe, theils in der Umgebung der erkrankten Wirbel abwechselnd ein; die letztere Application schien im Ganzen etwas mehr zu leisten, jedoch war das Resultat überhaupt ein sehr schwaches, obwohl üble Erscheinungen in Folge der Injectionen nicht auftraten.

Von den zwei noch hierher gehörigen Fällen betraf der erste eine Necrose am Femur, wo nach Erweiterung bestehender Fistelöffnungen mittelst Einlegen von Laminaria digitata heftige Schmerzen auftraten, die durch Morphium-Injection in der Umgebung fast augenblicklich coupirt wurden. In dem zweiten handelte es sich um eine doppelte, quer verlaufende Fractur der Tibia durch Auffallen einer schweren Last, wo die ebenfalls sehr lebhaften, nach dem Fussrücken und den Zehen hin ausstrahlenden Schmerzen durch Injectionen theils in der Gegend der Bruchstellen, theils auf den N. cruralis ebenfalls erheblich gemildert und dem Kranken so die ersehnte Nachtruhe verschafft wurde, während die innere Anwendung von Opiaten nur einen höchst mangelhaften Erfolg hatte.

## 8) Augenkrankheiten.

**Literatur.**

v. Graefe, l. c.

Auf diesem Gebiete sind durch die schöne, einer vierjährigen reichen Erfahrung entsprossene Arbeit v. Graefe's die Indicationen für die hypodermatische Anwendung des Morphiums

so klar, präcis und erschöpfend festgestellt, wie es seither noch
bei keiner anderen Krankheitsgruppe möglich gewesen ist. Wir
haben die am Auge vorkommenden Neuralgieen und Reflexkrämpfe, welche die Anwendung des Verfahrens indiciren, bereits früher betrachtet, und erörtern nun kurz die übrigen, hierher gehörigen Affectionen. v. Graefe empfiehlt die Morphium-
Injectionen ugter folgenden Verhältnissen:

1) Kurz nach Verletzungen des Auges, die von sehr heftigen Schmerzen gefolgt sind, besonders bei den durch Nerven-
entblössung so schmerzhaften Epitelialverlusten der Hornhaut.
Diese Schmerzen werden durch eine Morphium-Injection (an
der Schläfe) fast mit Sicherheit sofort gelindert, und dadurch
eine Mitursache consecutiver Entzündung beseitigt, zugleich der
öfters zurückbleibenden Hyperästhesie der Cornea vorgebeugt.
Auch bei anderen Verletzungen (Contusionen, perforirenden
Wunden durch fremde Körper) nützen die Injectionen gegen
die oft wüthenden Schmerzen viel mehr, als die Anwendung
localer Blutentziehungen und der Kälte, welche beide ausserdem leicht Schaden anstiften können; namentlich wird durch
Blutegel der Eintritt eiteriger Entzündung eher befördert als
inhibirt.

2) Nach Augenoperationen, wenn kurz darauf heftige
Schmerzen ausbrechen. Wo mechanische Reizursachen (z. B.
Vorfall kleiner Corticalfragmente in die vordere Kammer, An-
drängen einzelner Linsenpartieen gegen die Iris) nachweisbar
sind, haben die Injectionen oft eine überraschende Wirkung.
Dagegen sind sie kurz nach der Lappenextraction nicht unbe-
dingt zu empfehlen, weil sie öfter als der innere Gebrauch von
Morphium Uebelkeit und Erbrechen hervorrufen.

3) Bei der, viele Ophthalmicen begleitenden Ciliarneurose,
so bei Iritis, glaucomatöser Chorioiditis, manchen Keratitisfor-
men u. s. w. Um einen glaucomatösen Anfall noch vor der
Operation möglichst zu reduciren, giebt es kein wirksameres
Mittel, als eine starke Morphium-Injection. Bei glaucomatös
erblindeten Augen, wo eine Operation nicht mehr statthaft,
bleibt die innere Anwendung von Morphium, auch massenhaft
wiederholt, häufig erfolglos, während das hypodermatische Verfahren noch wirksam ist. Auch eröffnet die Injection häufig
den Weg für andere Mittel, z. B. bei Iritis, wenn die heftigen

Schmerzen und deren reflectorische Wirkung auf den Orbicularis und die Thränenabsonderung sich der Aufnahme des Atropins widersetzen; — v. Graefe macht hier auf den Werth der narcotischen Behandlung bei entzündlichen Augenaffectionen überhaupt in beherzigungswerthen Worten aufmerksam. Bei der spontanen Mydriasis wurde eine bestimmte therapeutische Wirkung nicht erzielt, obwohl eine solche a priori, der physiologischen Opium-Myosis wegen, nicht unwahrscheinlich war. Auch bei Hyperästhesia Retinae hatten die Morphium-Injectionen keinen nennenswerthen Erfolg: die reflektorische Erregung des Orbicularis nimmt wohl etwas danach ab; auf die subjectiven Lichterscheinungen scheint jedoch eine therapeutische Wirkung nicht stattzufinden. —

Dies die interessanten Beobachtungen v. Graefe's, die ich aus eigener Erfahrung, allerdings in einer beschränkten Anzahl von Fällen, lediglich bestätigen kann. In zwei Fällen, wo nach Entfernung kleiner, in die Hornhautsubstanz eingedrungener Korper (Eisensplitterchen) noch Schmerzen zurückblieben, und in einem dritten, wo durch Anprallen eines gusseisernen, rothglühenden Hartmeissels Perforation der Cornea und Luxation der Linse bewirkt worden war, leisteten die Morphium-Injectionen die beste palliative Hülfe; ebenso auch gegen die äusserst heftigen Schmerzen, welche den Ausgang eitriger Kerato-Iritis in Phthisis begleiteten. Ferner habe ich sie nach Augen-Operationen verschiedener Art (Iridectomie, Operatio strabismi, besonders in drei Fällen von Enucleatio bulbi) mit dem besten Erfolge angewandt; sie auch nach Cataract-Extraction zu appliciren, wurde ich durch dasselbe Bedenken, wie v. Graefe, verhindert.

In einigen Fällen, wo Atropin-Instillationen nur zu diagnostischen, nicht zu therapeutischen Zwecken gemacht worden waren, habe ich, um die lästige Mydriasis vielleicht abzukürzen, Injectionen von Morphium ($\frac{1}{4}$—$\frac{1}{8}$ Gr.) in der Nähe des atropinisirten Auges nachgeschickt. Die bezüglichen Versuche wurden im Ganzen an 7 Personen und 2—10 Stunden nach der Atropin-Instillation angestellt. So sicher nun das Morphium, subcutan injicirt, eine dem Atropin im Allgemeinen antidote Wirkung äussert, und so häufig es bei normaler Pupillenweite Myosis hervorruft: so gelang doch die Verengerung der durch

Atropin künstlich erweiterten Pupille nur in höchst unbefriedigender Weise. Nur bei zweien der obigen 7 Patienten war 6, resp. 9 Stunden nach der Injection (10 und 16 Stunden nach der Atropin-Instillation) eine leichte Verengerung zu bemerken, und es mochte hier wohl die Menge der ins Auge gelangten Atropinlösung eine schwächere gewesen sein. Bei den übrigen Patienten war nach länger als 12 Stunden noch keine Spur von Erfolg wahrnehmbar, so dass die später (im Laufe des zweiten oder dritten Tages) eintretende Verengerung wohl nicht mehr auf Rechnung der Morphium-Injection gebracht werden konnte.

Bei einem an Caries der letzten Hals- und obersten Brustwirbel leidenden Knaben, wo seit beinahe 14 Tagen eine permanente Mydriasis auf dem rechten Auge, ohne Zweifel durch Reizung des sympathischen Iriscentrums in der betreffenden Rückenmarkshälfte, bestand, hatten die zu anderen Zwecken gemachten Morphium-Injectionen in der Nähe der erkrankten Wirbel und in der Schläfe ebenfalls nicht den geringsten myotischen Erfolg *). Es scheint hieraus hervorzugehen, dass das Morphium seine myotische Wirkung weniger durch Schwächung der in der Bahn des Hals-Sympathicus verlaufenden Spinal-Fasern, als durch einen erregenden Einfluss auf die vom Oculomotorius kommenden Irisnerven entfaltet. Diese Erklärung würde mit der von v. Graefe angenommenen, vorzugsweisen Erregung der beim Accommodationsakt thätigen (hauptsächlich circulären) Fasern des Tensor chorioideae durch das Opium im Einklange stehen.

Uebrigens dürfte die Anwendung der subcutanen Injectionen von Morphium zur Erzielung myotischer Effekte durch das jetzt überall zu erhaltende Calabar, von dessen prompter Wirkung bei Atropin-Mydriasis auch ich mich wiederholt überzeugt habe, vollkommen entbehrlich geworden sein.

### 9) Verletzungen und Entzündungen äusserer Theile.

Ausser einem von Scholz (l. c.) erwähnten Falle von Otitis mit Abscessbildung um den äusseren Gehörgang, wo die

---

*) Diesen Fall habe ich in Band III. der Greifswalder medicinischen Beiträge ausführlich beschrieben.

Morphium-Injectionen Linderung bewirkten, und den bereits angeführten Beobachtungen v. Graefe's über Augenverletzungen
ist mir in der Literatur nichts hierher Gehöriges begegnet.
Dagegen habe ich selbst theils bei frischen traumatischen Verletzungen und spontan aufgetretenen Entzündungen äusserer
Organe, theils zur Beseitigung des nach Operationen zurückbleibenden Wundschmerzes die Injectionen mehrfach und mit
entschiedenem Vortheil in Anwendung gezogen.

In einem Falle von Quetschung und partieller Gangrän
mehrerer Zehen des rechten Fusses bei einem 28jährigen Arbeiter durch eine Dreschmaschine, wo die heftigen, perpetuir-
lichen Schmerzen auch im Wasserbade und bei innerer Anwendung von Opiaten nicht nachliessen, bewirkte ich durch Injection von $\frac{1}{4}$ Gr. Morph. muriat. am Fussrücken baldige Linderung und Narcose.

Bei einem 21jährigen, schwächlichen Eisenbahnarbeiter, der
eine Quetschung und Gangrän der rechten grossen Zehe (durch
Ueberfahren) erlitten hatte und bei dem deshalb die Exarticu-
latio hallucis gemacht werden musste, wurde nach dreitägiger
völliger Schlaflosigkeit und brennenden Schmerzen in der Wunde,
die auch trotz des permanenten Wasserbades fortbestanden, durch
Injection von $\frac{1}{4}$ Gr. Morphium in möglichster Nähe der Wunde
ebenfalls Hülfe geschafft; schon nach einer Viertelstunde trat
Schlaf ein, und die Schmerzen kehrten in gleichem Maasse
nicht wieder.

· Ebenso erwiesen sich in einem Falle von Incarnatio unguis
vor operativer Beseitigung des Uebels, und einer vernachlässig-
ten, in ausgebreitete Zerstörung übergegangene Phlegmone ten-
dinum der Hand und des Vorderarms bei einem sehr dekrepi-
den, 55jährigen Manne die Morphium-Injectionen, in der Umgebung des leidenden Theils ausgeführt, von grossem palliativen
Nutzen. Bei einer durch Eindringen einer Mistgabel in die
Planta pedis veranlassten Stichwunde, wo der sehr heftige
Schmerz und die im Fusse auftretenden Zuckungen fast das
Zustandekommen von Tetanus befürchten liessen, wurden diese
bedenklichen Symptome durch wiederholte Injectionen von Morphium sehr bald beseitigt.

Bei einer 45jährigen Frau, die nach Resection eines grossen
Theils der Mandibula wegen Carcinoms in einen Zustand grosser

psychischer Aufregung verfiel und durch Nichts zu beruhigen war, wurde die innerlich gegebene Tinct. Opii sofort wieder ausgewürgt oder ausgebrochen, und daher zur Anwendung der Merphium-Injectionen übergegangen, die auch hier vollständig den gehegten Erwartungen entsprachen.

Ich erwähne noch einen Fall von Tumor cavernosus und zwei von grösseren Lymphdrüsengeschwülsten in der seitlichen Halsgegend, wo die Morphium-Injectionen ebenfalls sehr vortheilhaft wirkten. In einem dieser Fälle, bei einem 17jährigen tuberculösen Mädchen, waren die äusserst heftigen, reissenden Schmerzen namentlich durch Compression des äusseren Gehörganges von den vor und hinter demselben liegenden, enormen Drüsenpacketen bedingt. Eine Injection von ¼ Gr. Morphium in der Schläfe wirkte bereits nach einer Minute beruhigend und hatte einen so vollständigen und glänzenden Erfolg, dass Pat., die sich anfangs gegen das Verfahren sträubte, am anderen Morgen erklärte, sie habe einen solchen gar nicht für möglich gehalten und sich der Wiederholung der Procedur nun gern unterzog.

## 10) Anwendung der Morphium-Injectionen behufs localer und allgemeiner Anästhesirung.

Eine wichtige und vielversprechende Verwerthung der Morphium-Injectionen bietet sich durch die Möglichkeit, mittelst derselben die Sensibilität in einzelnen Hautprovinzen vorwiegend herabzusetzen und selbst die Empfindlichkeit minder oberflächlich gelegener Theile direct zu influenziren. Diese Möglichkeit kann nach den übereinstimmenden Ergebnissen physiologischer und therapeutischer Beobachtung kaum noch geläugnet werden. Die Morphium-Injectionen vermindern die normale Errsgbarkeit sensibler Nerven an Ort und Stelle eben so gut, wie die pathologisch erhöhte; und es liegt daher der Gedanke nahe, ihren Einfluss zur Verminderung der örtlichen Schmerzempfindung bei operativen Eingriffen, namentlich leichterer Art, zu benutzen. Es würde dadurch in geeigneten Fällen ein zweckmässiges Surrogat für die nicht immer statthafte, zeitraubende und ohne Assistenz nicht durchführbare Anwendung der Chloroforminhalationen gegeben. Die Beobachtungen hierüber stehen jedoch noch sehr vrreinzelt da, und es kann daher noch nicht mit Sicherheit entschieden werden, ob die durch Morphium-Injectionen bedingte Erregbarkeitsabnahme stark genug ist, um bei schmerzhaften Operationen dem gesteigerten Reiz das Gleichgewicht zu halten, und somit eine genügende locale Anästhesirung hervorzurufen.

Semeleder hat die ersten Versuche der Art mitgetheilt; diese betrafen eingehende Aetzungen mit Silbersalpeter bei scrophulösen Geschwüren, bei Caries und Narkose oberflächlicher Knochen. Der Erfolg soll günstig gewesen sein; doch fehlt es hier an Anhaltspunkten für die specielle Beurtheilung. Etwas mehr lässt sich aus den beiden Fällen bei Jarotzky und Zülzer entnehmen.

Vor einer Fricke'schen Pflastereinwickelung wegen blennorrhoischer Epididymitis wurde ⅓ Gr. Morphium an der Wurzel des Scrotum injicirt. Die nach einer Viertelstunde gemachte Einwickelung geschah ohne alle Schmerzäusserung; keine allgemeine Narkose. Spätere Wiederholung der Einwickelung, ohne Injection, war sehr schmerzhaft.

Bei einer 28jährigen Frau wurde die Extraction des Nagels der grossen Zehe ausgeführt, nachdem eine Viertelstunde vorher ⅓ Gr. Morphium in der Mitte der Innenfläche der ersten Phalanx injicirt worden war. Die Auslösung geschah unter sehr geringen Schmerzen, die deutlich auf der äusseren Seite der Zehe grösser waren, als auf der inneren; augenscheinlich war also an ersterer Stelle die Nervenleitung weniger beeinträchtigt, als an der letzteren.

In dem letzteren Falle wäre der etwas zweideutige Erfolg vielleicht eclatanter gewesen, wenn man die Einspritzung an einer dem Centrum näher gelegenen Stelle, resp. auf den Hauptnervenstamm des Gliedes gemacht hätte, um möglichst alle in Betracht kommenden Nervenfasern der Morphiumwirkung zu unterwerfen.

In zwei von mir beobachteten Fällen von Cauterisation mit Aetzkali oder mit modificirtem Lapis hatten die prophylaktischen Injectionen eine sehr günstige Wirkung.

1. Ein 31jähriger Dachdecker befand sich wegen eines weichen Schankers und in Suppuration übergegangener Inguinalbubonen rechterseits in Behandlung. Der Drüsenabscess war am 6. Juli geöffnet worden; die in ein grosse., sinuöses Geschwür verwandelte Incisionswunde wurde am 14. Juli mit Kali causticum geätzt, wobei Pat. tumultuarische, den ganzen Vormittag anhaltende Schmerzen empfand. Am 19. Juli wurde ⅓ Gr. Morphium in der Umgebung der Wunde subcutan injicirt, und 25 Minuten darauf (nachdem das brennende Gefühl an der

Stichstelle sich verloren hatte) die Aetzung der Ränder und des Grundes in der ganzen Ausdehnung der 2 Zoll langen Wunde wiederholt. Pat. hatte während der Cauterisation selbst einige, jedoch im Vergleich unerhebliche Schmerzen; nach 5 — 10 Minuten verloren sich dieselben vollständig, was Pat. verwundert spontan mittheilte, ohne von dem vorgängigen Zwecke der Injection in Kenntniss gesetzt zu sein. Es kam übrigens nur zu leichter Müdigkeit und Schwere in den Gliedern, nicht zu allgemeiner Narkose.

2. Eine an hochgradiger acuter Conjunctivalblennorrhoe mit ulcerativer Keratitis leidende, 18jährige Patientin empfand bei dem täglich zweimal vorgenommenen Touchiren der Lider mit modificirtem Lapis die heftigsten Schmerzen, und gerieth ganz gewöhnlich in einen zu Spasmen gesteigerten Zustand allgemeiner Erregung. Versuchsweise wurde ihr eines Morgens, eine halbe Stunde vor dem Touchiren, ⅓ Gr. Morphium in der linken Schläfengegen eingespritzt. Obwohl zur Zeit der Cauterisation eine narkotische Allgemeinwirkung noch nicht ersichtlich war, so war doch diesmal der Akt des Touchirens am Auge offenbar viel weniger empfindlich, als sonst — und am darauf folgenden Abend, wo nach verflüchtigter Wirkung des Narcoticums das gewohnte Schreien und Sträuben von Seiten der Patientin nicht ausblieb.

---

Vergleichen wir die subcutanen Morphium-Injectionen mit den übrigen Verfahren, welche man versuchsweise an äusseren Theilen angewandt hat, um eine locale Anästhesirung bei Operationen u. dgl. hervorzurufen, so sind hier zu nennen: 1) die Nervencompression; 2) die Anwendung der Kälte; 3) die örtliche Application der sog. anästhetischen Mittel.

Ueber die, namentlich von Moore zu diesem Zwecke versuchte Nerven-Compression liegen noch zu wenige Erfahrungen vor; jedenfalls ist dieses Verfahren schwer und überhaupt nicht an allen Stellen ausführbar, und für den Kranken in hohem Grade belästigend.

Wichtiger ist die Anwendung der Kälte (Eis, Schnee oder Eis in Verbindung mit Salz im Verhältniss von 2 : 1 u. dgl.). Wittmeyer (Deutsche Klinik 1862, Nr. 21, 27, 30, 31) will davon Wirkung selbst auf tiefer gelegene Theile beobachtet haben. Duckworth und Davy (Edinb. med. journal, Juli 1862) sahen unter Anwendung eines Gemisches von Salz und gestossenem Eise bei Eröffnung eines entzündeten Schleimbeutels nach 10 Minuten, bei Operation einer eingeklemmten Hernie und Exstirpation eines Lipoms, an der inneren Schenkelseite nach 15 Minuten völlige locale Anästhesie eintreten, ohne andere Nebenerscheinungen als etwas Beissen und Röthe der Haut; die Operation war durchaus schmerzlos. (Freilich ist nicht zu vergessen, dass die genannten Operationen überhaupt nicht gerade zu den sehr schmerzhaften gehören, und dass auf die Individualität des Kranken viel ankommt.)

Was die örtliche Anwendung der Anästhetica anbetrifft, so fand Wittmeyer bei zahlreichen Versuchen Aether hydrochloricus chloratus, Liquor hollandicus, Chloroform, Amylen, Schwefeläther in absteigender Linie wirksam; jedoch wirkt keines dieser Mittel sicher, und ausserdem entwickeln dieselben nach Eintritt der anästhetischen Wirkung einen solchen deletären Einfluss auf die Haut, dass man von ihrer Anwendung abstehen muss. Am wenigsten gilt dies noch von dem Schwefeläther, dessen Wirksamkeit freilich auch am geringsten; in sehr hohem Grade dagegen vom Chloroform. Duckworth und Davy wandten auch das Chloroform in Dampfform, ferner Ammoniakdampf, gleiche Theile von Liq. Amm. fortissimus und Wasser und gleiche Theile von Chloroform und Acid. acet. glaciale zur localen Anästhesirung an; letztere Mittel nützten gar nichts und mussten wegen ihrer Schmerzhaftigkeit bald entfernt werden, während Chloroformdampf allerdings nach 10 — 15 Minuten örtliche Verminderung der Sensibilität hervorbrachte. Auch Simpson empfiehlt den Chloroformdampf bei Uterinkrebs und ebenso die locale Anwendung der Kohlensäure bei schmerzhaften Geschwüren. Mit letzterer soll jedoch in Würzburg ein tödtlich verlaufener Fall vorgekommen sein. — Mich würde von der örtlichen Application der meisten dieser Anästhetica, namentlich bei Operationen, abgesehen von ihrer Schmerzhaftigkeit, schon der Umstand zurückschrecken, dass die dadurch bedingte örtliche Irritation leicht heftige Entzündungen und nachträgliche Störungen des Wundverlaufs herbeiführen könnte.

Somit bleibt denn eigentlich als das einzige Vertrauen erweckende örtliche Anästheticum, ausser den subcutanen Injectionen, nur die Kälte übrig, über deren anästhesirende Eigenschaften jedoch ebenfalls erst wenige exacte Beobachtungen vorliegen. Ausserdem ist Eis nicht überall zur Hand, sein Ersatz durch künstliche Kältemischungen jedenfalls sehr mangelhaft, seine Application umständlich und an manchen Körperstellen schwer ausführbar, die Wirkung langsamer, so dass wir den

Injectionen auch ihm gegenüber gewisse Vorzüge einräumen müssen.

## Locale Anästhesirung des Larynx.

Bekanntlich ist zur Zeit noch kein Mittel entdeckt, wodurch es gelänge, die Empfindlichkeit der Larynschleimhaut gegen den Reiz eingeführter Instrumente u. s. w. in irgend genügender Weise zu moderiren. Tiefe Chloroformnarkose wirkt gar nicht auf die Pharynxpartie, und die bei behinderter Respiration und gestörter Expectoration sich ansammelnden Schleimmassen in den Luftwegen, vorzugsweise im oberen Kehlkopfsraum, verhindern ausserdem noch die freie Inspection in den Larynx. Das neuerdings von Riemslagh empfohlene Bromkalium, die Alauninhalationen mittelst des Pulverisateurs, das wiederholte Einführen des Spiegels, der Aetzschwämmchen u. s. w. führen entweder gar nicht oder nur sehr langsam zum Ziele. (Tobold, Lehrbuch der Laryngoskopie, Berlin 1863, p. 81). Auch die neuerdings von Bernatzik empfohlene, mit dem Pinsel aufzutragende Composition aus Morph. muriat., Spir. vini ana ʒj, Chlorof. ʒβ erwies sich, nach Türk, erst bei der sechsten Wiederholung wirksam, verursachte aber vorher heftige Schmerzen, Husten und Vomituritionen.

Wie wichtig es wäre, ein rascher und zuverlässiger wirkendes Mittel zu besitzen, ergiebt sich aus folgenden Worten von Tobold (l. c. p. 73): „So lange wir ein locales Anästheticum nicht besitzen, und so lange es nicht gelingt, eine sich auch auf die Rachengebilde erstreckende Narkose herzustellen, um beliebig längere oder kürzere Zeit mit Instrumenten im Rachenund Kehlkopfraum verweilen zu können, werden blutige Operationen im Larynx von der Mundhöhle aus zu den schwierigsten und subtilsten auf dem Gebiete der operativen Chirurgie gehören."

Es veranlasste mich dies, auch hier einen Versuch mit den subcutanen Morphium-Injectionen zu machen, zumal da es nicht unthunlich erschien, wenigstens dem Ramus internus des Laryngeus superior in der Gegend seiner Durchtrittsstelle durch die Membrana hyothyrcoidea möglichst nahe zu kommen, und dieser Nerv die Schleimhaut des oberen Kehlkopfraums und der

Stimmbänder vorzugsweise versorgt. Die Gelegenheit bot sich mir in folgendem Falle:

Bürschel, Schullehrer, 35 Jahre, sonst gesund, seit 1½ Jahre mit zunehmender Heiserkeit behaftet. Als Ursache derselben ergiebt sich bei laryngoskopischer Untersuchung ein erbsengrosser, nicht gestielter, sondern mit breiter Basis aufsitzender Polyp von blassweisslicher Farbe, der von der hintern Hälfte des rechten wahren Stimmbandes aus in die Glottis respiratoria hineinragt. Pat., der die Spiegel-Untersuchung ganz ausgezeichnet verträgt, macht dagegen das Einführen von Instrumenten (Aetzmittelträger, Mathieu'sche Polypenzange) absolut unmöglich, indem bei jeder Berührung, ja bei blosser Annäherung des Instruments, Hustenreiz entsteht und die Glottis respiratoria sich krampfhaft schliesst. Am 13. Sept. (Vormittags 9 Uhr) wurde an der oben beschriebenen Stelle jederseits ¼ (im Ganzen also ½) Gr. Morph. muriat. subcutan eingespritzt. Nach einer halben Stunde, als leichte allgemeine Erschlaffung und Abspannung ohne einen höheren Grad von Narkose eingetreten war, wurde Pat. laryngoskopirt. Es liessen sich nun die genannten Instrumente leicht und ohne jede Reaction einführen, und man konnte das linke Stimmband, ja sogar den Polypen selbst mehrere Secunden hindurch mit denselben in Berührung bringen, ohne dass Husten oder krampfhafter Glottisschluss eintrat. Der in der That überraschende Erfolg wurde durch mehrmalige Wiederholung des Versuchs bestätigt. Etwa eine Stunde später trat Schlaf ein; auch noch am Nachmittag hatte Pat. das Gefühl von Müdigkeit und Schwäche. — Am folgenden Morgen, 24 Stunden nach der Injection, wurde eine neue Untersuchung vorgenommen; diesmal war das Einführen der Zange, auch des Aetzmittelträgers wieder ganz unmöglich. Am Abend um 7 Uhr neue Injection, Dosis und Localität wie gestern; bei der schon nach 15 Minuten begonnenen Untersuchung wiederum sehr günstiges Resultat: man kann beide Stimmbänder längere Zeit mit der Zange berühren, den Polypen sogar momentan zwischen die Branchen fassen, denen er freilich sofort wieder entgleitet. Die Anästhesie hielt auch am folgenden Morgen (um 9 Uhr) noch an. Die Fortsetzung der Versuche wurde durch die am 16. Sept. erfolgte Abreise des Patienten verhindert.

Der in diesem Falle offenbar erreichte und von Herrn Dr. Benneke, Assistenzarzt der hiesigen medicinischen Klinik, constatirte Erfolg bewog Letzteren, einen geübten Autolaryngoskopiker, die Einspritzungen an sich selbst zum Zwecke eigener Beobachtung vorzunehmen. So günstig nun die Wirkung in dem obigen Falle war, so geringfügig oder vollkommen null war sie hier; bei Einführung von Instrumenten in die Kehlkopfshöhle ¼ — ¾ Stunde nach der Injection, traten sofort heftige Würgebewegungen und krampfhafter Glottischluss ein, obwohl zu dieser Zeit bereits leichte Narcotisationsphänomene bestanden.

Einen dritten Versuch stellte Herr Sanitätsrath Tobold in

Berlin auf mein Ersuchen und in meiner Gegenwart bei einer, gleichfalls mit Larynxpolypen behafteten ältlichen Frau an. Es wurde ½ Gr. Morphium auf der rechten Seite des Halses, in der Gegend der Membr. hyothyreoidea, injicirt. Nach einer Viertelstunde war eine Allgemeinwirkung noch nicht eingetreten; Herr Tobold konnte jedoch, nach eigener Aussage, länger, als es ihm sonst jemals möglich gewesen war, mit Instrumenten die untere Fläche der Epiglottis berühren.

Ich führe diese wenigen und noch dazu widersprechenden Resultate hier an, keineswegs um daraus Schlüsse zu ziehen, sondern in der Hoffnung, dass Specialisten, welche mehr Gelegenheit zur Wiederholung der Versuche haben als ich, diesem jedenfalls interessanten Gegenstande einige Aufmerksamkeit zuwenden werden.

### Verlängerung der Chloroform-Anästhesie.

#### Literatur.

Nussbaum, Aerztl. Intelligenzbl., 10. Oct. 1863. — Salva, Gaz. méd. de Paris, 26. März 1864.

Prof. Nussbaum in München machte im vorigen Jahre die theoretisch und practisch gleich merkwürdige Endeckung, dass die hypodermatische Anwendung der Narcotica, speciell des Morphiums, bei noch bestehender Chloroform-Narkose im Stande ist, den eigenthümlichen Zustand des Central-Nervensystems, wie er durch Chloroform-Inhalationen vorübergehend erzeugt wird, und damit auch die Anästhesie, mehrere (6—12) Stunden, je nach der Grösse der Morphiumgabe festzuhalten — vielleicht so lange, wie die narkotische Wirkung des Morphiums selbst dauert. In folgenden vier Fällen hat Nussbaum bis jetzt den Beweis dieses eigenthümlichen Verhaltens geliefert:

1. Exstirpation eines Carcinoms am Halse; zur Beseitigung der Schmerzen nach der Operation, welche eine völlige Präparirung des Plexus cervicalis erfordert, wird noch während der Narkose ein Gran Morphium injicirt. Pat. erwacht nicht, wie gewöhnlich, aus dem Chloroformrausche, sondern schläft, ganz ruhig athmend, 12 Stunden ununterbrochen, und zwar so fest, dass Nichts ihn erwecken kann: er erträgt Nadelstiche, Incisionen, Anwendung des Ferrum candens u. s. w. ohne jede Reaction. Schliesslich erwacht er aus diesem tiefen Schlafe, gerade wie aus der Narkose.

2. Resection des Oberkiefers; der Kranke hatte vorher einen Gran Morph. acet. ohne schlafmachende Wirkung eingespritzt bekommen; nach der in Chloro-

form-Narkose gemachten Injection schlief er 8 Stunden hindurch bei völliger Ge-
fühllosigkeit und ruhiger Athmung; Puls nach Zahl und Rhythmus regelmässig.
3. und 4. Aehnliche Beobachtungen nach Injection von ⅓ Gr. Morphium bei
einer 50jährigen Frau und bei einem 7jährigen Knaben; Schlafdauer 5, resp.
6 Stunden. —

Ich habe bereits früher (Krankheiten der peripherischen
Nerven) einen Fall erwähnt, der ganz mit dem zweiten von
Nussbaum insofern übereinstimmt, als auch hier die erste Injection, vor der Chloroformnarkose gemacht, keine beruhigende
Wirkung hatte — dagegen die zweite, während der Narkose
selbst ausgeführt, letztere zu einem 6stündigen tiefen und regel-
mässigen Schlafe verlängerte. Bald darauf hatte ich Gelegenheit, mich auch in einem operativen Falle von der Richtigkeit
der Nussbaum'schen Beobachtung zu überzeugen.

Krüger, Gastwirth, ein 39jähriger Mann von kachektischem Aussehen, leidet an einem in Zeit von 3 Monaten entstandenen medullären Carcinom des
rechten Testikels, wegen dessen am 28. 11. 63 die Castration ausgeführt wurde.
Die Operation ging anfangs in normaler Weise von Statten, als plötzlich nach
Durchschneidung des Samenstrangs unter der vorher durchgelegten Ansa eine
lebhafte arterielle Blutung eintrat. Durch Compression und Umstechung, da ein
spritzendes Gefäss nicht zu erblicken war, gelang es, die Blutung momentan zu
sistiren; jedoch nach schon gemachtem Verbande, als Pat. fortgetragen werden
sollte, begann dieselbe von Neuem. Die Art. spermatica ext. hatte sich, indem
die Ansa nicht den ganzen, cystisch degenerirten Samenstrang, sondern nur den
vorderen Theil desselben umschnürte, frei in die Bauchhöhle zurückgezogen; um
sie zu finden und der Blutung Herr zu werden, musste der Schnitt bis an die
Spina ant. sup. verlängert werden, so dass man die Iliaca unter den Fingern
fühlte, worauf die Unterbindung des blutenden, rabenkieldicken Gefässes mit
grossen Schwierigkeiten gelang. Während der mehr als einstündigen Operation
hatte sich Pat. in einer äusserst schlechten, vielfach unterbrochenen Narkose befunden; gegen das Ende derselben wurde ¼ Gr. Morph. muriat. in der Tempo-
ralgegend subcutan injicirt. Pat. erwachte in Folge dessen auch nach dem Aussetzen der Inhalationen nicht aus der Narkose, sondern letztere ging sogleich in
einen tiefen Schlaf über, der mit wenigen flüchtigen Unterbrechungen von ½1 Uhr
Mittags bis 7 Uhr Abends anhielt. Puls und Respiration waren in dieser Zeit
regelmässig; gegen Abend stellten sich jedoch Fiebererscheinungen und anderweitige Symptome bei dem Patienten ein, die als Zeichen der Peritonäalreizung
aufgefasst werden mussten. —

In einem anderen Falle hat sich mir die hier besprochene
Wirkung der Morphium-Injectionen nicht bestätigt. Es betraf
eine noch jugendliche, an Insufficienz und Stenose der Aortenklappen leidende Patientin, welche allabendlich Anfälle von
ausserordentlich heftiger Stenocardie hatte, und seit einem hal-

ben Jahre jede Nacht einmal, auch wohl mehrmals chloroformirt wurde, da dies allein ihr eine rasch vorübergehende Erleichterung verschaffte. In der letzten Zeit kam Patientin gewöhnlich schon nach 10—15 Minuten wieder zu sich, und zum
Gefühl ihrer Schmerzen. Ich spritzte ihr nun, während die
Narkose noch unterhalten wurde, $\frac{1}{6}$ Gr. Morphium in der rechten Schläfengegend ein. Pat. schlief anfangs tief und ruhig, erwachte jedoch nach kaum 15 Minuten, und es liess sich auch
in dem weiteren Verhalten ein Unterschied gegen frühere Abende
nicht wahrnehmen. —

### Versuche an Thieren.

Um die von Nussbaum entdeckte Thatsache noch weiter
zu verfolgen, unternahm ich einige darauf gerichtete Versuche
an Kaninchen, wobei das Chloroform durch Schwefeläther ersetzt wurde. Zunächst wurde bestimmt, wie lange die Thiere
bei einfacher Aetherisation, ohne nachfolgende Injection, in dem
vollkommen gefühllosen Zustande verharrten. Die Aether-In-
halation wurde, sobald dieser Zustand eingetreten war (was
meist schon nach einer Minute der Fall war) sofort unter-
brochen. Es zeigte sich, dass bei dieser Anstellung des Versuchs der Zustand völliger Anästhesie sehr rasch, durchschnittlich schon nach 3—4 Minuten, wieder verschwand, die Thiere
sich ermunterten und auf äussere Reize reagirten. Wurde dagegen unmittelbar nach Eintritt der Aethernarkose eine Injec-
tion von $\frac{1}{6}$—$\frac{1}{4}$ Gr. Morph. acet. gemacht, so wurde das Stadium
völliger Anästhesie unverkennbar etwas verlängert, jedoch nie-
mals über eine Dauer von 9—14 Minuten hinaus. Alsdann
kehrte die Reaction auf Sinneswahrnehmungen und mechanische
Reize allmälig wieder: aber die Thiere machten keine spontanen Bewegungen, und versanken, sobald der gegebene Impuls
aufhörte, in den früheren lethargischen Zustand, der in gleicher
Intensität 2—3 Stunden nach Beginn des Versuchs anhielt.
Zur Erläuterung dienen nachstehende Versuche:

I. Grosses, weibliches Kaninchen.

4 h 6. Beginn der Aether-Inhalationen.

4 h 7. Völlige Anästhesie, Schlaf mit ruhiger Respiration. — Aussetzen
der Inhalationen.

4 h 9. Allmälige Wiederkehr der Gefühls; das Thier reagirt bereits schwach auf Sinneswahrnehmungen, spitzt die Ohren beim Klopfen auf den Tisch u. s. w.

4 h 10. Reaction auf mechanische Reize (Kneifen u. s. w.).

4 h 11. Erste spontane Bewegungen.

II. Dasselbe Kaninchen.

5 h 16. Aetherisation begonnen.

5 h 17. Schlaf und völlige Anästhesie. Injection von ⅛ Gr. Morph. acet. in der Gegend der unteren Rippen.

5 h 26. Das Thier reagirt bereits wieder auf Reize, versinkt jedoch gleich wieder in Betäubung. Die Pupillen verengern sich auf Lichtreiz.

5 h 45. Noch ganz soporöser Zustand. Keine spontanen Bewegungen; bei Kneifen, Stechen u. dgl. jedoch lebhafte Reaction.

6 h 45. Ebenso.

7 h 30. Das Thier kommt allmälig mehr zu sich und macht auch wieder spontane Locomotionsbewegungen.

III. Grosses weibliches Kaninchen.

4 h 12. Aetherisation.

4 h 13. Anästhesie vollständig. Aussetzen der Inhalationen.

4 h 16. Das Thier ist schon wieder erwacht und munter, zeigt Schmerzempfindung und Reaction auf äussere Reize.

IV. Dasselbe Kaninchen.

5 h 23. Aetherisation.

5 h 24. Schlaf und Anästhesie. Injection von ⅛ Gr. Morph acet. in der Oberbauchgegend.

5 h 30. Keine Reaction auf Reize; Pupillen sehr weit, reactionslos.

5 h 34. Das Thier zeigt bereits beginnende Reaction, macht jedoch keine automatische Bewegung.

5 h 38. Reaction deutlicher; Verengerung der Pupillen bei Lichteinfall.

7 h 46. Das Thier ist noch ziemlich betäubt, macht jedoch wieder einige spontane Bewegungen und verharrt nicht mehr in der gegebenen Lage.

Obwohl diese Versuche insofern nicht mit den Beobachtungen Nussbaum's übereinstimmen, als eine Verlängerung des anästhetischen Zustandes durch die Injectionen nicht auf Stunden, sondern nur auf Minuten erzielt wurde, so spricht dies doch nicht gegen die Tragweite der Nussbaum'schen Entdeckung beim Menschen. Es scheint, als ob Thiere, und speciell Kaninchen, zu diesen Experimenten weniger geeignet seien, weil sie zu schnell aus der Narkose wieder erwachen, so dass eine volle und genügende Resorption des injicirten Morphiums bis zu diesem Zeitpunkte noch nicht erzielt sein kann. Möglicher-

weise ist der Zustand der Centralorgane bei der Aethernarkose
einer solchen Einwirkung des Morphiums auch weniger günstig,
als bei Anwendung des Chloroforms.

Für diese Annahme spricht das etwas abweichende Resultat einiger Versuche, die von der Soc. de méd. de Versailles an
chloroformirten Hunden angestellt wurden, und über die Salva
berichtet. Es wurden nach eingetretener Chloroform-Anästhesie
5 — 6 Mgrmm. ($\frac{2}{45}$ — $\frac{12}{45}$ Gr.) Morph. muriat. eingespritzt. Bei
dem ersten Hunde bewirkte Chloroform allein nur eine 19 Mi-
nuten dauernde Anästhesie, während dieselbe bei nachträglicher
Morphium-Injection (wovon jedoch die Hälfte verloren ging)
36 Minuten anhielt. Noch eclatanter war der Unterschied bei
dem zweiten Versuchsthier, einer Hündin: hier bewirkte Chloroform allein 10 — 12 Minuten Schlaf und eine halbstündige Anästhesie, während bei Hinzunahme der Morphium-Injection die
Anästhesie einmal 87 Minuten, das zweite Mal sogar 5 Stunden
und 44 Minuten anhielt. Hier war also, falls die Anästhesie
wirklich zu dieser Zeit noch eine vollständige war, was bei Thieren bekanntlich immer sehr schwer zu beurtheilen, die Verlängerung derselben durch die Injectionen von viel längerer Dauer,
als bei meinen Versuchen — freilich auch die Dauer der allein
durch die Inhalationen erzeugten Anästhesie um ein Entsprechen-
des grösser, als bei den ätherisirten Kaninchen.

Weitere Beobachtungen müssen die Thatsachen, um die es
sich hier handelt, erst völlig sicherstellen, und namentlich darüber entscheiden, ob die Wirkung constant und unter welchen
Modalitäten sie stattfindet. Dies einstweilen vorausgesetzt, haben wir hier nur die practische Anwendbarkeit der Entdeckung,
ihre Tragweite in Beziehung auf die operative Chirurgie noch
kurz zu betrachten. — Ein Verfahren, welches uns in Stand
setzt, die Chloroform-Anästhesie bedeutend zu verlängern, ohne
die Chloroformwirkung selbst zu potenziren oder andere üble
Nebenerscheinungen zu veranlassen, ist gewiss in vielen Fällen
auf dem Operationstisch von hohem Werthe. Es ist nichts Sel-
tenes, dass während einer lang dauernden Operation der Patient, zu früh für ihn selbst und für den Operateur, wieder erwacht, und die Inhalationen wegen Eintritts beunruhigender

Symptome nicht fortgesetzt werden dürfen, so dass der Rest der
Operation in halber oder gar keiner Betäubung vollendet wird.
Dies liesse sich vermeiden, wenn man bei voraussichtlich sehr
zeitraubenden, schwierigen und schmerzhaften Operationen gleich
nach eingetretener Anästhesie die Einathmungen unterbräche
und eine Injection nachschickte. — In einer zweiten Reihe von
Fällen handelt es sich um gleichfalls zum Theil längere und
schmerzhafte Operationen, bei denen man wohl vorher den Patienten chloroformiren, während des Operirens selbst jedoch die
Inhalationen nicht gut fortsetzen oder von Neuem aufnehmen
kann, z. B. bei Operationen in der Mund- und Rachenhöhle,
Kiefer-Resectionen oder Exstirpationen u. s. w. In einer dritten
Reihe dürfte die Indication dadurch gegeben werden, dass man
auch nach Vollendung der Operation den Kranken aus irgend
welchem Grunde noch längere Zeit in Anästhesie zu erhalten
wünscht — sei es, um den Eintritt der Schmerzen und der
entzündlichen Reizung zu verzögern, oder um sofort einen fixi-
renden Verband anzulegen, wie bei Gelenkresectionen u. s. w. In
diesen Fällen ist der angegebene Zweck durch ein fortgesetztes
Chloroformiren oft gar nicht oder nur unter anderweitigen Gefahren zu erreichen; der Ersatz durch narkotische Injectionen
wäre daher auch hier von grossem Vortheil. — Was die Dosis
betrifft, so halte ich $\frac{1}{4}$, selbst $\frac{1}{4}$ Gr. Morphium für vollkommen
ausreichend: vor der Anwendung grösserer Dosen (einen Gran,
wie Nussbaum es wollte) möchte ich warnen, da dieselben
gewiss selten erforderlich sind, und dadurch leicht üble Symptome, jedenfalls sehr oft störendes Erbrechen herbeigeführt
werden könnten.

# Neuntes Kapitel.

## Atropin.

---

Von den Belladonna-Präparaten ist fast ausschliesslich das Atrop. sulf. in hypodermatischer Form angewandt, von **Scholz** auch das Atrop. valerianicum. Die Dosis variirt in ähnlicher Weise, wie beim Morphium, und die Angaben der Autoren darüber sind mit derselben Vorsicht aufzunehmen[*]. Es injicirten:

Béhier (ungefähr) 1 Mgrmm. $= \frac{1}{17}$ Gr.

Courty 2 Mgrmm. bis 1 Ctgrmm. $= \frac{1}{31} - \frac{1}{6}$ Gr.

Fournier (ungefähr) 4 Mgrmm. $= \frac{1}{15}$ Gr.

Dupuy (ebenso) 5 Mgrmm. $= \frac{1}{13}$ Gr.

Oppolzer . . . . . . . . . . . . . . . $\frac{1}{108} - \frac{1}{30}$ Gr.

Hunter . . . . . . . . . . . . . . $\frac{1}{30} - \frac{1}{24}$ Gr.

Südeckum . . . . . . . . . . . . $\frac{1}{20}$ Gr.

v. Graefe . . . . . . . . . . . . . $\frac{1}{30} - \frac{1}{12}$ Gr.

Scholz . . . . . . . . . . . . . . . $\frac{1}{30}$ Gr.

Bell . . . . . . . . . . . . . . . . . $\frac{1}{12} - \frac{1}{4}$ Gr.

Neudörfer . . . . . . . . . . . . $\frac{1}{20} - \frac{1}{10}$ Gr.

Es ist jedoch zu beachten, dass die beiden letztgenannten Autoren nach Anwendung der Maximaldosen sehr erhebliche Vergiftungserscheinungen erhielten, und dass nach v. **Graefe** $\frac{1}{30}$ und $\frac{1}{24}$ Gr. bei den meisten Individuen bereits Wirkungen hervorbringen, „welche ein bedächtiger Practiker nicht gern überschreitet“.

Ich benutzte gewöhnlich eine Lösung von Atrop. sulf. Gr. iv in Aq. dest. Unc. j, und injicirte davon $\frac{1}{60} - \frac{1}{24}$ Gr. Atropin, d. h. 2—5 Gran der Lösung, entsprechend 6—15 Theilstrichen des Instruments. Ich habe nach diesen Dosen, so oft

---

[*] Wenn eine Angabe von **Boissarie** (Gaz. des hôp. 1864 Nr. 54) richtig wäre, so hätte dieser Autor ca. $\frac{1}{3000}$ Gr. Atropin injicirt und dadurch sogar anhaltende Intoxicationserscheinungen hervorgerufen! Er will nämlich 12 Tropfen einer Lösung von 0,05 Ctgrmm. (= $\frac{1}{115}$ Gr.) in 20 Grmm. Aq. dest. (= 5$\frac{1}{4}$ ℨ) eingespritzt haben. Ueber den angeblichen Effekt s. u. —

auch die gewöhnlichen Erscheinungen der Atropinwirkung ein-
traten, niemals schwerere und Bedenken erweckende Zufälle folgen sehen. In einzelnen Fällen, wo durch häufigeren Gebrauch
eine Gewöhnung stattgefunden hatte, wurde auch mit der Do-
sis zu $\frac{1}{15}$ und selbst zu $\frac{1}{12}$ Gr. ohne Schaden gestiegen.

---

Was die physiologische Wirkung der Atropin-Injectionen betrifft, so ist hier vor Allem der Effekt auf die Circulation sehr rasch und auffallend. Es war dies auch bei den
Versuchen an Thieren der Fall, welche Botkin (Virchow's
Archiv XXIV. 1. 2. p. 83. 1862) anstellte. Bei Fröschen wird
die Herzaction sofort verlangsamt, das Herz von Blut ausge-
dehnt; bei vollständiger Vergiftung sanken die Pulsationen von
80 auf 40 und selbst 20 in der Minute. Bei Säugethieren
(Hunden, Kaninchen) trat statt der Verlangsamung eine bedeutende Beschleunigung und Abschwächung des Pulses ein; der
mittlere Seitendruck in der Carotis des Hundes sank von 66—67
sogleich auf 30—20 am Manometer von Setschenow, und
stieg nach 10 Minuten wieder auf 60.

Nach Injection mässiger Atropindosen beim Menschen treten die Veränderungen der Circulation fast momentan ein, und
zwar ist das erste Symptom constant eine mehr oder minder
erhebliche Zunahme der Pulsfrequenz. v. Graefe sah bei $\frac{1}{15}$
und $\frac{1}{12}$ Gr. Pulsfrequenzen von 130—140 Schlägen auftreten,
und selbst mehrere Stunden auf dieser Höhe verbleiben. Nach
Hunter wird das Herz fast augenblicklich erregt, schlägt stärker und schneller; der Puls wird eine Zeit lang voller und stärker. Bei einem Patienten mit Ischias stieg der Puls von 88
in 3 Minuten auf 96; bei Wiederholung der Injection an demselben Patienten von 60 in 8 Minuten auf 96. Bei einer Patientin mit Prosopalgie stieg die Frequenz von 80 in 5 Minuten sogar auf 120; in einem zweiten Falle von Ischias von 60
in 2 Minuten auf 72.

Ist die Dosis zu gross, so wird der Puls bald klein, unregelmässig und selbst seltener als normal. Die Respiration wird
zuweilen kurz und beschleunigt.

Ich habe bei einem 41jährigen, an Conjunctivitis granulosa
leidenden Kranken folgendes Verhalten der Pulsfrequenz nach

Atropin-Einspritzung ($\frac{1}{75}$ Gr.) beobachtet: Vor der Injection 68; nach der Injection, von 5 zu 5 Minuten, 80, 108, 112, 114, 108, 108, 104 — nach einer Stunde 92 — nach zwei Stunden 88.

Bei einem zweiten, 33jährigen, an demselben Uebel leidenden Patienten war das Verhalten folgendes: Vor der Injection 72; 5 Minuten nach derselben 108, dann von 5 zu 5 Minuten 100, 96, 96, 80, 78, 84, 80, 76.

Bei einer 26jährigen Patientin mit Ischias war der Puls vor der Injection 84; 5 Minuten nach derselben (bei $\frac{1}{50}$ Gr.) 92, dann 102, 104, 104, 104, 100, 104 — nach einer Stunde 120 — nach zwei Stunden 108 — nach vier Stunden 84. Bei derselben Patientin ein andermal vorher 86; nach der Injection 88, 118, 124, 120, 116, 100 — nach zwei Stunden 96.

Der Pulsfrequenz entsprechend sah ich die Körpertemperatur unter dem Einflusse des Atropins um $\frac{1}{2} - \frac{6}{10}$ ° C. vorübergehend zunehmen. Bei dem ersterwähnten Kranken stieg dieselbe von 37,6 in einer halben Stunde auf 38,1 — bei dem zweiten von 37 auf 37,8°. Die Respirationsfrequenz war, trotz der enormen Vermehrung der Pulszahl, nur unbedeutend erhöht[*]. —

Auch ich beobachtete, dass bei gesteigerter Frequenz der Puls vorübergehend voller und stärker wurde; es stimmt also in dieser Beziehung das Verhalten beim Menschen offenbar nicht mit den Resultaten der Thierversuche von Botkin überein, wonach die Herzthätigkeit stets geschwächt, der Blutdruck herabgesetzt wird.

Unter den sonstigen Erscheinungen der Atropinwirkung sind die constantesten, fast nie ausbleibenden: Trockenheit und Gefühl von Kratzen im Halse, mit Schlingbeschwerden, und Mydriasis. Letztere tritt meistens schon nach 15 — 30 Minuten, auch wohl noch früher, auf, ist jedoch immer nur eine mittlere, indem niemals weder das Maximum der möglichen Pupillenweite, noch völlige Unbeweglichkeit der Iris erzielt wird; auch verschwindet die Wirkung gewöhnlich schon innerhalb eines Tages. Nach v. Graefe hat das Einträufeln einer äusserst ab-

---

[*] Wahrscheinlich hat die Veränderung der Pulsfrequenz ihren Grund in einer specifischen Wirkung des Atropins auf den N. vagus, womit auch das constante Vorkommen der Halserscheinungen übereinstimmt.

geschwächten Atropinlösung ($\frac{1}{10} - \frac{1}{16}$ Gr. auf eine Unce) in den Conjunctivalsack durchschnittlich einen stärkeren mydriatischen Effekt, als die stärksten hypodermatischen Dosen, die sich ohne Bedenken empfehlen lassen.

Nicht selten leidet die Verdauung, theils wegen der mit dem Schlingakt verbundenen Beschwerden, theils indem völlige Appetitlosigkeit entsteht. Diese Erscheinungen gehen jedoch rasch vorüber. Dysurie oder Ischurie habe ich niemals auftreten sehen.

Die Wirkung auf das Nervensystem und das Allgemeinbefinden unterliegt grossen individuellen Verschiedenheiten. Während nach v. Graefe der Zustand bei den Patienten höchst unbehaglich war, so dass sie die Wiederholung perhorrescirten, nach der sie beim Morphium immer neues Verlangen hatten — habe ich umgekehrt einzelne Fälle gesehen, wo die (weiblichen) Kranken das Morphium gar nicht vertrugen, sich dagegen beim Gebrauche des Atropins verhältnissmässig wohl fühlten. — Eine eigentlich narkotische Wirkung sieht man nur selten; häufiger die Erscheinungen sensorieller Erregung, Kopfschmerz, Schwindel, leichte Hallucinationen und selbst Delirien. Nach Hunter wirkt das Atropin als ein Stimulans, nicht als ein Sedativum auf das Gehirn; sein erster Einfluss auf Herz und Lungen prädisponirt nicht zum Schlafen, es wirkt vielmehr nur indirect, indem das Sensorium betäubt wird, auch narkotisirend. Der Schlaf tritt bei offenen Augen, oft unter einigen vagen Handbewegungen, bei tiefer, ruhiger, nicht stertoröser Respiration und vermehrter Pulsfrequenz ein. — Oefters hat das Atropin im Gegentheil längere Schlaflosigkeit zur Folge.

In einem Falle von Neudörfer, wo $\frac{1}{10}$ Gr. Atropin injicirt wurde, entstanden zuerst Röthung und Gedunsenheit des Gesichts, Trockenheit der Haut, der Zunge und des Halses (auffallenderweise keine Mydriasis); weiterhin furibunde Delirien von 12stündiger Dauer und 18stündiger Sopor mit tiefem Röcheln und Schnarchen. Noch nach 3 Tagen war das Bewusstsein nicht ganz klar, der Pat. gab zuweilen verkehrte Antworten.

Leichtere Intoxicationserscheinungen wurden von Bell, Béhier, Courty und Scholz ebenfalls beobachtet. Bell beseitigte dieselben, wie schon erwähnt, durch subcutane Injectionen von Morphium (ebenso später v. Graefe); Béhier und

Courty durch innere Darreichung von Opium. [Einen Fall von tödtlicher Atropinvergiftung bei endermatischer Einreibung einer Atropinsalbe hat Ploss veröffentlicht; vgl. Schmidt's Jahrbücher, Band 120, Nr. 11, 1863.]

---

Soll man die Atropin-Injectionen überhaupt therapeutisch anwenden? Hermann verwirft sie, „weil er eine Radicalheilung davon nicht erwarte, und für eine palliative Behandlung kein Mittel anwenden wolle, wo Tropfen über Leben und Tod zu entscheiden hätten". Hiergegen ist nun zu sagen, dass schwerere Intoxicationserscheinungen sich bei vorsichtiger Dosirung ziemlich sicher vermeiden lassen, und dass die gewöhnlich auftretenden Effekte der Atropinwirkung keineswegs gefährlicher, oder auch nur für den Kranken belästigender sind, als beim Morphium.

Auch v. Graefe scheint über die Atropin-Injectionen im Ganzen sehr ungünstig zu urtheilen, und vindicirt ihnen namentlich für ophthalmiatrische Zwecke „nur eine sehr beschränkte Bedeutung". Andere Autoren (Bell, Béhier, Courty) geben dagegen den Atropin-Injectionen vor dem Morphium den Vorzug, und behaupten, dass sie von jenen bessere Resultate gesehen haben. Salva will das Atropin überall angewendet wissen, wo Krampf oder Schmerz mit bestimmter Localisirung besteht, daher bei Gelenkrheumatismen, Neuralgieen, Tetanus u. s. w. — dagegen Morphium überall, „wo der Schmerz das Hauptsymptom bildet". Diese Unterscheidung ist gewiss ebense unbestimmt, als in hohem Grade unpraktisch.

Solchen Widersprüchen gegenüber lassen wir am besten die Thatsachen selbst sprechen. Aus ihnen wird sich ergeben, ob den Atropin-Injectionen überhaupt glückliche Erfolge zukommen und ob sie das Morphium auf bestimmten Gebieten an Wirksamkeit übertreffen.

# 1) Krankheiten der peripherischen Nerven.

## a. Neuralgieen.

Literatur.

Bell, l. c. — Béhier, l. c. — Courty, l. c. — Oppolzer, l. c. und Wiener Med. Halle II. 21., 1861. — Lebert, l. c. — Wolliez, l. c. — v. Graefe, l. c. — Südeckum, l. c. — Hunter, l. c.

Bell wandte bei Neuralgieen, in Fällen, wo Morphium-Injectionen versagten, das Atropin noch mit glücklichem Erfolge an. — Béhier berichtet über 32 Fälle von eigentlichen Neuralgieen (18 von Ischias, 9 von einfacher, 3 von complicir-ter Neuralgia intercostalis, 1 von Prosopalgie, 1 von Neuralg. brachialis), wo die Atropin-Injectionen einen eclatanten und schnellen Erfolg gehabt haben sollen. Die neuralgischen Schmer-zen wurden stets beseitigt, und es trat in einer grossen Anzahl von Fällen, wo die Injectionen hinreichend oft wiederholt wur-den, auch Heilung ein. — Courty, der anfangs mit Morphium, dann mit Atropin experimentirte, giebt dem letzteren, nament-lich bei Neuralgieen, den Vorzug, und will durch dasselbe in einer grösseren Anzahl von Fällen Radicalheilung bewirkt ha-ben. — Oppolzer empfiehlt Atropin-Injectionen bei Inter-costalneuralgie und bei Ischias; in einem Falle von Entzündung des Radialnerven (knotiger Anschwellung desselben am Oberarm mit periodischen Schmerzen, die auch durch Druck auf den Oberarm hervorgerufen wurden) blieben Chinin, Sol. Fowleri, Colchicum, Jod und Ungt. cin. erfolglos, und erst wiederholte Injectionen von Atropin hoben den Schmerz und die Verdickung des Nerven.

Wolliez sah bei einer Neuralgia lumbo-sacralis den Schmerz nach Atropin-Injection fast vollständig verschwinden; auch bei einer Neuralgia cervico-brachialis rühmt er dieselbe; bei Coccyodynie fand er sie, ebenso wie das Morphium, erfolg-los. — v. Graefe stellte bei Neuralgieen ebenfalls Versuche mit Atropin an, die jedoch negativ ausfielen. In einem Falle atypischer hartnäckiger Supraorbitalneuralgie schien ihm aus dem combinirten Verfahren der Atropin-Injectionen mit bald nachgeschickten Morphium-Injectionen eine aus dem früheren alleinigen Gebrauche beider Mittel nicht zu schöpfende Besserung zu resultiren; jedoch blieb der Fall in dieser Beziehung vereinzelt. — Südeckum sah bei einem an secundärer Syphilis leidenden Manne die seit 8 Tagen bestehenden, rechtsseitigen Kopfschmerzen von wahrscheinlich neuralgischer Natur nach einer Atropin-Injection völlig verschwinden. Bei einer zweiten, ebenfalls syphilitischen Kranken, wo nach früherer linksseitiger Trigeminus-Neuralgie Schmerzen in den Knochen der rechten Gesichtshälfte auftraten, wurde am Abend $\frac{1}{16}$ Gr. Atropin injicirt. Die Kranke schlief die Nacht, und am Morgen waren die Schmerzen verschwunden, nur das Jochbein bei Druck noch schmerzhaft. Auch gegen die im Knie und Unterschenkel bestehenden Schmerzen wurden Atropin-Injectionen gemacht, welche schon nach einer halben Stunde wesentliche Besserung bewirkt haben sollen. — Hunter machte von den Atropin-Injectionen u. A. bei Ischias und Neuralgia facialis Gebrauch. Bei einer 60jährigen Dame, die seit 2 Jahren an Ischias litt, und wo Morphium innerlich zwar Schlaf, aber keine Abnahme der neuralgischen Beschwerden herbeiführte, wurde $\frac{1}{12}$ Gr. Atropin injicirt. Darauf Hitzegefühl, Röthung der Haut, lebhafte Träume; am folgenden Tage war der Schmerz ganz fort, Puls 80, Zunge rein. Nach 5 Wochen war noch keine Spur von Schmerz wiedergekehrt. Die Atropinwirkung wurde in diesem Falle durch den inneren Fortgebrauch von Morphium nicht beeinflusst.

Ich habe nur wenige Fälle von Neuralgieen mit Atropin behandelt, da ich a priori von demselben hier keinesfalls mehr erwartete, als vom Morphium. Bei einer (zweifelhaften) Neuralgie des zweiten Trigeminusastes war ein vorübergehender Erfolg zu bemerken.

Eine 22jährige, gracile und mit Stenose des Ostium aorticum behaftete Schneiderin, Namens Papelius, litt seit 14 Tagen ununterbrochen an äussers heftigen Schmerzen in der Gegend der Backzähne des rechten Oberkiefers. Sie hatte sich bereits drei, angeblich cariöse Backzähne der Reihe nach deshalb extrahiren lassen, als sie wegen der noch immer mit unverminderter Heftigkeit fortbestehenden Schmerzen Hülfe suchte. Es wurde $\frac{1}{12}$ Gr. Atropin in der als schmerzhaft bezeichneten Gegend des Alveolarfortsatzes injicirt. Der Puls stieg in 5 Minuten von 84 auf 110; gleich darauf glaubte Pat. einige Linderung der Schmerzen zu spüren. Die Remission soll nach der um 2 Uhr Mittags gemachten Injection bis zum Abend gewährt haben; dann recidivirte der Schmerz, verlor sich aber im Laufe der nächsten Tage spontan.

Bei zwei bereits früher erwähnten Patientinnen, von denen die eine an ner-

vöser Cardialgie, die andere an Ischias litt, wurde wegen ungenügender Wirksamkeit der Morphium-Injectionen zum Gebrauche des Atropins übergegangen.
Bei der einen dieser Patientinnen wurde die erste Atropin-Injection am
7. Sept., Mittags um 1 Uhr, während eines sehr heftigen Schmerzanfalls in der
Magengegend gemacht. Die Kranke empfand bei der Injection selbst weniger
Brennen als beim Morphium. Nach einer halben Stunde waren die Pupillen erweitert, der Puls beschleunigt, die Schmerzen noch unverändert. Nachher stellte
sich Trockenheit im Halse und Schlingbeschwerden ein; nach zwei Stunden
Schlaf, der bis 7 Uhr Abends dauerte. Beim Erwachen erhebliche Remission.
Die Injection wurde in der Folge noch oft wiederholt, und führte meist eine
mehrstündige Abnahme der Beschwerden herbei; die narkotische Wirkung wiederholte sich aber nur selten, vielmehr bedurfte Patientin nach einer des Nachmittags oder Abends gemachten Atropin-Injection in der Regel noch grosser Dosen Opium innerlich, um des Nachts Ruhe zu finden.

Bei der zweiten Kranken, wo die Morphium-Injectionen stets erhöhte Aufregung und längere qualvolle Uebelkeit nebst Erbrechen zur Folge hatten, war
die Wirkung des Atropins eine entschieden günstige. Es traten zwar jedesmal
die gewöhnlichen leichten Intoxicationserscheinungen ein, und namentlich war ·
die Dysphagie öfters belästigend: im Ganzen jedoch befand sich die Patientin dabei sehr gut, und hatte stets längere Remissionen, deren Dauer von 3 bis zu
12 Stunden variirte, und die mit den sonstigen Symptomen des Atropins gleichzeitig verschwanden. Es wurden zahlreiche Injectionen gemacht und mit der
Dosis allmälig von $\frac{1}{4}$ bis zu $\frac{1}{4}$ Gr. fortgeschritten; ein nachtheiliger Einfluss
der Injectionen in Beziehung auf das gleichzeitig bestehende Vitium cordis war
nicht zu bemerken.

Ein zweiter Fall von Ischias betraf einen 22jährigen, schwächlichen Schneider, bei dem die Neuralgie seit 3 Wochen in Folge von Erkältung durch Zugluft bei einem Balle entstanden sein sollte. Es wurden viermal Injectionen von
$\frac{1}{12}$ bis $\frac{1}{10}$ Gr. Atropin theils an der Anstrittsstelle des Ischiadicus, theils an peripherischen Punkten in Zwischenräumen von 1—2 Tagen vorgenommen und durch
dieselben eine vorübergehende Linderung ohne erhebliche Nebenerscheinungen bewirkt; später entzog sich Pat. der Behandlung. —

Im Allgemeinen ergiebt sich aus den Versuchen mit Atropin-
Injectionen bei Neuralgieen Folgendes: 1) Das Atropin wirkt
in derselben Weise und mit gleicher Sicherheit palliativ, wie
das Morphium, indem es vorübergehende Remissionen herbeiführt; es veranlasst bei geeigneter Dosis in der Regel keine
übleren Nebenwirkungen, und wird zuweilen besser (in anderen
Fällen freilich auch schlechter) ertragen; es steht aber dem
Morphium nach, wo neben der örtlichen Schmerzlinderung zugleich die allgemein narkotisirende Wirkung erwünscht ist.
2) Das Atropin kann ebenfalls bei peripherischen Neuralgieen
Radicalheilung bewirken; dass es dies jedoch häufiger thut, als
das Morphium, muss nach den bisherigen Erfahrungen für un-

bewiesen erachtet werden. 3) Da das Atropin ein differente-
res Mittel ist als Morphium, so ist, namentlich für die Privat-
Praxis, das letztere im Allgemeinen zu bevorzugen; und es
sind daher die Atropin-Injectionen bei Neuralgieen
nur da indicirt, wo die Morphium-Injectionen entweder von vornherein nicht vertragen werden, oder
bei eingetretener Gewöhnung auf die Dauer im Stich
lassen.

## b. Spastische und convulsivische Neurosen.

### Tetanus.

#### Literatur.

Crane, Med. Times and Gaz. 1861, March 30. — Benoit, Bull. de thér.
LIX. p. 226, Sept. 1860. — Fournier, Gaz. des hôp. 111, 1860. —
Dupuy, Bull. de thér. LVIII. p. 425, Mai 1860. — St. Cyr, Journal
de méd. vétérinaire prat. (Lyon) t. XVIII. p. 236. — Deneffe, Ann.
de la soc. de méd. de Gand, März 1861.

Wie sich bei dem grossen Rufe der Belladonna als eines
vorzugsweise „krampfstillenden" Mittels erwarten liess, hat man
von den Atropin-Injectionen auch bei Motilitäts-Neurosen, namentlich bei Tetanus, Anwendung gemacht. In dem Falle von
Crane handelte es sich um idiopathischen Tetanus; derselbe
verlief, trotz der Injectionen, letal. — Dupuy injicirte bei einem
traumatischen Tetanus zuerst 14 Mgrmm. einer Lösung von
5 Ctgrmm. in 100 Grmm. Wasser, später noch einmal 7 Mgrmm.
derselben Lösung. Es trat Intoxication ein, die Starre blieb
unverändert; auch dieser Fall endete letal. — Fournier injicirte im Ganzen 80 Tropfen, und zwar viermal je 20 Tropfen
(= $\frac{1}{12}$ Gr.) einer 1procentigen Lösung; er sah leichte Intoxication und Genesung erfolgen. — Dupuy gab erst vom Extr.
Bellad. 50 Ctgrmm. ohne Nutzen; dann 1 Grmm. und 5 Grmm.
Tinct. Bellad. — Die Symptome steigerten sich sämmtlich.
Darauf Injection von 25 Tropfen (ca. $\frac{1}{4}$ Gr.) einer 1proc. Lösung. Nach einer Viertelstunde Intoxicationserscheinungen, heftige Delirien mit Muskelzittern, Sehnenspringen u. s. w.; nach
stundenlangem Stationärbleiben Schlaf, Aufhören der Rigidität
der unteren Extremitäten, Möglichkeit, die Kniee zu beugen;
Opisthotonus und Trismus unverändert. Neue Injection von
15 Tropfen; geringere Intoxication, Schlaf, allmälige Genesung.

St. Cyr versuchte die Atropin-Injectionen bei Pferden in
3 Fällen, jedoch ohne Erfolg. Es wurden von 5 bis zu 30 Ctgrmm.
auf einmal eingespritzt; diese Dosen bewirkten nur Trockenheit
des Maules, Erweiterung der Pupille, Pulsbeschleunigung und
Verlangsamung der Respiration, hatten aber auf den Krampf
keinen Einfluss.

Deneffe hat den kühnen Gedanken gehabt, die Atropin-Injectionen bei Tetanus nicht blos in das Unterhautzellgewebe, sondern direkt in den von Liquor
cerebro - spinalis erfüllten Raum des Canalis medullaris zu richten. Er will
zwischen For. occipitale und Atlas einstechen, die Membrana obturatoria posterior
und die Meningen durchstossen, und die Flüssigkeit so bei schief gehaltener Nadel abwärts in den Wirbelkanal einspritzen! Bei Kaninchen, denen künstlicher
Strychnin-Tetanus erzeugt worden war, hatte die Injection fast momentane Beruhigung des Krampfes und dauernde Genesung zur Folge. Beim Menschen hat
sich Deneffe bis jetzt nur durch Versuche an Leichen von der Ausführbarkeit
dieses Verfahrens — einer practischen Benutzung der Bernard'schen Piquire! —
überzeugt.

## Tic convulsif.

Literatur.
Oppolzer, Wiener Wochenbl. 1861, 6 — 8.

In einem Falle, wo die ausser den Gesichtsmuskeln auch
die rechte Schultergegend umfassenden Zuckungen gleichzeitig
mit Schmerzen in den betroffenen Theilen verbunden waren
und durch Compression verschiedener Nerven (Infraorbitalis,
Occipitalis major u. s. w.) sistirt werden konnten, wurden ausser
kalten Douchen auch Atropin-Injectionen angewandt. Ein Erfolg war bis zur Mittheilung nicht eingetreten.

## Asthma bronchiale.

Literatur.
Courty, Gaz. des hôp. 1859, p. 531.

Ein seit 4 Jahren bestehendes Asthma bei einer 54jährigen
Frau wurde durch drei, in 4 Tagen gemachte Injectionen am
Halse, in der Nähe des Vagus und der grossen Gefässe, we-
nigstens für mehrere Monate vollständig beseitigt.

**Blepharospasmus.**

Literatur.

v. Graefe, l. c.

In einzelnen Fällen wurden hier die Atropin-Injectionen versucht; sie zeigten jedoch nur kurze, palliative Effekte, und mussten in der Regel, der übeln Nebenwirkungen halber, bald ausgesetzt werden.

**Epilepsie. — Unbestimmte Convulsionen.**

Literatur.

Brown-Séquard, l. c. — Scholz, l. c.

Die subcutane Injection einer Lösung von Atropin und Morphium bei der Epilepsie wird von Brown-Séquard empfohlen; das Atropin soll hierbei zusammenziehend auf die Gefässe des Gehirns wirken.

Scholz injicirte in zwei Fällen von Convulsionen bei Weibern Atropin in der Magengegend, da die Patientinnen diese Stelle als Ausgangspunkt des Krampfes angaben. Der Erfolg scheint sehr gering gewesen zu sein.

## 2) Krankheiten der Muskeln.

Literatur.

Béhier, l. c. — Südeckum, l. c. — Boissarie, Gaz. des hôp. 1864, 54.

Béhier behandelte 11 Fälle von Muskelrheumatismus mit Atropin-Einspritzungen; die meisten derselben wurden geheilt.

Südeckum erwähnt einen Fall, wo nach Erkältung heftige reissende Schmerzen im linken Bein auftraten. Injection von $\frac{1}{10}$ Gr. Atropin bewirkte schon nach drei Viertelstunden bedeutende Besserung; am folgenden Morgen waren die Schmerzen gänzlich verschwunden.

Ein besonderes Interesse verdient folgender, von Boissarie publicirter Fall von hysterischer Contractur, spastischem Pes varus, der durch Atropin-Injectionen geheilt wurde:

Frau B., 31 Jahre alt, leidet seit 20 Jahren an hysterischen Anfällen. Im letzten November ein sehr heftiger, 24stündiger Anfall, der eine vorübergehende Contractur der unteren Gliedmaassen zur Folge hatte. Diese verschwand am nächsten Tage; nur der linke Fuss behielt die Stellung eines Varus. Alle ge-

wöhnlichen Mittel blieben erfolglos; die Deviation nahm zu, so dass man schon
an die Tenotomie dachte.    Versuchsweise machte B. eine Atropin-Injection
(12 Tropfen einer Lösung von 0,05 Ctgrmm. in 20 Grmm.!) an der Austrittsstelle des Ischiadicut.  Nach ½ Stunde traten Intoxicationserscheinungen auf, die
den ganzen Tag und einen Theil der Nacht anhielten: Nausea, Constriction im
Halse, Sehstörungen.  Der Fuss, den bis dahin keine Traction in die normale
Lage hatte zurückführen können, liess sich nun leicht redressiren, und man konnte
keinen Sehnenvorsprung (Tibialis ant., Tendo Achillis) weiter bemerken.  Die
Kranke hielt sich für geheilt und fing an zu gehen.  B. verlor sie 14 Tage aus
dem Gesicht.  Nach dieser Zeit war das erreichte Resultat zwar geblieben, aber
beim Gehen strebte der Fuss noch etwas in die deforme Stellung zurück, wahrscheinlich durch Schwäche der Antagonisten.  Da sich nur etwas Steifheit (?) in
den verkürzten Muskeln zeigte, so wurden noch zwei Injectionen von 8, resp.
4 Tropfen derselben Lösung mit einer Zwischenzeit von 3 Tagen, und zwar an
der Durchtrittsstelle des Tibialis ant. am Unterschenkel gemacht, worauf auch
die letzten Spuren der Contractur völlig verschwanden.

## 3) Krankheiten innerer Organe.

### Literatur.
Béhier, l. c.

Bei Carcinoma uteri benutzte Béhier Atropin-Injectionen
zur Linderung der Schmerzen.

In dem früher besprochenen Falle von Colica renalis erwies sich mir, neben dem Morphium, auch das Atropin in gleicher Weise palliativ nützlich. — Bei allen acuten fieberhaften
Erkrankungen, namentlich parenchymatöser Organe, möchte ich,
schon der Wirkung auf die Circulation wegen, von seiner Anwendung ganz abstrahiren.

## 4) Augenkrankheiten.

Die hierher gehörigen Fälle von Neuralgieen und Blepharospasmen sind bereits im Vorhergehenden erwähnt worden.

In fünf Fällen von frischer Iritis bei Patienten, die an tra-
chomatöser oder blennorrhoischer Conjunctivitis und Pannus litten, habe ich von den Atropin-Einspritzungen sehr günstige
Wirkungen beobachtet.  Gegen die äusserst heftige Ciliarneurose leisteten sie viel mehr, als der ganze antiphlogistische Apparat (Blutegel, graue Salbe, und Calomel innerlich) und selbst
mehr, als die Morphium-Injectionen; auch bewirkten sie meistens

Erweiterung der abnorm engen Pupille, ausser wo bereits ältere Synechieen bestanden. Die Atropin-Instillationen wirkten in diesen Fällen durch Steigerung des ohnebin lebhaften Katarrhs auf die sehr empfindliche Bindehaut nachtheilig; und in einem Falle, wo der mydriatische Effekt durch eine Injection ($\frac{1}{12}$ Gr.) nach 30 Minuten hervorgebracht wurde, konnte derselbe durch Instillation einer starken Atropinlösung überhaupt nicht erzielt werden — vermuthlich weil das Instillat durch die reichliche secretorische Flüssigkeit zu sehr verdünnt, oder mit derselben alsbald wieder eliminirt wurde. Hohe Pulsfrequenz, Trockenheit im Halse, leichte Benommenheit und Schwindel wurden zwar auch in diesen Fällen beobachtet, gingen jedoch überall sehr rasch und ohne Nachwehen vorüber.

Auch nach Extractio cataractae habe ich Atropin-Injectionen versucht, theils zur Bekämpfung der Schmerzen (da ich das Morphium hier des häufigen Erbrechens wegen scheute), theils um gleichzeitig Erweiterung der nach der Operation verengten Pupille dadurch hervorzurufen. Dieser letztere Zweck wurde jedoch nur sehr ungenügend erreicht. Die injicirte Dosis betrug $\frac{1}{8}$ — $\frac{1}{10}$ Gran; die Einspritzung wurde in der Schläfe der entsprechenden Kopfhälfte gemacht, und von den Patienten ohne subjektive oder objektive Nachtheile ertragen.

## 5) Gelenkleiden. — Verletzungen.

### Literatur.
Neudörfer, l. c. — Béhier, l. c.

Ein Fall von schmerzhafter Neubildung im Kniegelenk, den Neudörfer mittheilt, ist der beobachteten Vergiftungserscheinungen wegen schon zu Anfang erwähnt worden.

Auch nach schmerzhaften Contusionen hat Béhier in zwei Fällen Atropin-Injectionen gemacht. Gerade nach Verletzungen, namentlich wenn dieselben mit erheblicher Aufregung des ganzen Nervensystems einhergehen, wird man wohl das Morphium wegen seines direkt narkotisirenden Einflusses entschieden vorziehen.

Ueberhaupt dürfte es sich empfehlen, wo nicht besondere Gründe für den Gebrauch des Atropins sprechen, überall das Morphium zu wählen: einmal seiner relativen Gefahrlosigkeit

halber — ein Umstand, der namentlich für die Privatpraxis,
bei ungenügender nachheriger Ueberwachung des Kranken,
schwer ins Gewicht fällt; dann auch, weil es in seinen Wirkungen allseitig genauer studirt und dem Arzte, so zu sagen,
vertrauter ist. Als Indicationen für die Atropin-Injectionen ergeben sich den bisherigen Erfahrungen gemäss eigentlich nur
Neuralgieen in den oben geschilderten Ausnahmefällen, und convulsivische Neurosen. Unter den letzteren dürften wieder die
durch Reflex von peripherischen sensiblen Nerven aus zu Stande
kommenden Formen dem Morphium mindestens eben so günstige Chancen darbieten, wogegen die durch directe (centrale
oder peripherische) Erregung der motorischen Apparate ent-
stehenden Krampfformen sich für die Anwendung des Atropins
vorwiegend zu eignen scheinen. Jedoch sind die bisherigen
Erfahrungen nicht zahlreich genug, um im einzelnen Falle die
Indicationen für das eine oder das andere Mittel genauer zu
formuliren.

# Zehntes Kapitel.

## Coffein.

Das Coffein wandte ich in folgender Lösung an:

$$R\!\!\!/$$
Coffeini puri Gr. vj
Aq. dest.
Spir. vini ana ʒ j.
D. S.

25 — 30 Tropfen dieser Lösung enthalten einen Gran Coffein.
(Will man den Weingeist vermeiden, so muss man sich einer
schwächeren Solution bedienen, da 1 Gr. Coffein sich erst in
einer Drachme Aq. dest., mit Hülfe eines Tropfens verdünnter
Schwefelsäure oder Salzsäure, vollständig löst.) — Zwei über
nervösen Kopfschmerz klagende, zugleich hysterische Personen,
denen ½, resp. 1 Gr. Coffein in der Schläfengegend injicirt
wurde, zeigten danach keine bemerkenswerthen örtlichen oder

allgemeinen Erscheinungen. Das Coffein rief anfangs ein leichtes Brennen an der Stichstelle hervor, und bewirkte später in der Umgebung derselben Abnahme der Empfindlichkeit, namentlich des Tastgefühls, in derselben Weise wie Morphium und Atropin. Die Pulsfrequenz wurde nur vorübergehend um 8 bis 10 Schläge vermehrt, wobei die durch die Injection gesetzte Erregung mit in Anschlag zu bringen ist. Eine Wirkung auf das Gehirn und die peripherischen Nerven trat in keiner Weise zu Tage; auch die cephalalgischen Beschwerden blieben bei der einen Patientin ziemlich unverändert, und wurden bei der andern nur unwesentlich gebessert.

In einem interessanten Falle von Neuralgia occipitalis mit wahrscheinlich centralem Ursprung wurde dagegen durch die Coffein-Injectionen, wenigstens im Anfang, eine erhebliche palliative Linderung erzielt.

Rütz, Arbeitsmann, 40 Jahre, früher stets gesund und von kräftigem Körperbau, stürzte im August 1862 von einem Leiterwagen herab, wobei er mit dem Hinterkopf aufschlug, konnte jedoch ohne Commotionserscheinungen sogleich wieder aufstehen; es traten nur mehrtägige Kopfschmerzen ein, die von selbst wieder verschwanden. Im Laufe des Winters stellten sich Schmerzen im Hinterkopfe ein, die anfallsweise, zuerst alle 4—5 Tage, auftraten und meist nur wenige Minuten anhielten. Nach und nach nahmen die Anfälle nicht nur an Dauer und Intensität zu, sondern wiederholten sich auch viel häufiger, zuletzt 6—8-, selbst 11mal in 24 Stunden, und machten es dem Patienten ganz unmöglich, seine Arbeit zu verrichten. Erbrechen, Verstopfung u. s. w. bestanden nicht. Locale Blutentziehungen, Vesicantien im Nacken, Ableitungen auf den Darm waren ohne jeden Erfolg, und liess sich Patient daher (am 2. September 1863) in die Klinik aufnehmen.

Den Anfällen gehen gewöhnlich Uebelkeit, Hitzegefühl im Kopfe und leichte ziehende Schmerzen vorher, die von Nacken und Hinterkopf nach beiden Seiten hin ausstrahlen. Nach kurzer Dauer dieses Zustandes bricht plötzlich der Schmerz aus; er geht von der Höhe des Atlas nach dem Scheitel herauf, seitlich bis nach beiden Ohren, nicht nach dem Gesichte, und ist am stärksten in der Gegend des rechten Proc. mastoides und in der Mitte zwischen diesem und dem Atlas; unter den von Valleix angegebenen Schmerzpunkten liess sich nur der eine, am hintern untern Theile des Occiput, nachweisen, während der Cervical- und Parietalpunkt vermisst wurden. Die Schmerzen sind so violent, dass Pat. laut aufschreit, den Kopf mit beiden Händen im Nacken fixirt und „geschnitten" zu werden verlangt, weil dort eine Geschwulst sitzen müsse. Pupille normal, keine Zuckungen; Gefühl von Druck und Völle im Epigastrium begleitet den Anfall. So schnell, wie er gekommen, verschwindet derselbe nach 10—12 Minuten, nachdem lebhafter Schweiss ausgebrochen.

Die anfänglich eingeschlagene Behandlung mit Ableitungen im Nacken

(Schröpfköpfe, Einreibung von Ungt. tart. stib. und der innere Gebrauch von Morphium ($\frac{1}{4}$ Gr. pro dosi) zeigte vor der Hand keinen Erfolg; Intensität und Zahl der Anfälle blieben dieselben. Am 13. Sept. Vorm. 9 Uhr wurde, nachdem in der vorhergehenden Nacht mehrere sehr schmerzhafte Anfälle stattgefunden, $\frac{1}{4}$ Gr. Coffein im Nacken, zwischen Atlas und Proc. mastoides, subcutan injicirt. Der Einstich selbst rief einen Anfall hervor, der jedoch nicht sehr heftig war und nur zwei Minuten dauerte; darauf völlige Euphorie. Die locale Verminderung des Tastsinns konnte auch hier deutlich constatirt werden; später wurde das Tastvermögen an der entsprechenden symmetrischen Hautstelle ebenfalls, jedoch weit schwächer, herabgesetzt. (S. Theil I.) Um 1 Uhr, während des Essens, trat ein neuer Schmerzanfall auf, der rasch vorübergeht; dann ungestörtes Wohlbefinden den ganzen Tag über, auch die Nacht frei; keine Symptome einer toxischen Wirkung. Am folgenden Tage vier Anfälle (zwei am Vor- und zwei am Nachmittag). Abends 7 Uhr Injection von $\frac{1}{2}$ Gr. Coffein an der nämlichen Stelle. Nach rasch vorübergehender, zuckender Schmerzempfindung folgt Euphorie, nur leichte, rauschähnliche Benommenheit des Kopfes; Pulsbeschleunigung von 80 auf 96. In der Nacht Schlaf; auch der 15. Sept., die darauffolgende Nacht und der Vormittag des 16. Sept. vergingen ganz ohne Anfälle — seit langer Zeit das erste Mal, dass eine so ausgedehnte Remission stattfand. Am Nachmittag des 16. Sept. traten zwei Anfälle auf, jedoch schwächer als gewöhnlich; ebenso am Morgen des 17. Sept. nach ruhiger Nacht ein ziemlich leichter Schmerzanfall. Eine neue Injection von $\frac{1}{2}$ Gr. bedingte ausser leichtem Kopfschmerz in der Stirn keine weiteren Erscheinungen, und eine viertägige völlige Intermission der Anfälle bis zum 21. September. Dann recidivirten dieselben, und es wurde nach noch zweimaliger, fruchtloser Wiederholung der Gebrauch der Injectionen hier ausgesetzt, um zu anderen Verfahren (Vesicantien u. s. w.) überzugehen. Später auftretende Motilitätsstörungen, die sich namentlich in Parese der linken Gesichtshälfte und Verlust der Coordination bei willkürlichen Bewegungen äusserten, machten die Diagnose eines centralen Leidens, vielleicht eines Tumors im kleinen Gehirn, von dem auch die Neuralgie abhinge, mehr als wahrscheinlich.

# Elftes Kapitel.

## Aconitin.

Vom Aconitin benutzte ich eine Lösung von Gr. ij in Aq. dest. 3 iiβ; hiervon wurden $\frac{1}{10} - \frac{1}{5}$ Gr. Aconitin ($2\frac{1}{2} - 5$ Gr. der Lösung, entsprechend $7\frac{1}{2} - 15$ Theilstrichen des Instruments) subcutan injicirt. Es hatten diese Dosen keine irgend erheb-

lichen physiologischen Effekte; der Puls war wohl vorübergehend etwas beschleunigt, der Appetit etwas gestört, und in
einem Falle beobachtete ich auch eine leichte Mydriasis; im
Uebrigen aber forschte ich vergebens nach den charakteristischen subjektiven Erscheinungen in der Haut und den Schleimhäuten, den sensoriellen Störungen und den Veränderungen der
Diurese. Es unterliegt wohl keinem Zweifel, dass Injection
grösserer Aconitinmengen auch die Symptome dieser Reihe herbeigeführt hätte; bei dem gefährlichen Charakter des Mittels
und den spärlichen Erfahrungen, welche über seine Wirkungsweise bisher vorliegen, wagte ich jedoch nicht, zur Benutzung
grösserer Dosen überzugehen. —

Was den therapeutischen Erfolg dieser Injectionen anbetrifft, so kann ich darüber nicht viel Günstiges berichten. Bei
einem 27jährigen, sehr anämischen, an Polyarthritis chronica
leidenden Kellner, der bereits längere Zeit die Tinct. Aconiti
ohne wesentlichen Erfolg gebraucht hatte, wurden auch einige
Versuche mit den Aconitin-Injectionen gemacht. Es wurde in
der Nähe der befallenen Gelenke (Hüfte, Knie- und Fussgelenk)
$\frac{1}{16}$ — $\frac{1}{8}$ Gr. mit allmäliger Steigerung ein- oder zweimal täglich
eingespritzt. Ein dauernder oder auch nur palliativer Nutzen
wurde jedoch dadurch nicht geschafft; nur zuweilen bemerkte
Patient bei den Exacerbationen einige Erleichterung. Der Gebrauch der Dampfbäder und die innere Darreichung von Kalium jodatum erwiesen sich in diesem Falle von entschieden
grösserem Werthe.

Bei einem 18jährigen Knechte, der aus unbekannter Veranlassung seit mehreren Monaten von Rheumatismus in der Lendengegend geplagt wurde, leisteten die Aconitin-Injectionen
nichts; jedoch blieben andere Verfahren (Elektricität, Vesicantien) hier ebenso erfolglos, und der in Verdacht der Simulation
stehende Kranke wurde später ungeheilt entlassen.

Ein 27jähriger, robuster Landmann, der an secundärer Syphilis litt und wegen Recidivs nach einer Dzondi'schen Kur
mit Jodkalium behandelt wurde, klagte seit 8 Tagen über Ohrensausen, unausgesetztes Ziehen und Reissen im rechten Ohr und
in der ganzen rechten Gesichtshälfte; objektiv war nichts nach-
zuweisen. Nach Injection von $\frac{1}{16}$ Gr. Aconitin auf die als besonders schmerzhaft bezeichnete Stelle hinter dem Angulus

mandibulae liessen die Beschwerden vorübergehend nach, ohne jedoch ganz zu verschwinden; die Stichstelle war noch am folgenden Tage etwas empfindlich.

# Zwölftes Kapitel.

## Strychnin.

Das Strychnin ist zuerst von Béhier, demnächst auch von einigen anderen Autoren subcutan injicirt worden. Gewöhnlich wurde Strychnium sulf. angewandt; auch ich bediente mich desselben, weil es löslicher ist, als das reine Strychnin oder das salpetersaure Salz. Eine Lösung von 2 Gr. Strychn. sulf. in Aq. dest. ʒij, wie ich sie benutzte, bleibt auch bei längerer Aufbewahrung vollständig klar. Was die Dosis anbetrifft, so injicirte

Neudörfer . . . . $\frac{1}{16}$ Gr.
Bois 1—8 Mgrmm = $\frac{1}{61}$—$\frac{1}{116}$ Gr.
Waldenburg . . . $\frac{1}{16}$—$\frac{1}{23}$ Gr.
Courty (annähernd) . $\frac{1}{23}$—$\frac{1}{23}$ Gr.
Dolbeau (ebenso) . . $\frac{1}{16}$ Gr.

Ich habe $\frac{1}{16}$—$\frac{1}{4}$ Gr. (3$\frac{1}{4}$—7$\frac{1}{4}$ Gr. der obigen Lösung, entsprechend 10—22$\frac{1}{2}$ Theilstrichen der Spritze) subcutan injicirt. Während die kleineren Dosen eine erhebliche physiologische Action nicht äusserten, brachten $\frac{1}{16}$ und $\frac{1}{4}$ Gr. bereits Wirkungen hervor, welche eine weitere Steigerung verboten: Vibrationen in den Extremitäten, wie beim Fieberfrost, so dass die Kniee gegen einander bewegt und die Füsse mit klapperndem Geräusch gegen den Boden geschlagen wurden; Ziehen und Spannung in den Kaumuskeln, Sensationen verschiedener Art in der Haut, und überhaupt erhöhte Nervosität und Empfänglichkeit gegen äussere Reize. Auf den Puls und die Respiration liess sich eine irgend constante Einwirkung nicht wahrnehmen; die Hautsecretion schien etwas erhöht, die übrigen Secretionen nicht verändert zu werden.

Bois sah bei einem 6jährigen Kinde nach Injection von
8 Mgrmm. (= $\frac{1}{7.5}$ Gr.) Steifheit im Unterkiefer, lebhaftes Schüt-
teln der Glieder, Jucken im Gesicht auftreten; diese Erscheinungen wurden bei innerer Darreichung des Strychnins erst
nach 12 Mgrmm. beobachtet; ebenso bei der Application vom
Rectum aus. Bei einem 4jährigen Kinde traten schon nach
Injection von 4 Mgrmm. sehr bedenkliche Zufälle auf, die sich
jedoch bald wieder beruhigten.

Obwohl nicht ganz hierher gehörig, sei doch ein Fall erwähnt, wo bei einem 50jährigen amaurotischen Manne schon
die Injection von 3 Mgrmm. in den Thränenkanal schwere Vergiftungserscheinungen veranlasste (Schüler, Gaz. de Paris, 6,
1861). Nach 3—4 Minuten zeigte sich bläuliche Blässe, krampfhafte Zuckungen, Schwindel und Neigung zum Fallen; sofort
kalte Begiessungen, Clysmen: trotzdem völlige Sprachlosigkeit,
erschwerte und unterbrochene Respiration, tetanische Erschütte-
rungen, schmerzhafter Druck in Blase und Rectum. Nach einer
halben Stunde war Patient jedoch vollkommen hergestellt. —
Ebenso traten in einem von Lion (Deutsche Klinik, 1863,
40—45) mitgetheilten Falle schwere Vergiftungserscheinungen
nach endermatischer Anwendung des Strychnins auf. Diese
Beispiele müssen jedenfalls bei der subcutanen Injection dieses
Alcaloids zur grössten Vorsicht auffordern; eine sorgfältige
Ueberwachung des Patienten in der auf die Einspritzung folgenden Zeit ist hier noch mehr als beim Morphium und Atropin
unumgänglich.

---

Was den therapeutischen Nutzen anbetrifft, so haben die
Strychnin-Injectionen begreiflicherweise fast nur bei Paralyse
motorischer Nerven Anwendung gefunden. Ueber ihre Wirkung
bei Lähmungen von Sinnesnerven (Amaurose) liegt erst eine
einzige Beobachtung vor.

# I. Lähmungen motorischer Nerven.

### Literatur.
Béhier, l. c. — Courty, Gaz. médicale 1863. p. 686. — Neudörfer,
l. c. — Waldenburg, Med. C. Z. 1864. Nr. 61. — Zülzer, Vhdlg.
der Berl. Med. Ges. (Berl. kl. Wochenschr. 1864, 20).

Béhier wandte das Strychnin (zu 1 Mgrmm.) bei 7 Personen an, die an Lähmungen verschiedener Art litten (theils

centraler, theils peripherer Natur) und angeblich durch diese Injectionen geheilt wurden. — C o u r t y gesteht zwar zu, dass in vielen Fällen von Paralyse (besonders chronischer) die Resultate nicht günstig waren; dagegen sah er Erfolg in drei frischen Fällen von Facialislähmung. Es wurden 8—16 Tropfen einer Solution von 1:100 oder 1:70 längs dem Verlaufe des N. facialis, zwischen for. stylomastoides und Unterkiefer, jeden zweiten oder dritten Tag eingespritzt. Alle Muskeln erhielten in ca. 10—14 Tagen, durch 3—6 Injectionen, ihre Beweglichkeit wieder; ein Recidiv trat nicht ein. — Auch in einem Falle von Paraplegie bei einer 45jährigen Frau wurde das seit 12 Monaten bestehende Leiden, das allen Mitteln trotzte, durch wenige Strychnin-Injectionen in der Kreuzgegend beseitigt! — Zülzer empfiehlt die Strychnin-Injectionen bei progressiver Muskelatrophie, um die Muskeln für Elektricitäts-Einwirkung empfänglicher zu machen. (Ein solcher Erfolg ist jedoch, nach den im Cap. IV. erwähnten Versuchen, kaum zu erwarten).

Neudörfer injicirte ⅛ Gr. Strychnin bei Aphonie in Folge von Muskellähmung. Ausser den Schmerzen, über die etwa 10 Minuten nach der Injection geklagt wurde, trat keine Wirkung ein; die Lähmung blieb und wurde später durch Elektricität etwas gebessert. — Dagegen hat kürzlich W a l d e n b u r g einen interessanten Fall von totaler, auf Lähmung der Stimmbänder beruhender Aphonie mitgetheilt, der durch Strychnin-Injectionen in kurzer Zeit vollkommen geheilt wurde:

Frl. R o t h, 20 Jahre alt, wurde nach einer muthmaasslichen Erkältung Nachts von Kopfschmerz befallen, der am Tage noch fortdauerte, während die Stimme ab und zu heiser wurde. Am folgenden Morgen erwachte sie mit einer vollständigen Aphonie, die von da ab ohne die geringste Unterbrechung fortbestand. Daneben weder Husten, noch Halsschmerzen; alle übrigen Functionen normal. Ein Aufenthalt in Reiners und die Application des elektrischen Stromes hatten nicht den geringsten Nutzen. Später kam Räuspern, Trockenheit und Brennen im Halse, zuweilen trockener Husten hinzu. Die jetzt vorgenommene laryngoskopische Untersuchung ergab vollständig normales Ansehen der Stimmbänder, die sich jedoch bnim Versuch, ä zu phoniren, nur träg auseinander bewegten und bei der Annäherung nie einen völligen Schluss bewirkten, sondern stets noch einen, in der Mitte ½—1''' breiten, bogenförmigen Spalt zwischen sich liessen. Es musste somit eine Lähmung der die Stimmritze verengernden Muskeln (cricothyreoidei) angenommen werden. Ausserdem fanden sich die Zeichen eines leichten Katarrhs. Letzterer wurde durch Inhalationen von Kochsalzlösung und Terpentin beseitigt, die Lähmung jedoch blieb unverändert. Auch die

**154**

endermatische Anwendung des Strychnins ($\frac{1}{15}-\frac{1}{8}$ Gr. täglich, 3 Wochen fortgesetzt, über dem Schildknorpel) hatte nicht den mindesten Erfolg. — W. ging nun zu den Strychnin-Injectionen über, und begann am 1. Januar mit $\frac{1}{15}$ Gr. (neben dem Thyreoidknorpel). Veränderungen in dem Befinden der Patientin, dem Pulse oder an den Pupillen traten, ebenso wie bei den späteren Injectiönen, nicht ein. Am Morgen nach der, am Nachmittage vorgenommenen Injection fing die Sprache — zum ersten Male seit 11 Monaten — an, etwas Klang zu zeigen. Der dazwischen tretenden Menses wegen wurde erst am 6. Januar wieder $\frac{1}{15}$ Gr. injicirt. Am folgenden Tage gleicher Erfolg. Am 7. Jan. Injection von $\frac{1}{13}$ Gr. — Abends, circa 4 Stunden nach der Einspritzung, konnte Pat. bereits mit einer, wenn auch sehr dumpfen und barschen, doch klangvollen Stimme sprechen. Am Nachmittage des 8. Jan. wieder Injection von $\frac{1}{16}$ Gr. — Unmittelbar darauf hob sich die Stimme immer mehr und mehr, so dass sie nach einer halben bis einer Stunde vollständig laut, klar und klangvoll, wie die eines gesunden Menschen, war. Das Resultat hielt auch am folgenden Tage an; die Sprache hatte nur noch etwas Ungelenkiges, die Schallhöhe war tiefer als früher. Am 10. Jan. neue Injection von $\frac{1}{16}$ Gr. — Unmittelbar darauf wird die Sprache gelenkiger; das Gefühl der Anstrengung schwindet mehr und mehr.

Am 12. Jan. Injection von $\frac{1}{10}$ Gr. — Am 13. Abends wurde Pat. in Folge von Aufregung und Erkältung von einem heftigen Husten befallen und die Sprache allmälig wieder ganz heiser. Injection von $\frac{1}{6}$ Gr. Strychnin und Inhalation von Salmiaklösung beseitigten jedoch diese Symptome, so dass schon am 15. die Stimme wieder ganz normal war, und es seitdem auch ohne Unterbrechung blieb. Die Bewegungen der Stimmbänder erschienen beim Laryngoskopiren normal. Zur Vorsicht wurden die Einspritzungen noch am 15., 17., 24. und 29. Jan. wiederholt, so dass im Ganzen innerhalb 4 Wochen 11 Injectionen gemacht und dabei etwas über $\frac{1}{2}$ Gr. Strychnin verbraucht wurde.

Ich habe in 4 Fällen von Paralysen (rheumatische, traumatische und paraplegische, durch Wirbelcaries bedingte) die Strychnin-Injectionen versucht, ohne jedoch wesentliche Erfolge davon zu sehen. Einen besseren Effekt erwartete ich a priori in folgendem Falle von rheumatischer, uoch nicht sehr veralteter Facialis-Lähmung, wo freilich auch der Inductionsstrom im Stich liess, während durch den constanten Strom schliesslich Heilung bewirkt wurde.

1. Die 20jährige Friederike S. leidet an einer Lähmung des rechten Facialis, die vor 4 Wochen plötzlich, über Nacht, entstanden sein soll. Die Pat. schlief in einem kalten Zimmer und hat angeblich auf der betreffenden Gesichtshälfte gelegen; als sie am Morgen erwachte, war der Mund nach der linken Seite verzogen, Sprache und Schlucken waren sehr erschwert, der Speichel floss anfangs stets auf der gelähmten Seite heraus. Veränderungen der Geschmacksempfindung waren nicht vorhanden. Nach Meinung der Pat. soll sich die Affection, namentlich was die Sprache und die Stellung des Mundes betrifft, schon etwas gebessert haben. — Die Erscheinungen sind die einer völligen Lähmung

aller zu den Gesichtsmuskeln gehenden Aeste des rechten Facialis: die Stirn kann nicht gerunzelt, das Auge nicht vollständig geschlossen werden; Mundspalte und Nasenspitze sind nach der gesunden Seite hin verzogen; beim Sprechen zeigt sich nur in der linken Gesichtshälfte Bewegung u. s. w. Die Zunge wird gerade herausgestreckt; Gaumensegel und Uvula stehen normal; ein Unterschied in der Speichelsecretion ist jetzt wenigstens nicht mehr zu entdecken: die Lähmung muss also unterhalb der Abgangsstelle der Chorda tympani und des N. petrosus superficialis major ihren Ursprung haben. Druck in der Gegend des For. stylomastoides ist nicht schmerzhaft. Die elektrische Contractilität sämmtlicher vom Facialis versorgter Muskeln der rechten Gesichtshälfte (bei Anwendung des Inductionsstroms) ist vollständig erloschen, auch die elektromusculäre Sensibilität ist wesentlich vermindert; ein Unterschied in der cutanen Sensibilität ist dagegen nicht wahrzunehmen.

Nach den Erfahrungen von Courty versprach ich mir in diesem Falle von den Strychnin-Injectionen einen günstigen Erfolg, und wandte dieselben methodisch einen Tag um den andern, allmälig von $\frac{1}{3}$ bis zu $\frac{1}{4}$ Gr. steigend, an. Die Injection wurde auf den Stamm des Facialis am For. stylomastoides gerichtet; an den Zwischentagen wurde die Elektricität in Form der direkten und indirekten Faradisation angewandt. Die Patientin hatte nach den ersten Injectionen erhöhte Wärmeempfindung und ein Gefühl von Zuckungen in der rechten Gesichtshälfte; dasselbe durch örtliche Wirkung des Strychnins zu erklären, lag keine Veranlassung vor, da bekanntlich auch bei innerem Gebrauche die Erscheinungen öfters in den gelähmten Theilen zuerst auftreten. Nach $\frac{1}{4}$ Gr. zeigten sich die früher erwähnten Symptome, welche zu einer Verminderung der Dosis nöthigten; es wurde 3 Tage mit der Anwendung cessirt, dann mit $\frac{1}{3}$ Gr. begonnen und allmälig bis zu $\frac{1}{4}$ Gr. wieder gestiegen. Im Ganzen wurden 16 Injectionen gemacht und beinahe 2 Gr. Strychn. sulf. auf diese Weise verbraucht. Um es kurz zu sagen: es trat nicht der mindeste Erfolg ein; auch die gleichzeitige Faradisation war ohne Nutzen; weder die willkürliche, noch die elektrische Contractilität wurde gebessert. Es wurden nun beide Verfahren ausgesetzt, innerlich Jodkalium gegeben und äusserlich der Strom einer constanten Batterie (von 18 Dan. Elementen) angewandt, weil sich herausstellte, dass die gelähmten Muskeln auf den constanten Strom noch reagirten, während sie bei Anwendung des Inductionsstroms keine Spur von Contraction zeigten. Durch vier Wochen hindurch fortgesetzte tägliche Anwendung des constanten Stroms wurde völlige Heilung erzielt. Ein Unterschied in dem Verhalten beider Gesichtshälften ist jetzt, nach einem halben Jahre, nicht wahrzunehmen. —

Bei einer traumatischen Lähmung des N. peronaeus durch einen Sensenhieb in der Kniekehle mit gleichzeitiger incompleter Anästhesie und völliger Aufhebung der elektromuskulären Contractilität riefen die Strychnin-Injectionen, am Capitulum fibulae gemacht, ebenfalls das Gefühl von Brennen und von blitzschnell durchfahrenden Zuckungen in den gelähmten Theilen hervor, ohne dass jedoch wirkliche Contractionen entstanden. Ich überzeugte mich hier auch, dass eine örtliche Wirkung wenigstens

auf sensible Nerven dem Strychnin nicht zukommt, indem der
Durchmesser der Tastkreise vor und nach der Injection dieselbe
Grösse um die Stichstelle herum zeigte. Die Injectionen erhöhten
auch nicht die elektrische Reizbarkeit nicht gelähmter (z. B. der
vom N. tibialis ant. abhängigen) Muskeln. Ein Erfolg in Hinsicht auf die Paralyse trat nicht ein, was freilich in diesem
Falle durch die ausgebliebene Regeneration und Vereinigung der
durch Schnitt getrennten Nervenenden erklärt werden konnte.

In einem Falle von Parese beider unteren Extremitäten in
Folge von Pott'schem Wirbelleiden leisteten die Injectionen,
theils local, theils in der Gegend der erkrankten Wirbel direct
ausgeführt, gar nichts; die angewandten Dosen ($\frac{1}{12}$ — $\frac{1}{6}$ Gr.)
riefen keine spontanen Zuckungen hervor und liessen auch die
Reflexerregbarkeit, sowie die gesunkene elektrische Contractilität
völlig unverändert. Dagegen schienen die Strychnin-Injectionen
in Verbindung mit der Inductions-Elektricität von einigem Nutzen
in einem Falle, wo nach Aderlass in der rechten Ellenbeuge eine
Parese im Gebiet des N. medianus zurückgeblieben war, und
namentlich eine Schwäche des Flexor digit. comm. und der
interossei bestand, wodurch der Gebrauch der Hand für den
Patienten (einen Schneider) wesentlich beeinträchtigt wurde.
Nach dreiwöchentlicher Behandlung konnte sehr erhebliche Besserung und gute Gebrauchsfähigkeit der Hand constatirt werden;
jedoch blieb es in diesem Falle zweifelhaft, welchem der beiden
Heilfactoren der Erfolg vorzugsweise zuzuschreiben sei, und
möchte ich meinerseits mich hier für die Elektricität entscheiden.

Wenn ich nach diesen wenigen Beobachtungen den Strych-
nin-Einspritzungen auch nicht jede Wirksamkeit absprechen will,
so kann ich doch die günstigen Effecte anderer Autoren ebenso
wenig bestätigen. Weitere Versuche müssen erst herausstellen,
welche Arten von Paralyse sich für diese Behandsung qualifi-
ciren. Ausser den stationären, rheumatischen oder traumatischen
Formen peripherischer Lähmung dürften namentlich die nach
abgelaufenen Affectionen der Centralorgane, ferner die nach
Typhus und anderen schweren Allgemeinerkrankungen zurückbleibenden oder durch Metallintoxication bedingten Innervations-
störungen zu Versuchen auffordern, da in derartigen Fällen auch
die innere Anwendung des Strychnins sich öfters nicht ohne

Nutzen erweist. Freilich ist von der Elektricität, namentlich in Form des constanten Stroms, hier wie überhaupt bei Lähmungen viel mehr zu erwarten. — Bei der sogenannten essentiellen Lähmung der Kinder werden bekanntlich schon von Heine die Nux-vomica-Präparate lebhaft empfohlen; doch habe ich hier, wenn überhaupt noch etwas auszurichten war, von Elektricität und Heilgymnastik stets bessere Erfolge gesehen. Am wenigsten ist wohl bei den progressiven Formen von Paralyse, mögen dieselben cerebralen, spinalen oder peripherischen Ursprungs sein, von den Strychnin-Injectionen zu hoffen.

Ein besonders günstiges Feld für die Strychnin-Behandlung bietet sich, wie es scheint, bei gewissen Schwäche-Zuständen in der Musculatur der Blase und des Rectum, von denen im Folgenden speciell die Rede sein wird.

### Enuresis.

#### Literatur.
Bois, de la méthode des injections sous-coutanées, Paris 1864. — Vgl. Salva, Gaz. méd. de Paris, 26. Déc. 1863.

Bei der Enuresis (diurna et nocturna) des kindlichen Alters, dieser ätiologisch noch etwas dunkeln Affection, hat schon Mondières die Nux vomica innerlich in Verbindung mit Eisen empfohlen. Bois sah hier in drei Fällen von den Strychnin-Injectionen sehr günstige Resultate. Das erste Kind war 6 Jahre alt und litt an Incontinentia diurna et nocturna. Es wurde zuerst 1 Mgrmm. Strychnin am Perinaeum eingespritzt und allmälig auf das Vierfache, täglich um 1 Mgrmm., gestiegen; bei dieser Dosis verschwand das Uebel. Es wurde trotzdem noch bis 8 Mgrmm. (weshalb?) weiter gegangen, worauf Vergiftungserscheinungen zum Aussetzen des Mittels nöthigten. — Bei der 4jährigen Schwester des ersten Patienten, die eine stärkere Constitution hatte, fing Bois mit 4 Mgrmm. an; hierauf traten bedenkliche Zufälle ein, die jedoch bald cessirten, und die Incontinenz bei Tage war seitdem gehoben. Die nächtliche Incontinenz recidivirte in Zeit von 70 Tagen noch mehrmals, wurde aber schliesslich auch vollkommen geheilt. — Die dritte, 9jährige Kranke hatte das Uebel im höchsten Grade; mit dem Urin gingen oft auch Fäcalstoffe ab. Sechs- bis siebentägige Behandlung heilte die Enuresis diurna vollkommen, die nocturna wurde jedoch nicht radical beseitigt, und die Injectionen mussten zuletzt, „weil sie dem Kinde lästig wurden", ausgesetzt werden.

### Prolapsus Recti.

#### Literatur.
Dolbeau, Bull. de thér. LIX. p. 538, Déc. 1860. — Revue de thér. méd. chir. 1860, 11.

Bei Prolapsus recti, namentlich wenn derselbe von vermindertem Tonus der Mastdarmhäute selbst abhängt, ist das Extr. nucis vomicae bereits innerlich von verschiedenen Seiten gerühmt worden; dann hat Duchaussoy das Strychnin endermatisch applicirt, und Magnus dasselbe auf das prolabirte Darmstück aufgestreut. Neuerdings haben Wood, Foucher und Dolbeau auch von der subcutanen Injection des Strychnins gute Erfolge gesehen.

Dolbeau bewirkte in zwei Fällen (bei einem 3jährigen Mädchen und einem 5jährigen Knaben) Heilung. Die Canule wurde in einer Entfernung von 1 Ctm. von der Afteröffnung rechts 5 Mm. tief eingeführt und 10—11 Tropfen einer Lösung von 1 : 100 daselbst eingespritzt. In einem Falle blieben vier wiederholte Injectionen erfolglos, weil, wie sich später zeigte, der Spritzenstempel nicht genügend schloss. (Dolbeau bekräftigt hierdurch, was wohl Niemand bezweifelt, dass nicht der Einstich in der Nähe des Mastdarms, sondern das Strychnin die Heilung bedingende Potenz ist). In dem letzten Falle trat einige Tage nach der vierten Injection der Vorfall wieder ein; das prolabirte Stück wurde brandig, stiess sich ab, und es erfolgte schliesslich auf diesem Wege Spontanheilung.

# II. Lähmung der Sinnesnerven.

### Amaurose.

Frémineau (Gaz. des hôp. 49, 1863) theilt folgenden interessanten Fall von Amaurose bei Typhus mit, der durch Strychnin-Injectionen vollkommen geheilt wurde.

Ein 15jähriger Mann wurde am dritten Tage eines typhösen Fiebers von Sehschwäche im linken Auge befallen, die nach 5 Tagen in Amaurose überging. In der Reconvalescenz vom Typhus vermochte er nicht hell und dunkel

zu unterscheiden; Druckphosphene bestanden nicht, die Pupille war weit und ohne
Reaction, die ophthalmoskopische Untersuchung ergab ein negatives Resultat; rech-
tes Auge und Gehirnfunctionen normal. Im Laufe von 10 Tagen jeden zweiten
Tag, also im Ganzen 5 Injectionen von Strychn. sulf. in der linken Stirnhälfte.
Nach der zweiten Injection konnte Pat. Gegenstände erkennen; doch erschienen
sie ihm noch so entfernt und klein, als wenn er durch einen umgekehrten Opern-
gucker sähe. Zugleich stellte sich Diplopie ein. Nach der dritten und vierten
Einspritzung verschwand diese Anomalie, und nach der fünften war das Sehver-
mögen wie rechts, die Pupille von normaler Grösse und Reaction.

Bei Beurtheilung dieses Falles ist nicht zu übersehen, dass
derselbe in die Klasse der von Arlt sogenannten „sympathischen
Amaurosen" gehört, welche ohne nachweisbare anatomische Veränderung einhergehen, und nach Ablauf des zu Grunde liegenden Leidens gewöhnlich von selbst oder unter einfach tonisi-
render Behandlung verschwinden. Uebrigens hielten schon die
älteren Augenärzte die innere Anwendung des Strychnins bei
gewissen, auf einfacher Innervationsstörung beruhenden Formen
von Amaurose für werthvoll.

# Dreizehntes Kapitel.

## Woorara.

Die von Claude Bernard, Kölliker, Haber, Kühne
und Anderen studirten physiologischen Wirkungen des Woorara
sind allgemein bekannt. Der lähmende Einfluss, den diese Substanz auf die motorischen Nervenstämme direkt ausübt, begründete die Versuche seiner Anwendung bei Krampfkrankheiten,
namentlich bei den allgemeinen Reflexkrämpfen. Da schon
Bernard constatirt hatte, dass das Woorara bei Thieren vom
Magen aus nur sehr schwer und langsam resorbirt wird, und
die Erfahrung auch beim Menschen dasselbe lehrte, so wurde
das Mittel anfangs meist endermaticch oder in Form von Um-
schlägen auf bestehende Wunden u. s. w. angewandt: seit der
zunehmenden Verbreitung der Injectionen sind aber auch einige
Versuche mit hypodermatischer Anwendung des Woorara, namentlich bei Tetanus, gemacht worden.

## Tetanus.

**Literatur.**

Vulpian, Gaz. hebdomadaire VI. 38, 1859. — Cornaz, Lancet I. p. 533,
1860. — Follin, Gaz. des hôp. 135, 137; 1859 — Bull. de thér. LVII.
p. 422 No. 1859. — Gintrac, Journ. de Bord· 2me Sér. IV. p. 701,
No. 1859 — l'Union 8, 1860. — Broca, Gaz. des hôp. 1859, 127 — 128
(vgl. Thamhayn, Beiträge zur Lehre vom Tetanus, in Schmidt's
Jahrb. 112). — Gherini, Gazz. lomb. 5, 1862. — Broca, l'Union 64,
1862 p. 492. — Polli, Vhdlg. der schweiz. Ges d. Naturw. zu Lugano
1861. — Schuh (ref. Spitzer), Oesterr. Zeitschr. f. pract. Heilk. VIII.
50, 1862. — Demme, Militär-chirurg. Studien 1863 I. p. 225; schweiz.
Zeitschr. f. Heilk. Bd. II. p. 356. — Neudörfer, Handbuch der Kriegschirurgie 1864, p. 332.

Nachdem Vella und Gosselin das Woorara endermatisch,
Giraud-Teulon dasselbe (und zwar mit Erfolg) innerlich,
Chassaignac, Brown-Séquard, Skey und Demme es als
Verbandwasser bei traumatischem Tetanus angewandt hatten,
wurde die hypodermatische Application zuerst von Vulpian,
demnächst von Cornaz, Follin und Gintrac versucht. Cornaz injicirte $\frac{1}{20}$—2 Gr. alle 15—20 Minuten, zusammen 6 Gr.;
Follin im Ganzen 50 Ctgrmm. (= 8½ Gran); Gintrac auf
8 Injectionen 8 Ctgrmm. am ersten, 12 Ctgrmm. am zweiten,
18 Ctgrmm. am dritten, 5, 15 und 20 Ctgrmm. am siebenten,
achten und neunten Tage. Der Fall von Vulpian endete letal; ebenso die (durch genauen Sectionsbefund ausgezeichneten)
Fälle von Follin und Gintrac. — Broca macht gegen die
endermatische oder hypodermatische Anwendung des Woorara
beim Tetanus geltend, dass die schnelle Resorption und Elimination des Mittels und die daraus resultirende, nur vorübergehende Wirkung eine zeitweise Erneuerung der Application
erforderlich mache. In welchen Intervallen soll dies geschehen?
Nimmt man zu lange, so droht Weiterentwickelung des Tetanus; zu kurze, so ist Intoxication zu fürchten. Es ist besser,
eine so eingreifend wirkende Substanz lieber in der Art zu appliciren, wobei sie langsam, aber continuirlich wirkt, falls man
damit dasselbe zu erreichen im Stande ist (?). Nur drohende
Asphyxie könnte eine schnell wirkende Administration rechtfertigen. Broca zieht daher die innere Anwendung vor; die
Wirkung zeigt sich hier nach einer halben bis einer Stunde,
und tritt allmälig ein, so dass man die Entwickelung über-
wachen kann und sie durch Brechmittel, künstliche Einfuhr

von Nahrungsmitteln auch event. schmälern, die Paralyse der respiratorischen Muskeln aufhalten kann, was bei äusserer Anwendung nicht möglich ist. — Später scheint Broca den hier ausgesprochenen Grundsätzen einigermaassen untreu geworden zu sein, da er in folgendem Falle von traumatischem Tetanus das Woorara ebenfalls subcutan applicirte:

Ein 43jähriger Mann wurde am 9. März 1862 übergefahren und erlitt dabei schwere Verletzungen am Ober- und Unterschenkel, die fortschreitende Gangrän herbeiführten. Bei der Aufnahme am 24. März war dieselbe bis 10 Ctm. unterhalb des Knies gestiegen; am Oberschenkel ein spontan aufgebrochener Abscess. Am 26. Amputation im Todten (!); die Gangrän schritt noch 1⅝ Ctm. weiter, stand aber am 28. still. Am 3. April Krampf des Unterkiefers, Schmerz in der Schläfengegend; am folgenden Tage ausgebildeter Trismus, Somnolenz abwechselnd mit convulsivischen Zuckungen im Kiefer und Nacken, wogegen innerlich Woorara (40 Ctgrmm.) in Anwendung gebracht wurde Am 5. April links Opisthotonus und Pleurosthotonus, Dysphagie und intermittirende Convulsionen. Injection einer Woorara-Lösung (1:10) zweistündlich, anfangs 15, später bis zu 30 Tropfen, im Ganzen neunmal wiederholt, blieben ohne Erfolg. Seit Mittag des 6. April das Schlingen unmöglich, am Abend Respirationsbeschwerden, nach Mitternacht eine Minute lang Scheintod; Herstellung durch künstliche Respiration; nach drei ähnlichen, immer stärkeren Krisen Tod am 7. April Morgens. Die Section ergab bedeutende Congestion im Rückenmark und einen Erweichungsheerd in den hinteren Strängen der Nackengegend von ungefähr 3½ Ctm. Ausdehnung.

B. Langenbeck hat das Woorara ohne Erfolg angewandt in einem Falle von Comminutiv-Fractur mit Verwundung der Weichtheile, zu welcher sich nach mehreren Tagen Trismus und Tetanus gesellte. Es wurde eine subcutane Injection mit einer alcoholischen Lösung von 3 Mmgr. an der inneren Seite des Halses gemacht. Die Spannung im Sternocleidomastoideus und Masseter schien etwas nachzulassen, worauf bald nachher das dreifache Quantum an der anderen Seite des Halses injicirt wurde, und auch hier liess in den gleichen Muskeln des Halses die Spannung sichtlich nach. Bald steigerte sich indess der Krampf wieder, besonders in den Gesichtsmuskeln, worauf eine Injection gegen den 3ten Ast des Trigeminus geführt wurde, den man von dort aus, wo der Arcus zygomaticus mit dem Processus sich verbindet, leicht erreicht. Sofort hörte die Muskelspannung in den gesammten Muskeln der linken Gesichtshälfte auf, allein der Tetanus dauerte fort. Darauf wurden zwei Injectionen, jede von 9 Mmgr, in der Kniekehle, jedoch ohne alle Wirkung gemacht, und eine Stunde später noch ₁'₈ Gr. an verschiedenen Körperstellen ebenso erfolglos injicirt.

Hierauf wurden grosse Dosen Opium während der folgenden Nacht verabreicht; allein Tags darauf zeigte sich der Tetanus nur noch heftiger. Dann wurden Chloroform-Inhalationen, von denen L. schon im Jahre 1849 gute Erfolge gesehen, in entsprechenden Intervallen bis zum Tode angewendet, der am nächsten Tage eintrat. Die Section ergab eine Erweichung des eingeklemmt gewesenen Nerv. tibial. postic., der zugleich Blutextravasate zeigte und gelbgrau ausaah. Dieser Zustand liess sich bis in den N. popliteus verfolgen, und auch im N. ischiadicus fanden sich Blutextravasate, die man indess auch der Verletzung znschreiben konnte. Weder im Rückenmark noch irgend sonst bemerkenswerthe Veränderungen. —

Einen ausschliesslich durch Woorara-Injectionen geheilten Fall von traumatischem Tetanus berichtet Gherini:

Ein 25jähriger Mann bekam in Folge einer gequetschten Wunde an der rechten Daumenphalanx nach 16 Tagen Tetanus, und wurde nach weiteren fünf Tagen ins Hospital aufgenommen. Trismus und sehr starker Opisthotonus, zeitweise schmerzhafte Zuckungen in Nacken- und Rückenmuskeln, Verstopfung, Harnverhaltung; Puls weich, beschleunigt. Es wurden 2 Gr. Woorara in $\mathfrak{Z}$ j Aq. dest. gelöst, und diese Quantität binnen 20 Stunden subcutan injicirt. Schon 3 — 4 Minuten nach der ersten Injection trat Erleichterung ein; die Muskelcontraction liess nach und der Puls sank; die Wirkung war jedoch nur eine vorübergehende und die Injectionen mussten deshalb wiederholt werden. Bisweilen wurden dieselben in das Gewebe eines Muskels direkt vorgenommen. Nach und nach wurden Dosis und Zahl der Injectionen so gesteigert, dass zuletzt 1 Gr. pro dosi und im Laufe von 20 Stunden 6 Gr. verbraucht wurden. Im Ganzen wurden 47 Gr., in $\mathfrak{Z}$ ij Wasser gelöst, in 92 Iujectionen (60 einfache, 32 doppelte und dreifache) im Laufe von 12 Tagen und 2 Stunden verbrancht. Ausserdem erhielt Pat. nichts als zweimal Abführmittel, zum Getränk eine antiphlogistische Mixtur oder Limonade, Fleischbrühe und Brodsuppen. Die Wunde wurde anfangs mit Salben und Kataplasmen, später mit Charpie, die in Curarelösung von gleicher Concentration, wie die obige, getränkt war und mehrmals täglich erneuert wurde, behandelt; sie heilte rasch und war stets schmerzlos. Als Stichpunkte wurden die verschiedensten Stellen gewählt; die Operation selbst war ohne erhebliche Schmerzen und hinterliess nur eine mässige Röthung, niemals Eiterung. Die während des Gebrauchs beobachteten Erscheinungen waren: profuse Schweisse, reichliche Urinsecretion, leichter, erquickender Schlaf, lebhaftes Hunger- und Durstgefühl.

Gherini knüpft an diesen Fall unter Anderem folgende Bemerkungen: 1) Die Wirkung der Woorara-Injectionen ist eine sehr schnelle; die Symptome treten schon 3 — 4 Minuten nach der Injection auf. 2) Sie ist gewöhnlich eine vorübergehende, und dauert selten über eine halbe Stunde. 3) Der Ort der Injection ist im Ganzen gleichgiltig; direkt in das Gewebe eines Muskels gebracht, erschlafft dieser schneller und andauernder. 4) Es ist rathsam, die Injection nicht früher zu erneuern, als bis die Wirkung der vorhergehenden aufgehört hat, was mit Sicherheit nach zwei Stunden, selbst nach einer Stunde der Fall ist. 5) Obgleich die Wirkung des Woorara nur eine so vorübergehende ist, so bewirkt dasselbe doch Besserung und Heilung. —

Polli (bezeichnet die innere Anwendung des Woorara als gefährlich; hauptsächlich zu empfehlen sei die Injection oder Inoculation, und zwar in das Muskelgewebe selbst. —

Spitzer berichtet über einen Fall von Tetanus traumaticus, der auf Schuh's Abtheilung mit Woorara erfolglos behandelt wurde. Es betraf eine Zerschmetterung der linken Hand durch Zerspringen eines Gewehrs. Nach 7 Tagen Trismus, Steifheit in den Brust- und Nackenmuskeln; Opium ohne Erfolg, Woorara (Gr. 1 in Alcohol Gtt. 140 gelöst, tropfenweise in steigender Quantität subcutan injicirt) bewirkte nach Verbrauch von 3 Gr. Nachlass der Schmerzen und des Trismus. Der Tod erfolgte jedoch unter Opisthotonus und allgemeinen Krämpfen am zehnten Tage. —

Neudörfer empfiehlt Woorara-Injectionen ($\frac{1}{16} - \frac{1}{40}$ Gr.) bei traumatischem Tetanus, ohne übrigens Beweise für ihre Wirksamkeit anzuführen.

Demme wandte in einem der drei auf der Berner Klinik mit Woorara behandelten Tetanus-Fälle (in Folge von Fussverletzung) das Mittel auch subcutan an, und zwar 10 Tropfen einer Lösung von 2 Gr. in 200 Tropfen Wasser, im Verlaufe des N. cruralis. Fünf Minuten nach der Injection folgte ein ungemein heftiger, allgemeiner Opisthotonusanfall mit suffocatorischer Oppression. Da man mit dem Erfolge der subcutanen Injection nicht zufrieden sein konnte, wurde zu anderen Applicationsweisen — namentlich mit dem heissen Hammer von Mayor — übergegangen. Der Fall verlief glücklich. —

Ein bestimmtes Resultat lässt sich aus der bisher vorliegenden Casuistik nicht ziehen. Weder das steht fest, ob das Woorara überhaupt eine specifische Wirkung beim Tetanus besitzt, noch ob die hypodermatische, innere oder endermatische Application diese Wirkung am zweckmässigsten zur Geltung bringt. Nur soviel scheint sicher zu sein, dass das Woorara bei endermatischer oder hypodermatischer Anwendung in der Regel eine vorübergehende, von der Peripherie nach dem Centrum fortschreitende Muskelerschlaffung, somit Remission der tetanischen Anfälle, bewirkt, während bei innerem Gebrauche auch dieser palliative Effekt ausbleibt. Was den schliesslichen Ausgang betrifft, so ist der Fall von Gherini allerdings sehr verlockend; ihm stehen aber andere, letal abgelaufene von Follin, Gintrac,

Langenbeck, Broca, Spitzer u.s.w. entgegen; und da es unter der enormen Zahl der beim Tetanus angewandten Mittel und Verfahren, zum Theil höchst irrationeller, fast kein einziges giebt, welches nicht einzelne „Erfolge", d. h. Genesungsfälle, aufzuweisen hätte, so liegt bis jetzt auch kein Grund vor, dem Woorara, weil es den Reiz der Neuheit und eine bestechende physiologische Basis für sich hat, unter allen diesen Verfahren einen Ehrenplatz einzuräumen. — Die Statistik von Demme, wonach auf 22 mit Woorara behandelte Fälle von Tetanus 8 Heilungsfälle kommen sollen, ist, wenn wir selbst annehmen, dass alle unglücklich abgelaufenen Fälle publicirt wurden, dennoch kaum maassgebend. Ich finde unter 18 Tetanusfällen aus der Literatur, deren Ausgang mir bekannt ist, 9 letale. Wenn man freilich auch Fälle, wie den ersten der drei auf der Berner Klinik behandelten (Schweiz. Zeitschr. f. Heilk. II. p. 364) als Curareheilung betrachtet, kann man leicht zu erwünschteren Resultaten gelangen — schwerlich jedoch zu einer für Wissenschaft und Therapie fruchtbaren Statistik.

### Tic convulsif.

Gualla (Gazz. Lomb. 5, 1861) publicirt einen Fall von rechtsseitigem Gesichtskrampf in Folge von Erkältung, der mit Acupunctur, Extraction aller Backzähne, Cauterisation der Alveolen mit Ferrum candens längere Zeit vergeblich behandelt wurde, und den Temporalis, Masseter, Buccinator, Levator alae nasi labiique sup., Orbicularis palp. der rechten Seite, zuweilen auch die Nacken- und Rückenmuskeln einnahm, so dass er einem Opisthotonus glich. Nachdem durch Aetzkali in der Nähe der Art. glenoidea eine Wunde gemacht war, wurde dieselbe mit Curare-Umschlägen behandelt; ausserdem wurden auch kleine Quantitäten einer Lösung von 10 Ctgrmm. auf 80 Grmm. Wasser auf die Musculatur der Wange direkt injicirt. Nach dreitägiger vergeblicher Anwendung wurde die Lösung auf das Doppelte und später auf das Vierfache verstärkt, und dadurch schliesslich völlige Heilung herbeigeführt.

### Epilepsie.

Bei dieser Krankheit sind zwar mit hypodermatischer Anwendung des Woorara noch keine Versuche gemacht worden;

jedoch liegen über endermatische Application desselben zwei
Beobachtungen von Thiercelin (Acad. des sciences, 12. Nov.
1860) vor, wonach dasselbe die Zahl der Anfälle und ihre Intensität wesentlich herabsetzte und so eine Besserung bewirkte,
die freilich nur so lange anhielt, als das Mittel gebraucht wurde;
später kehrte das Leiden in alter Heftigkeit wieder.

### Strychnin-Vergiftung.

Bereits früher ist aus theoretischen Gründen das Woorara
bei Strychnin-Vergiftung empfohlen worden; den ersten Fall
von Heilung einer Strychnin-Vergiftung durch hypodermatische
Injection von Woorara — in der That ein Triumph der angewandten Physiologie! — verdanken wir jedoch dem jüngeren
Burow in Königsberg, der darüber kürzlich (in der Deutschen
Klinik 1864 Nr. 31) eine vorläufige Mittheilung publicirt hat.

Ein 19jähriger Kellner nahm am Vormittag des 2. Juni Stryehnin (etwa
1½ Gr.), um sich zu vergiften. Nach einer Stunde wurde er in heftigen Krämpfen
liegend gefunden. Ein Brechmittel aus Ipec. und Tart. stib. konnte nur mühsam
geschluckt werden und hatte erst nach verdoppelter Dosis Erfolg. — Der Kranke
hatte freies Bewusstsein und verfiel in Pausen von ca. 3 Minuten in allgemeine
tetanische Krämpfe mit völliger Geradstreckung des ganzen Körpers, starker Re-
spirationsbehinderung und Erstickungsgefahr, die übrigens auch durch jedes Geräusch oder Berührung, Trinkversuche und namentlich durch die Würgbewegun-
gen bei eintretender Wirkung des Brechmittels reflektorisch auftraten. Subcutane
Injection von ⅓ Gr. Morphium hatte keinen Erfolg. — Von dem Pfeilgift, welches Prof. v. Wittich bei physiologischen Versuchen erprobt hatte, wurde eine
Lösung von Gr. j in 10 Tropfen Wasser bereitet, und davon zuerst 3 Tropfen in
der Magengegend injicirt. Da diese Dosis keinen Erfolg hatte, die Krämpfe und
die Dyspnoe bisher zunahmen, so wurden nach 20 Minuten die noch übrigen
7 Tropfen auf einmal eingespritzt. Nunmehr nahmen die Anfälle an Intensität
und Häufigkeit ab, die tetanische Streckung geschah minder heftig. Nach zwei
Stunden nöthigte jedoch die wieder im Wachsen begriffene Heftigkeit der Paroxysmen zur Wiederholung der Injection, wobei ein Gran auf einmal eingespritzt
wurde. Hierauf blieben die Krämpfe aus; der Kranke fühlte sich noch 4—5 Tage
sehr matt, hatte grosse Müdigkeit in der Muskulatur des ganzen Körpers und
konnte nur mühsam essen. Nach Verlauf dieser Zeit wurde er völlig geheilt
entlassen.

# Vierzehntes Kapitel.

## Digitalin.

---

Das Digitalin habe ich in folgender Lösung:

R:
Digitalini Gr. β
Aq. dest.
Spir. vini rect. ana 3 j.
D. S.

zu ₁¹₄₀ — ₄¹₅ Gr. subcutan angewandt. Es war hauptsächlich
mein Zweck, zu erforschen, ob die eminente Wirkung auf das
Gefässsystem, wie sie der Digitalis zukommt, die sich aber bei
der gewöhnlichen inneren Verabreichung erst nach 24 — 48 Stunden und selbst noch später einstellt, durch eine einmalige Injection von Digitalin rascher und sicherer hervorgebracht werden könne. Die Versuche wurden daher bei Krankheiten gemacht, welche mit lebhafter, aber ziemlich regelmässiger Erhöhung
der Temperatur und Pulsfrequenz verbunden waren und einen
baldigen Spontanabfall des Fiebers nicht erwarten liessen (Gelenk-
entzündung, Tuberkulose u. s. w.).

Was die Resultate betrifft, so schien es, als ob der gedachte
Zweck im Allgemeinen auf diesem Wege nicht zu erreichen
sei — als ob vielmehr die allmälige und langsame Cumulation
des Mittels im Blute die Conditio sine qua non der antifebrilen
Wirkung bilde, und durch das einmalige Gelangen einer grösseren Digitalinmenge in den Kreislauf bei voraussichtlich baldiger
Elimination derselben nicht ersetzt werden könne. Es bleibt
freilich die Frage offen, ob die injicirte Dosis gross genug war
und ob das gewöhnliche pharmaceutische Digitalin überhaupt
im Stande ist, als Ersatz der Folia Digitalis zu dienen. (Die
innere Anwendung entscheidet hierüber nichts, da das Digitalin — kein Alcaloid, sondern ein stickstofffreies Glycosid —
durch die Säure des Magens in Zucker und einen harzartigen
Körper zerlegt wird.) —

Eine momentane Wirkung des Mittels auf die Pulsfrequenz
war allerdings fast in keinem Falle zu verkennen; jedoch äusserte

sich dieselbe nicht in constanter Weise, indem einmal direkte
Verminderung, zweimal dagegen eine der Abnahme vorherge-
hende Beschleunigung der Herzschläge eintrat; im vierten Falle
liess sich gar kein Effekt wahrnehmen. Der Puls wurde in den
drei ersten Fällen etwas weicher, behielt übrigens seinen regel-
mässigen Rhythmus. Die Temperatur wurde nur höchst unbedeutend influenzirt, um 0,1 — 0,2 ° C. gesteigert oder um eben-
soviel herabgesetzt; auch Zahl und Tiefe der Athemzüge er-
fuhren keine wesentliche Veränderung. —

In der Regel verschwand die Wirkung schon nach $\frac{1}{2}$ bis
$1\frac{3}{4}$ Stunde vollkommen; nur in einem Falle war nach Vormittags gemachter Injection bei der Abendvisite (8 Stunden darauf)
noch ein sehr deutlicher Effekt zu erkennen, indem der Puls
erheblich verlangsamt, zugleich etwas unregelmässig war, und
die Abendtemperatur gegen sonst eine nicht unbeträchtliche Verringerung zeigte. Dieser Fall bildet allerdings insofern eine
Ausnahme von dem oben hingestellten Satze; jedoch war auch
hier am folgenden Morgen jede Spur der Digitalinwirkung verschwunden.

Die vier Beobachtungsfälle sind folgende:

I. Chronische Lungentuberkulose und remittirendes Fieber
bei einer 23jährigen Patientin.

|  | Temp. | Puls |
|---|---|---|
| Vor der Injection am 15. 1. Morgens | 37,9 | 96 |
| Abends | 39 | 108 |
| 16. 1. Morgens | 37,6 | 100 |
| Abends | 38,9 | 108 |
| 17. 1. Morgens | 37,7 | 104 |
| Abends | 38,9 | 116 |
| 18. 1. Morgens | 37,5 | 92 |

Vorm. 10 Uhr Injection von
$\frac{1}{4}$ Gr. Digitalin am Oberarm.

|  | Temp. | Puls |  |
|---|---|---|---|
| Nach 15 Min. | 37,5 | 108 | regelmässig. |
| Nach 45 Min. | 37,6 | 136 | regelm. |
| Nach 60 Min. | 37,6 | 136 | regelm. |
| Nach 8 Stunden Abends | 38,2 | 72 | klein u. etwas unregelm. |
| 19. 1. Morgens | 37,7 | 102 | regelmässig |
|  | 38,9 | 120 |  |
| 20. 1. Morgens | 37,6 | 96 |  |
|  | 39,2 | 132 |  |

(Es ist dies der eben besprochene Ausnahmefall.) Hier stieg also die Pulsfrequenz nach der Injection binnen einer halben Stunde von 92 auf 136 und sank am Abend, 8 Stunden nach der Injection, auf 72 — so niedrig, wie sie sonst niemals bei der Patientin beobachtet wurde; auch die Temperatur war an diesem Abende um 0,7 ° C. geringer, als am vorhergehenden und am folgenden Abende.

II. Eitrige Entzündung im Kniegelenk bei einem neunjährigen Knaben; Fieber mit hohen abendlichen Exacerbationen.

|  | Temp. | Puls. |
|---|---|---|
| Vor der Injection am 15.-t. Morgens . . . . . . . . | 39,1 | 114 |
|  | 40 | 128 |
| 16. 1. Morgens . . . . . . . . | 39 | 112 |
|  | 39,8 | 126 |
| 17. 1. Morgens . . . . . . . . | 38,6 | 112 |
| Vorm. 10 Uhr Injection von ₁ | | |

₁l₄ Gr. Digitalin am Oberschenkel.

| | Temp. | Puls. |
|---|---|---|
| Nach 5 Minuten . . . . . . . . . . . . . . . | 38,6 | 108 |
| Nach 15 Min. . . . . . . . . . . . . . . . . | 38,5 | 102 |
| Nach 75 Min. . . . . . . . . . . . . . . . . | 38,7 | 112 |
| Nach 3 Stunden . . . . . . . . . . . . . . . | 38,6 | 112 |
| Nach 9 Stunden Abends . . . . . . . . . | 40,1 | 126 |
| 18. 1. Morgens . . . . . . . . | 38,5 | 116 |
|  | 40,2 | 136 |
| 19. 1. Morgens . . . . . . . . | 38,5 | 110 |

(Der weitere Verlauf wurde durch operative Eingriffe modificirt.) In diesem Falle sank also die Pulsfrequenz in 15 Minuten um 10 Schläge, und stieg dann wieder auf das ursprüngliche Niveau. Nach 1¼ Stunde war die Wirkung verschwunden; der Puls blieb regelmässig; die Abendtemperatur zeigte gegen sonst keinen Unterschied.

III. Chronische Lungentuberkulose bei einer 26jährigen Patientin; remittirender Typus des Fiebers.

|  | Temp. | Puls. |
|---|---|---|
| ·Vor der Injection am 7. 2. Morgens . . . . . . . . | 37,7 | 92 |
| Abends . . . . . . . . . | 39 | 102 |
| 8. 2. Morgens . . . . . . . . | 37,4 | 88 |
| Abends . . . . . . . . . | 39,2 | 112 |
| 9. 2. Morgens . . . . . . · . . . | 38 | 96 |
| Abends . . . . . · . . . . | 38,9 | 108 |
| 10. 2. Morgens . . . . . . . . | 37,8 | 90 |

Injection von ¼ Gr Digitalin
am Oberarm (Vorm. 10¼ U.).

|  | | Temp. | Puls. |
|---|---|---|---|
| Nach 5 Minuten | | 37,8 | 100 |
| Nach 15 Min. | | 38 | 108 |
| Nach 30 Min. | | 37,7 | 92 |
| Nach 45 Min. | | 37,7 | 96 |
| Nach 60 Min. | | 37,7 | 96 |
| Nach 9 Stunden | Abends | 39,1 | 112 |
| 11. 2. | Morgens | 37,5 | 98 |
| | Abends | 38,7 | 110 |
| 12. 2. | Morgens | 37,5 | 98 |
| | Abends | 38,9 | 108 |

In diesem Falle stieg also die Pulsfrequenz in der ersten
Viertelstunde von 90 auf 108 und fiel während der zweiten wieder auf 92; die Temperatur stieg ebenfalls vorübergehend um
0,2° C. und sank dann um 0,1° unter das ursprüngliche Niveau.

IV. Lungen- und Darmtuberkulose mit acutem Verlauf und
   gleichzeitige Knochencaries bei einer 20jährigen Patientin;
   heftiges Fieber mit starken abendlichen Exacerbationen.

|  | | Temp. | Puls. | Resp. |
|---|---|---|---|---|
| Vor der Injection am 18. 2. | Morgens | 38,6 | 111 | 23 |
| | Abends | 39,5 | 132 | 36 |
| 19. 2. | Morgens | 38,2 | 120 | 29 |
| | Abends | 39,8 | 126 | 32 |
| 20. 2. | Morgens | 38.5 | 112 | 30 |
| | Abends | 40 | 144 | 44 |
| 21. 2. | Morgens | 38,4 | 110 | 26 |
| | Abends | 39,9 | 152 | 43 |

Injection von ¼ Gr. Digitalin
am Oberarm, Abends 6 Uhr.

| | | Temp. | Puls. | Resp. |
|---|---|---|---|---|
| Nach 5 Minuten | | 39,9 | 150 | 43 |
| Nach 15 Min. | | 40 | 152 | 38 |
| Nach 60 Min. | | 39,9 | 152 | 40 |
| 22. 2. | Mittags | 38,5 | 124 | 28 |
| | Abends | 40,1 | 156 | 44 |

Hier war also ein auch nur vorübergehender Einfluss der
Injection auf die Pulsfrequenz durchaus nicht zu erkennen; auch
Temperatur und Respirationsfrequenz wurden nur höchst unbedeutend dadurch influenzirt, falls die leichten Veränderungen
derselben nicht überhaupt von kleinen, zufälligen Schwankungen
bedingt waren. Es ist somit dieser Versuch gewissermaassen
das Gegenstück zum ersten, während der zweite und dritte ein
mittleres Resultat lieferten. —

Was die sonstigen Erscheinungen der Digitalin-Wirkung betrifft, so waren diese bei den angewandten Dosen nur sehr wenig ausgeprägt. In den chronischen Fällen waren weder Veränderungen der Urin-, noch der Darmsecretion zu bemerken; auch der von Stadion als constantes Symptom (bei innerem Gebrauche des Digitalins) angegebene Schnupfen fand nicht statt. Im ersten Falle, wo die Wirkung sich länger erhielt, klagte die Patientin den ganzen Tag über Appetitlosigkeit und schlechten Geschmack im Munde, so dass also letzteres Symptom, wie es scheint, nicht blos der Application per os zukommt. Cerebrale Erscheinungen traten nicht auf, oder es wurden die schon bestehenden (wie im letzten Falle) durch das Digitalin in keiner Weise modificirt.

# Fünfzehntes Kapitel.

## Veratrin.

Das Veratrin wurde von mir in alcoholischer Lösung (Gr. j in 3 β) injicirt, und zwar zu ¹⁄ₕ — ¹⁄₀ Gr. (15—18 Theilstriche des Instruments). Einmal bildete sich, wie ich schon früher erwähnt habe, an der Stichstelle nach mehreren Tagen ein kleiner Abscess, der spontan aufbrach und keine weiteren üblen Folgen hinterliess; ich würde jedoch aus diesem Grunde die alcoholische Lösung künftig mit etwa gleichen Theilen von Aq. dest. verdünnen.

Schon früher hat Lafargue (Bull. de thér. LIX. p. 27) das Veratrin in Form der „inoculation hypodermique par enchevillement" mehrfach benutzt. Nach seiner Meinung passt dasselbe besonders bei Kopfneuralgieen und chronischen Rheumatismen, die mit einem peinlichen Gefühl von Kälte verbunden sind; letzteres Symptom wird durch die rasche, Wärme erregende Wirkung des Veratrins sofort beseitigt. Zehn Minuten nach der Inoculation entsteht lebhaftes Brennen, das nach einer Stunde gänzlich verschwindet, und eine Empfindung wie beim

Einstechen von Nadelspitzen in die Haut. Lafargue empfiehlt das Veratrin dieser örtlichen Wirkung wegen auch bei circumscripten Paralysen (?) und Anästhesieen. Bois (l. c.) hat in zwei Fällen auch Versuche mit subcutanen Einspritzungen von Veratr. nitr. gemacht; die Berührung der Lösung mit den Geweben rief jedoch so heftige Schmerzen hervor, dass er von weiteren Versuchen abstand.

Ich kann die so grosse Schmerzhaftigkeit der Veratrin-Injectionen nicht bestätigen; übrigens würde die Anwendung derselben gerade bei Zuständen örtlich verminderter Sensibilität dadurch nicht contraindicirt werden. Ich muss jedoch hinzufügen, dass mir die locale Wirkung des Veratrins bei derartigen Zuständen schon aus dem Grunde zweifelhaft erscheint, weil es mir niemals gelungen ist, eine Erhöhung der normalen physiologischen Erregbarkeit sensibler Nerven nach Veratrin-Einspritzungen mittelst des Tastmessers zu constatiren; die Grösse der Tastkreise blieb vielmehr vor und nach der Injection völlig dieselbe. Es scheinen mir die subjektiven Gefühle des Brennens, des Stechens mit Nadeln u. s. w., die Lafargue angiebt und die auch ich nach Injection des Mittels beobachtete, auf einer durch das Veratrin (oder das angewandte Menstruum) bewirkten, mehr oder weniger rasch vorübergehenden örtlichen Gewebsentzündung zu beruhen. Hierfür spricht, dass mit dem Eintritt dieser subjektiven Erscheinungen (10—15 Minuten nach der Injection) die Gegend um die Stichstelle herum eine leichte, zuweilen fleckige Röthung und Anschwellung zeigt, und sich heisser anfühlt, als ihre Umgebung; auch dauert das Gefühl von Brennen nicht blos eine Stunde, wie Lafargue meint, sondern 3—5 und mehr Stunden, selbst einen ganzen Tag über, und es sind nach Ablauf dieser Zeit auch die geringfügigen objektiven Symptome gewöhnlich verschwunden. Unter ungünstigen allgemeinen Verhältnissen kann jedoch diese Entzündung, wie jede andere, den Ausgang in Suppuration und Abscedirung nehmen, wovon der oben angeführte Fall (bei einem an Erysipelas leidenden Patienten) ein Beispiel giebt.

Was die therapeutischen Resultate betrifft, so sah ich bei einer unvollständigen Anästhesie im Gebiete des N. peronaeus, gleichzeitig mit Paralyse desselben, in Folge von Verletzung durch einen Sensenhieb in der Kniekehle, von den oft wiederholten Veratrin - Injectionen ebensowenig Nutzen, wie von dem Strychnin und der längeren Anwendung der Elektricität. Die Anästhesie, welche anfangs nur am äussern Fussrande und einem kleinen Theile des Fussrückens bestand, verbreitete sich vielmehr während der Behandlung über die äussere Seite des Unterschenkels bis zur Wade hinauf und die Dorsalfläche des Mittelfusses und selbst der Zehen. Dieser Umstand und die völlige Stabilität der motorischen Störung nöthigte zu der Annahme einer gänzlichen Trennung und nicht erfolgten Wiedervereinigung des N. peronaeus, welche die Unwirksamkeit der Behandlung erklärlich machte.

In zwei Fällen von heftigem, rheumatischem Kopfschmerz verschafften die Veratrin-Injectionen, nach Angabe der Patientin, allerdings eine gewisse Erleichterung; jedoch war dieselbe so unbestimmt und so rasch vorübergehend (nach 1—1½ Stunden), dass sie auch wohl auf Rechnung anderer, zufälliger Momente gesetzt werden konnte. Ausserdem wurden die Patienten ebenfalls noch mehrere Stunden hindurch von brennenden Schmerzen im Nacken, woselbst die Injection gemacht worden war, heimgesucht; und es leisteten schliesslich Morphium und leichte Ableitungen auf den Darm bessere Dienste.

Besonders gespannt war ich darauf, auch die antifebrile Wirkung des Veratrins bei hypodermatischer Anwendung zu erproben, da die kräftige, Temperatur und Pulsfrequenz herabsetzende Action der Veratrin-Präparate bei fieberhaften Affectionen von verschiedenen Seiten, und noch neuerdings von Seitz, lebhaft gerühmt worden ist. Letzterer sah bei innerer Darreichung des Extr. Veratri vir. an gesunden Menschen die Pulsfrequenz um 10—20 Schläge, die Temperatur um 1—2° R. (nach anfänglicher Steigerung) abnehmen, ohne dass üble Nebenwirkungen auftraten.

Ich machte den Versuch bei einem an Erysipelas genu et cruris mit sehr intensivem Fieber und gleichzeitigem Icterus catarrhalis leidenden, 36jährigen Manne. Derselbe hatte vor der Injection eine Temperatur von 41,5° C. — Pulsfrequenz 124. Die Injection (₁/₄ Gr.) an der inneren Seite des Oberschenkels um 6 Uhr Abends. Nach 10 Min. Temp. unverändert, Puls 118; nach 45 Min. Temp. ebenso, Puls 124; nach 75 Min. Beides unverändert. — Am folgenden Morgen Temp. 41, Puls 126. —

Neue Injection von $\frac{1}{15}$ Gr. in der Nähe der vorigen, Vormitt.
10 Uhr. Nach $\frac{3}{4}$ Stunden ist die Temperatur 39,8, Pulsfrequenz 110; am Abend (8 Stunden nach der Injection) Temp.
38,4, Puls 96. Am folgenden Morgen Temp. 39,9, Puls 114;
am Abend 40,3, Puls 124.

Während also die erste Injection gar keine Veränderung
der Temperatur und nur eine höchst unerhebliche, vorübergehende Abnahme der Pulsfrequenz herbeiführte, bewirkte die
zweite, 16 Stunden später und unter den gleichen Verhältnissen
gemacht, in $\frac{3}{4}$ Stunden ein Sinken der Temperatur um 1,2° C.
und der Pulsfrequenz um 14 Schläge — in 8 Stunden Abnahme
der Temperatur um 2,6° C. und der Pulsfrequenz um 30 Schläge.
Wahrscheinlich war dieser rasche und bedeutende Effekt das
Resultat einer Combination der beiden, successive eingespritzten
Dosen, da sonst die gänzliche Unwirksamkeit der einen bei so
eclatanter Wirkung der andern schwer zu erklären ist. In dem
Verlaufe des Erysipelas und dem Allgemeinzustande des Kranken waren keine Veränderungen eingetreten, welche einen jähen,
kritischen Spontanabfall des Fiebers als möglich erscheinen liessen;
auch wurde jeder derartige Gedanke schon durch das allmälige
Wiederansteigen der Temperatur und Pulsfrequenz am darauf
folgenden Tage widerlegt.

----

Andere narkotische Alcaloide (Nicotin, Colchicin, Hyoscya-
min, Daturin u. s. w.) sind bisher noch nicht in hypodermatischer Form versucht worden. Schwerlich dürften dieselben den
gebräuchlicheren Narkoticis gegenüber in Betracht kommende
Vortheile darbieten; und ihre therapeutische Verwerthung unterliegt, bei der noch so unzuverlässigen Kenntniss ihrer physiologischen Eigenschaften und der Unberechenbarkeit des toxischen Effekts selbst minimaler Dosen, zur Zeit noch sehr gerech-
ten Bedenken.

Anhangsweise seien hier noch drei Substanzen erwähnt, die,
obwohl nicht zur Klasse der Narcotica gehörig, sich ihrer Wirkungsweise gemäss am besten an die Mittel dieser Ordnung
anreihen: die Blausäure, das Chloroform und die Tinctura Cannabis indicae.

Die Blausäure soll von M'Leod bei acut entstandenen, namentlich puerperalen Psychosen mit gutem Erfolge zu Injectionen benutzt worden sein. Die angewandte Dosis war 2—6 Tropfen (Med. Times, März 1863).

Injectionen von Chloroform benutzte Hunter, gab dieselben jedoch bald wieder auf, weil sie zu schmerzhaft waren und heftige locale Entzündung hervorriefen.

Auch mit Tinctura Cannabis indicae stellte Hunter Versuche an. Nach Thamhayn (Schmidt's Jahrb. 112) sollen Injectionen davon mehrfach bei Tetanus angewandt worden sein; die damit behandelten Fälle verliefen grösstentheils tödtlich.

Ich habe in einem Falle von chronischer Miliartuberkulose der Lungen, wo das Morphium sich nach längerem Gebrauche wirkungslos zeigte, Injectionen von Tinct. Cannabis ind. allabendlich gemacht, und eine bessere Nachtruhe, namentlich Verminderung des quälenden Hustenreizes und der beim Aushusten empfundenen Schmerzen dadurch herbeigeführt. Es wurden 6—12 Gr. einer Lösung von Tinct. Cannabis ind. und Aq. dest. ana, also 3—6 Gr. Tinct. Cannabis auf einmal, meist am Oberarm, injicirt; bemerkenswerthe Nebenerscheinungen traten nach diesen Dosen nicht ein.

# Sechszehntes Kapitel.

## Chinin.

Literatur.

Goudas, l'Union 1862, 113. — M'Craith, Med. Times and Gaz., Aug. 2 und Oct. 4, 1862. — Moore, Lancet II. 5., Aug. 1863. — Neudörfer, l. c.

Die subcutane Anwendung des Chinins ist zuerst von Dr. Chasseaud in Smyrna geübt worden, über dessen Resultate Goudas eingehend berichtet. Chasseaud wandte das Verfahren in 150 Fällen von mit gastrischen Symptomen complicirter Intermittens an, wo der innere Gebrauch nicht thunlich war. Er injicirte 10—15 Tropfen einer Solution von 5 Ctgrmm. Chin. sulf. auf 4 Tropfen gesäuertes Wasser (also etwa 2 bis 3 Gran Chinin), in der Regel auf der Höhe des Anfalls. Der Puls verlor sofort von seiner Frequenz, die brennende Hitze der Haut minderte sich merklich; wenn dagegen das Fieber ein algides war, so begann eine angenehme Wärme sich einzustellen: bald erschien ein reichlicher Schweiss, womit sich die Beängstigung verlor, und die Wirkung des Mittels kündigte sich ausserdem noch durch Ohrensausen an. Eine einzige Application genügte zur Heilung; stärkende Diät und zuweilen Eisen vervollständigten die Kur. Chasseaud hat unter allen 150 Fällen nur ein einziges Recidiv, nach 3 Monaten, beobachtet! Goudas selbst wandte das Verfahren in 15 Fällen mit gleichem Erfolge an.

M'Craith benutzte eine Lösung von Chin. sulf. 3 β, Acid. nitr. q. s., Aq. dest. ℥β. Hiervon wurden 20 Tropfen (= 2¼ Gr. Chinin) injicirt. Er empfiehlt das Verfahren namentlich in solchen Fällen, wo der Zustand der Verdauungsorgane den unmittelbaren Gebrauch des Chinins nicht gestattet, bei denen aber längeres Bestehen der Intermittens, namentlich bei Malariafiebern in Tropengegenden, leicht den Uebergang in typhoide Formen anbahnt. In solchen Fällen kann man durch das subcutane Verfahren nicht nur alsbald die Beseitigung des Wechselfiebers erzielen, sondern man wirkt auch gleichzeitig heilend auf den gastrischen Zustand ein, der oft viel mehr eine Folge, als eine Bedingung des Fiebers ist. Während die Methode, unmittelbar vor dem Anfalle eine volle Chiningabe nehmen zu lassen, zwar die Wiederkehr der Paroxysmen ziemlich sicher verhütet, aber den nächsten Anfall nicht unterdrückt, sondern heftiger macht, soll die subcutane Einspritzung, selbst während des Froststadiums unternommen, schon den gegenwärtigen Anfall kürzen und mildern, und die Wiederkehr der weiteren Paroxysmen abschneiden: ein Vortheil, der namentlich bei Intermittens perniciosa sehr zu beachten ist.

Moore injicirte bei Intermittens eine ähnliche Chininlösung (3 β auf ℥β), und zwar 3 β — j pro dosi, gewöhnlich über dem Triceps oder Deltoides, auch an Schenkel und Wade. Bei Milzvergrösserung soll die Wirkung grösser gewesen sein, wenn die Injectionsstelle über der Milz gewählt wurde (?). Der Schmerz war so unbedeutend, dass ihn die Patienten sehr oft dem bitteren Chiningeschmack vorzogen. Die passendste Zeit ist, nach Moore, kurz vor dem Frostanfall, bei remittirenden Fiebern während der Remission; in je früherem Stadium, desto günstiger. Moore rechnet eine Injection von 4—5 Gr. Chin. sulf. gleich der fünf- bis sechsfachen Dosis innerlich, und hält die Wirkung für sicherer, freier von Recidiven. Der Erfolg war stets ein günstiger. Ausser dem Chinin wurden nur Sodapräparate bei Darmaffection und Eisenmittel bei Milzvergrösserung und Leucocythämie in Anwendung gezogen. — Neudörfer injicirte ½—¼ Gr. Chinin (Gr. iv in Aq. Laurocerasi 3j mit etwas Schwefelsäure gelöst) als Tonicum bei einem Kranken, der weder Nahrung noch Medicamente zu sich nehmen konnte. Der Kranke fühlte sich nach der Injection kräftiger, doch verursachte die saure Injection ziemlich heftige Schmerzen.

Ich war zunächst sehr begierig, das Factum zu constatiren, dass Chinin, unmittelbar vor dem Stadium algidum oder selbst während desselben eingespritzt, den Anfall coupire. Den ersten Fall von Intermittens, der zufällig auf der chirurgischen Klinik vorkam, benutzte ich, um das Chinin in dieser Weise zu appliciren.

1. Die 24jährige Marie Schröder, eine kräftige, blühend aussehende Person, hat am 1. Juli 1863 Vormittags 10 Uhr, dann wieder am 3. und am 4. Juli um dieselbe Zeit Frostanfälle mit nachfolgendem Hitze- und Schweissstadium gehabt. Am 5. Juli ein neuer Anfall, der genau beobachtet wird: er beginnt nach den gewöhnlichen Prodromen um 9½ Uhr; während des Stadium algidum steigt die Temperatur von 38 auf 40,2, die Pulsfrequenz von 98 auf 136; die Milz ist vergrössert. Nach 1½ — 2 Stunden beginnt das Hitzestadium: die Temperatur ist im Anfange desselben 40 und sinkt dann allmälig auf 39,2, die Pulsfrequenz auf 108; gegen 1 Uhr bricht reichlicher Schweiss aus. Um 3 Uhr ist die Temperatur fast normal (38,4), die Pulsfrequenz 100; bald darauf verfällt die Kranke in Schlaf bis gegen Abend, worauf eine nur durch etwas Kopfschmerz unterbrochene Apyrexie folgt.

Am Morgen des 6. Juli, gegen 9 Uhr, zeigen sich wieder die Vorboten des Anfalls: grosse Schwäche und Mattigkeit, zunehmender Kopfschmerz und Oppression. Um 10 Uhr ausgebrochener Fieberfrost; Temperatur bereits von 37,6 auf 39,4 gestiegen, Pulsfrequenz von 76 auf 112; Puls sehr hart und klein, Milzschwellung deutlich zu fühlen.

Von einer Lösung von

℞

Chin. sulf. ʒ β
Acid. sulf. dil. q. s.
Aq. dest. ʒ β
 D. S.

wird jetzt der ganze Inhalt einer Luër'schen Spritze (ca. 15 Gr., entsprechend beinahe 2 Gr. Chin. sulf.) im linken Hypochondrium injicirt. Die Einspritzung wird von der Patientin kaum wahrgenommen.

Um ½11 Uhr, eine halbe Stunde nach gemachter Injection, haben die Erscheinungen des Froststadiums vollkommen aufgehört, ohne in das zweite Stadium des Anfalls überzugehen. Die Temperatur, die gestern um diese Zeit erst ihre Höhe erreichte, ist jetzt bereits auf 39 gesunken; der Puls (104 in der Minute) ist voller und weicher, die Haut fängt an, weich zu werden; Patientin empfindet nichts von der quälenden Unruhe, den Kopfschmerzen, dem Gefühl von Dyspnoe, die gestern das Hitzestadium begleiteten. Die Milzschwellung noch fühlbar.

Um 11 Uhr Temperatur 38,7; Puls 90; Schweiss über den ganzen Körper verbreitet; die Patientin fühlt sich in hohem Grade frei und erleichtert, ist selbst erstaunt über die ausserordentliche Abkürzung des Aufalls.

Am 12 Uhr Temp. 38,1 — Puls 84, ruhig und vollkommen regelmässig. Die Euphorie ist nur noch durch leichten Kopfschmerz gestört; die Haut noch feucht, die Frequenz der Athemzüge normal; der inzwischen gelassene Urin enthält kein Sediment von Uraten. Ohrensausen oder andere Erscheinungen der Chininwirkung sind nicht eingetreten. — Bald darauf stellt sich Schlafbedürfniss ein; ruhiger Schlaf von 1—4 Uhr. Den Rest des Tages hindurch noch geringer Kopfschmerz und Appetitlosigkeit, die erst am folgenden Morgen verschwinden. —

Dem coupirten Anfalle folgt eine fünftägige Apyrexie, bis zum 11. Juli; an diesem Tage (Mittags um ½1 Uhr) noch ein Anfall, der mit Hitze- und Schweissstadium im Ganzen nur 3 Stunden dauert, und von der Patientin selbst als ausserordentlich leicht und milde geschildert wird. Obwohl weder die Injection wiederholt, noch Chinin innerlich verabreicht wurde, so kehrten doch während einer zweimonatlichen Beobachtungszeit die Anfälle nicht wieder. —

Später habe ich noch in einem zweiten Falle, den ich in grösserer Kürze mittheilen will, das Chinin bei ausgebrochenem Fieberfrost subcutan injicirt:

2. Cesing, Arbeitsmann, 31 Jahre alt, hat vor 8 Jahren anderthalb Jahre hindurch an Intermittens gelitten, ist seitdem jedoch von Anfällen verschont gewesen. Erst am 6. Juli 1863 wurde er wieder von einem vollständigen Frostanfall ergriffen. Am folgenden Tage, Vormittags 11 Uhr, kommt Patient in die Klinik mit einem stark ausgesprochenen, seit einer halben Stunde bestehenden Schüttelfrost: heftiges Zittern der Glieder und Beben der Lippen, Haut blass, Puls klein, 96 in der Minute; ein Milztumor wegen der gespannten Bauchdecken nicht zu eruiren. Sogleich Injection von 1½ Gr. Chinin in die Regio hypochondriaca sinistra. Schon nach wenigen Minuten empfindet Pat. Linderung; nach einer Viertelstunde hat der Frost ganz aufgehört; Puls voll, 78 in der Minute. Bald darauf entfernt sich Pat. und verbringt den Rest des Tages in völliger Eupho-

rie. Am 8. 7. reichliche Transpiration, kein Anfall; eine Milzschwellung nicht nachweisbar. Die Apyrexie dauert bis gegen Mittag des folgenden Tages; dann stellt sich ein neuer, nicht sehr heftiger Frost mit Hitze und Schweiss ein. Am 10. 7. Apyrexie; am 11. 7. um die Zeit des Anfalls ein leichtes Gefühl von Hitze, das eine halbe Stunde dauert, ohne eigentliches Frösteln. Seitdem ist kein Anfall mehr eingetreten. —

In diesen beiden Fällen wurde also durch eine, während des Stadium algidum gemachte Injection von 1½ — 2 Gr. Chinin nicht nur der Anfall sehr rasch coupirt, sondern auch die Intermittens dauernd geheilt, obwohl noch ein leichter Anfall am fünften, resp. dritten Tage nach der Einspritzung zu Stande kam.

In noch drei anderen Fällen von Intermittens, wo die Injectionen während der Apyrexie vorgenommen wurden, habe ich ebenfalls nach einer einzigen Einspritzung völlige Heilung ohne Recidiv eintreten sehen:

3. Perlitz, Tagelöhner, 35 Jahre alt, sehr anämisch und mit Tuberculosis pulmonum behaftet, hat vor 7 Jahren 1½ Jahr hintereinander an Intermittens gelitten. Seit 5 Wochen wieder tägliche Frostanfälle, die mit etwas anteponirendem Typus in den Vormittagsstunden auftreten. Chinin innerlich wurde nicht ertragen, zum Theil ausgebrochen, und die Frostanfälle bestanden trotz desselben fort; die innere Darreichung von Solutio Fowleri hatte ebenfalls keinen Erfolg, und verursachte dem Pat. ausserdem unerträgliche Halsschmerzen, so dass das Mittel sehr bald ausgesetzt werden musste. Letzter Anfall am 11. 9. gegen ½11 Uhr. Am 12. 9. Vorm. 9 Uhr subcutane Injection von Chin. sulf. Gr. ij im linken Hypochondrium. Bei der Injection äussert Pat. ziemlich lebhafte Schmerzen, die jedoch schon nach wenigen Minuten verschwunden sind; um die Stichstelle bildet sich eine kleine Entzündungszone. Der erwartete Anfall bleibt aus; den Tag über völlige Euphorie. — Die Paroxysmen wiederholten sich auch später nicht; Pat. starb jedoch nach 3 Monaten in Folge des Lungenleidens.

4. Hermann Dädler, ein 8jähriger, schwächlicher Knabe, leidet seit drei Wochen an Intermittens tertiana anteponens. Das erste Mal trat der Schüttelfrost um 12 Uhr Nachts auf, dann um 7 Uhr Abends, um 5 Uhr u. s. w. — zuletzt am 31. 7. Vormittags 9 Uhr. Am Vormittag des 1. 8., also während der Apyrexie, stellt sich Pat. poliklinisch vor. Derselbe hat noch kein Chinin gebraucht; eine Milzvergrösserung lässt sich nicht nachweisen. Injection von 2 Gr. Chin. sulf. unter keineswegs sehr lebhaften Schmerzäusserungen von Seiten des Pat.; nach einer Viertelstunde noch etwas Brennen und Röthung an der Stichstelle. Die Fieberanfälle bleiben seitdem aus.

5. Die 21jährige Auguste Radlof, die bereits zweimal (vor 2 und vor 5 Jahren) längere Zeit hindurch an Intermittens gelitten, hat seit dem 11. 7. wieder quotidiane Frostanfälle, die zwischen 5 und 6 Uhr Abends auftreten. Am Vormittag des 19. 7. in der Apyrexie, nachdem vorher noch kein Chinin gebraucht worden, Injection von Gr. ij des Mittels an der Innenseite des rechten Oberarms. Während der Injection erhebliche Schmerzempfindung, die sich jedoch

nach kaum 10 Minuten verliert. Der nächste Anfall bleibt aus und es tritt auch
bis zur Entlassung der Kranken (am 28. 8.) kein Recidiv ein.

Der letzte Fall bestätigt, was freilich a priori zu erwarten
war, dass der Ort der Injection gleichgiltig ist und die Milz-
gegend keine besonderen Vortheile darbietet. —
Die subcutanen Chinin-Injectionen haben sich bis jetzt in
so hohem Grade bewährt und bieten so unläugbare Vorzüge
vor der inneren Anwendung, dass sie wohl der Aufmerksamkeit
der Practiker, namentlich in Deutschland, wo man sie bisher
noch ganz ignorirt hat, zu empfehlen sein dürften. Gewiss erfüllen sie in Hinsicht ihrer Wirkung bei Intermittens das Cito
und Tuto auf die vollkommenste Weise; in gewissem Sinne auch
das Iucunde, indem sie den übeln Geschmack und die gastrischen Nebenwirkungen des Mittels ausschliessen. Wenn Eisen-
mann (in Canstatt's Jahresbericht, 1863) dagegen das Bedenken ausspricht, dass bei einer solchen Injection heftige
Schmerzen, Reizung und Entzündung, wo nicht Schlimmeres,
zu befürchten sein dürften, so ist diese Besorgniss, wenigstens
was die Entzündung angeht, durch die bisherigen Erfahrungen
hinreichend widerlegt; die Chinin-Einspritzungen bringen örtlich keine Entzündungs-Erscheinungen hervor: die anfängliche
Röthung um die Stichstelle verschwindet sehr bald. — In Beziehung auf den Schmerz äussert Moore, dass derselbe sehr
gering sei (s. o.); Neudörfer behauptet das Gegentheil, aber
nur nach einem einzigen Falle. Unter sieben Personen, bei denen ich Chinin-Einspritzungen machte, empfanden allerdings
drei sehr lebhaften, brennenden Schmerz während der Injection und in den darauf folgenden Minuten; zwei während des
Frostanfalls selbst vorgenommene Injectionen wurden dagegen
von den Patienten kaum wahrgenommen, und es dürften dieselben hier jedenfalls den augenblicklichen Schmerz gern gegen
den sofortigen, auf keine andere Weise zu bewirkenden Nachlass
der Fieber-Erscheinungen eintauschen. Auch üble Allgemein-
Erscheinungen der Chininwirkung traten nach den von mir benutzten, vollkommen ausreichenden Dosen ($1\frac{1}{2}$—2 Gr. Chin.
sulf.) niemals auf; selbst das von Chasseaud als constant bezeichnete Ohrensausen wurde nicht beobachtet.

Obwohl man in jedem Falle von Intermittens die innere
Anwendung des Chinins durch die subcutane mit Vortheil er-

setzen kann, so bietet letztere, wie sich aus dem Vorstehenden
ergiebt, doch unter folgenden Verhältnissen besondere Vorzüge
dar: 1) Bei Intermittens, die mit gastrischen Symptomen complicirt ist, überhaupt wo das Chinin bei innerer
Darreichung nicht vertragen wird, und man daher sonst zu ge-
fährlicheren und zugleich zweifelhafteren Mitteln greifen müsste;
2) bei perniciösen, comitirten Fiebern, wo Alles darauf
ankommt, den Eintritt des nächsten Anfalls mit Sicherheit zu
verhüten oder den ausgebrochenen Anfall sofort zu coupiren,
um Localisationen in lebenswichtigen Organen vorzubeugen;
3) bei Kindern, wo der üble Geschmack und die bei grossen
Dosen zu erwartenden gastrischen Störungen besonders ins Gewicht fallen; 4) in der Armen- und Hospitalpraxis, wo
auch die ökonomische Seite der Frage wesentlich in Betracht
kommt; denn es ist wohl nicht gleichgültig, ob von einem immer noch so kostspieligen Medicament 1½ — 2 Gran oder mehrere Scrupel zur Kur jedes einzelnen Kranken erfordert werden,
namentlich an Orten, wo Malaria endemisch und epidemisch vorkommt und daher stets eine grössere Zahl von Intermittens-
Patienten sich in Behandlung befindet.

### Typische Neuralgieen.

Wahrscheinlich ist auch bei den typisch auftretenden Neuralgieen der verschiedenen peripherischen Nervenbahnen von den
subcutanen Chinin-Injectionen ein grösserer und rascherer Erfolg zu erwarten, als von der inneren Anwendung des Chinins.
Hierher gehörige Beobachtungen liegen bis jetzt noch nicht vor.
Ich habe bei einer typischen, nach Aussage des Patienten an
jedem Abend exacerbirenden Ischias auf der rechten Seite, wo
Vesicantien bereits ohne Nutzen applicirt waren, eine Injection
von 1½ Gr. Chinin an der Austrittsstelle des Ischiadicus vorgenommen. An den drei nächsten Abenden blieben die Schmerzanfälle vollständig weg; später stellte sich Patientin leider nicht
wieder ein, so dass in Hinsicht auf den dauernden Erfolg der
Injection keine Gewissheit erlangt wurde.

### Pyämie.

Bei pyämischen Zuständen, wo unter allen versuchten und
vorgeschlagenen Mitteln das Chinin immer noch am meisten

Vertrauen verdient und jedenfalls das Fieber oft vorübergehend
herabsetzt, dürfte die hypodermatische Injection ebenfalls der
inneren Anwendung schon wegen ihrer rascheren Wirkung vorzuziehen sein. In einem auf der hiesigen medicinischen Klinik
beobachteten, sehr schleichend verlaufenden Falle war die Wirkung wiederholter Chinin-Injectionen auf Temperatur und Puls
deutlich ausgesprochen, während die fortgesetzte innere Anwendung des Chinins keine Veränderung herbeiführte.

Louise Kundt, 25 Jahre alt, ist am 30. 11. 63 (als primipara) mit der
Zange entbunden worden, wobei ein Dammriss bis in die Nähe des Afters entstand. Am 3. Dec. hatte Patientin einen Schüttelfrost, der sich im Laufe des
Monats noch mehrmals wiederholte; es bildeten sich verschiedene Abscesse an
den Nates und schmerzhafte Oedeme an den unteren Extremitäten; später, nachdem die Lochien bereits seit einiger Zeit cessirt hatten, reichlicher übelriechender
Ausfluss aus den Genitalien von eitriger Beschaffenheit, der besonders bei Lagerung auf die rechte Seite sehr zunahm, so dass an einen retroperitonäalen Abscess
mit Perforation in die Scheide gedacht wurde. Seit dem 29. Dec. befand sich
Pat. in klinischer Behandlung. Das Fieber hatte fortwährend einen remittirenden Typus mit starken abendlichen Exacerbationen. In welcher Weise das Chinin hier wirkte, geht aus folgender Scala hervor:

|  |  | Temp. | Puls. |
|---|---|---|---|
| 4. 1. . . . . . . . . . . . . . . | Morgens | 37,7 | 96 |
|  | Abends | 39,9 | 104 |
| 5. 1. Chinin innerlich (Ɵj auf |  |  |  |
| ℥ ij 2stdl. 1 Essl.) . | Morgens | 38,2 | 100 |
|  | Abends | 40,3 | 120 |
| F. 1. do. | Morgens | 37,6 | 102 |
| Nachm. leichtes Frösteln. | Abends | 39,1 | 120 |
| 7. 1. Chinin innerlich . . . . | Morgens | 38,4 | 100 |
|  | Abends | 39,9 | 108 |
| 8. 1. do. | Morgens | 39,1 | 108 |
|  | Abends | 39,5 | 120 |
| 9. 1. . . . . . . . . . . . . . | Morgens | 39 | 108 |
| Injection von Chinin, |  |  |  |
| Vorm. 11 Uhr. | Abends | 39.1 | 116 |
| 10. 1. . . . . . . . . . . . . . . | Morgens | 38,6 | 102 |
|  | Abends | 39,5 | 120 |
| 11. 1. . . . . . . . . . . . . . | Morgens | 38,5 | 100 |
|  | Abends | 39,8 | 116 |
| 12. 1. . . . . . . . . . . . . . | Morgens | 38,3 | 100 |
|  | Abends | 39,8 | 112 |
| 13. 1. . . . . . . . . . . . . . | Morgens | 38,3 | 138 |
|  | Abends | 39,5 | 108 |
| 14. 1. . . . . . . . . . . . . . | Morgens | 37,8 | 100 |
|  | Abends | 39,7 | 120 |

|  |  |  | Temp. | Puls. |
|---|---|---|---|---|
| 15. 1. . . . . . . . . . . . . . . | | Morgens | 37,8 | 96 |
| | | Abends | 40,1 | 128 |
| 16. 1. Chinin innerlich, wie | | | | |
| | oben. . . . . . . . . | Morgens | 37,1 | 96 |
| | | Abends | 40,1 | 116 |
| 17. 1. | do. | Morgens | 37,6 | 84 |
| | | Abends | 39,6 | 112 |
| 18. 1. . . . . . . . . . . . . . . | | Morgens | 37,2 | 100 |
| Nachmitt. Injection von | | | | |
| | Chinin. . . . . . . . | Abends | 38,9 | 112 |
| 19. 1. . . . . . . . . . . . . . . | | Morgens' | 37,8 | 88 |
| Am Abend neue Inject. | | Abends | 39,1 | 96 |
| 20. 1. . . . . . . . . . . . . . . | | Morgens | 37 | 84 |
| | | Abends | 39,1 | 104 |
| 21. 1. . . . . . . . . . . . . . . | | Morgens | 37 | 88 |
| Am Abend neue Inject. | | Abends | 39,6 | 112 |
| 22. 1. . . . . . . . . . . . . . . | | Morgens | 37,1 | 88 |
| | | Abends | 39,9 | 136 |
| 23. 1. . . . . . . . . . . . . . . | | Morgens | 37,4 | 88 |
| | | Abends | 40,0 | 128 |
| 24. 1. . . . . . . . . . . . . | | Morgens | 37,4 | 88 |
| | | Abends | 40,2 | 128 |
| 25. 1. Chinin innerlich, wie | | | | |
| | oben. . . . . . . . . | Morgens | 37,4 | 108 |
| | | Abends | 39,8 | 140 |
| 26. 1. | do. | Morgens | 37,2 | 104 |
| | | Abends | 40 | 132 |
| 27. 1. | do. | Morgens | 37 | 96 |
| | | Abends | 40,1 | 132 |

Aus dieser Tabelle ergiebt sich, dass die drei niedrigsten Abendtemperaturen, welche überhaupt im Laufe dieser 24 Tage beobachtet wurden (einmal 38,9 — zweimal 39,1) gerade den drei ersten Chinin-Injectionen entsprechen. Nach der ersten (Vormittags gemachten) Injection war die Abendtemperatur um 0.4" geringer als am vorhergehenden und nächstfolgenden Tage. Nach der zweiten Injection war die Abendtemperatur um 0,7" geringer als den Tag vorher; die am folgenden Abend vorgenommene, dritte Injection zeigte einen geringeren, jedoch immer noch merkbaren Einfluss, die vierte einen noch schwächeren. Hierbei ist freilich nicht zu übersehen, dass das Fieber augenscheinlich die Tendenz zur Steigerung hatte, wie sich dies aus dem weiteren Verlauf der Scala ergiebt. Der innere Gebrauch des Chinins (täglich 9 j) brachte auch nach mehreren Tagen noch keine ähnliche Wirkung hervor. Eine wesentliche Aenderung des Gesammtzustandes wurde übrigens in diesem Falle durch die fortgesetzte Anwendung des Chinins nicht erzielt.

## Strychnin - Vergiftung.

Aus zahlreichen, an Fröschen angestellten Versuchen glaube ich den Schluss ziehen zu dürfen, dass das Chinin, hypodermatisch injicirt, bei Strychnin-Vergiftung ein rasch und zuverlässig wirkendes Antidotum sei. Dasselbe übt nicht nur eine dem Strychnin vollkommen antagonistische Wirkung auf das Nervensystem, indem es bei ungestörter Function der motorischen und sensiblen Apparate die Centralheerde der Reflexaction im Rückenmark ausser Thätigkeit setzt — sondern es ist auch geradezu im Stande, die bereits eingetretene Strychninwirkung in sehr kurzer Zeit zu coupiren. Hiervon kann man sich leicht überzeugen, wenn man einen Frosch mit einer minimalen Strychnindosis (etwa $\frac{1}{1000}$ Gr.) vergiftet, so dass Respiration und Herzthätigkeit ungeschwächt bleiben, und dass jeder Reiz gerade eine kräftige, tetanische Streckung, aber keine allgemeinen Krämpfe hervorruft. Wird das Thier in diesem Zustande frei aufgehängt und nun eine subcutane Chinin-Injection ($\frac{1}{4} - 1$ Gr.) nachgeschickt, so bleibt schon nach kurzer Zeit (10 — 15 Minuten) die Reflexzuckung aus, während gleichzeitig die anderweitigen Phänomene der Chininwirkung sich geltend machen. Eine genauere Analyse der bezüglichen Versuche würde an diesem Orte zu weit führen.

[Allerdings ist, abgesehen von dem Woorara, in neuester Zeit auch das Nicotin durch O'Reilly und, ebenfalls nach Versuchen an Fröschen, durch Haughton als sicheres Gegengift gegen Strychnin empfohlen worden. Beide haben dasselbe in Form des Inf. Nicot. mit Erfolg angewandt. Indessen wenn durch ein so viel weniger differentes Mittel, wie das Chinin, der Zweckerfüllung in gleicher Weise entsprochen werden kann, so muss wohl ohne Zweifel letzteres den Vorzug verdienen.]

# Siebzehntes Kapitel.

## Emetica (Emetin — Tartarus stibiatus).

### Emetin.

In einem Falle diffuser capillärer Bronchitis, wo die innere Anwendung der Emetica völlig versagte, habe ich von der subcutanen Injection einer Emetinlösung Gebrauch gemacht; jedoch blieb dieselbe hier ebenfalls ohne Wirkung:

Das Leiden bestand seit 4 Tagen bei einem 1 Jahr und 6 Wochen alten, früher gesunden Knaben. Das Fieber war äusserst heftig, die Temperatur, anfangs bis zu 43°, jetzt noch 40,3°; Puls 160, weich, Respiration sehr frequent; blasses, nicht cyanotisches Aussehen; die Auscultation ergab weitverbreitete, pfeifende Rhonchi. Pat. expectorirt nichts; Ipecacuanha mit Tart. stib. und Oxymel scyll. innerlich (im Ganzen ℈j Ipec.) riefen weder Erbrechen hervor, noch wurde die Expectoration dadurch gesteigert.

Von folgender Lösung:

℞
Emetini puri Gr. ½
Acidi sulf. Gtt. j
Aq. dest ℥β
D. S.

wurden anfangs 3 Gr. (= 9 Theilstrichen der Spritze), dann nach 10 Minuten 5 Gr., nach wieder 10 Minuten 7 Gr. am linken Oberarm injicirt, im Ganzen also 15 Gr., die Hälfte obiger Lösung, entsprechend ¼ Gr. reinen Emetins. Zwischen den Injectionen wurde dem Pat. lauwarme Milch eingeflösst. Es traten nur einmal (nach der zweiten Injection) ganz schwache und vereinzelte Würganstrengungen ein, wobei jedoch weder Mageninhalt, noch Bronchialsekret, sondern nur Nasalschleim hervorgepresst wurde. Bei den Einspritzungen äusserte Pat. wenig Schmerz; um die Stichstellen herum bildete sich an der sehr trockenen und spröden Haut eine kleine Röthe, die bald verschwand. Nach der dritten Injection stieg der Puls vorübergehend auf 172. — Am Nachmittag (5 — 6 Stunden nach der ersten Injection) wurde noch der ganze Rest der Flüssigkeit auf einmal injicirt, jedoch ebenfalls ohne Erfolg. Der Zustand verschlimmerte sich immer mehr und am folgenden Morgen trat der letale Ausgang ein; die Obduction wurde nicht gestattet.

### Tartarus stibiatus.

Mit Tatarus stibiatus habe ich bisher nur einige Versuche an Hunden angestellt, da ich von seiner Injection beim Menschen eine zu heftige, entzündungerregende Wirkung befürch-

tete. Es wurde eine Lösung von 1 Theil Tart. stib. in 15 Th.
Aq. dest. benutzt, und davon 2 — 4 Spritzen voll (also 2 — 4 Gr.
Tart. stib.) in der Oberbauchgegend oder am Rücken zweier
sehr grosser und kräftiger Hunde injicirt. Bei dem ersten Hunde
erfolgte, obwohl nach und nach 4 Gr. eingespritzt wurden, dennoch kein Erbrechen, sondern nur Gähnen, heftige Würgbewe-
gungen, allgemeines Uebelbefinden und Diarrhoe. Bei dem zweiten Hunde traten, nachdem zwei Spritzen auf einmal injicirt
waren, keine erheblichen Erscheinungen ein; dagegen nach einer
Stunde Erbrechen, welches sich im Laufe des Abends noch
mehrmals in heftiger Weise wiederholte.

Einem dritten Hunde wurde eine Lösung, welche 1 Gr.
Emetin und 4 Gr. Tart. stib. enthielt, in zwei Hälften mii nur
einer Viertelstunde Zwischenzeit injicirt. Das Thier zeigte lebhafte Unruhe, dann Mattigkeit und vorübergehende Athemnoth;
später traten heftiges Erbrechen und Durchfälle ein und am
anderen Morgen (etwa 12 Stunden nach der Injection) erfolgte
der Tod unter anhaltenden Convulsionen.

Nach diesen Versuchen scheint die subcutane Injection des
Tartarus stibiatus beim Menschen nicht unbedenklich, ihr Werth
in Bezug auf die Schnelligkeit der Wirkung zweifelhaft. (Wahrscheinlich wird durch die am Orte der Einspritzung entstehen-
den entzündlichen Veränderungen die Resorption anfangs beeinträchtigt.) — Dagegen will Ellinger nach Injection von ¹⁄₂ Gr.
Tart. stib. (1 : 20) beim Menschen in zwei Fällen prompte physiologische Wirkung, Uebelsein bis zur Ohnmacht und Erbrechen beobachtet haben; zugleich freilich eine eiternde Phlegmone
des Arms mit Lymphangitis, die sich bis zur Achselhöhle hinauf erstreckte.

# Achtzehntes Kapitel.

## Campher.

Auch mit dieser Substanz wurde nur ein Versuch angestellt, und zwar bei einem 80jährigen, sehr decrepiden Patienten, der mit einer, bereits in ausgedehnte Zerstörung übergegan-
genen Phlegmone orbitae, Erweichung der Cornea u. s. w. am
5. Februar aufgenommen wurde. Am folgenden Tage stellte sich
ein Erysipelas faciei dazu ein. Wegen des Collapsus wurde
Campher innerlich (nach Pirogoff), zweistündlich 2 Gr. in
Pulverform, gegeben; um eine raschere Wirkung herbeizuführ-
ren, injicirte ich am Abend des 13. 2. von folgender Solution:

$$\text{R}$$
Camph. Gr. x
Aetheris sulf.
Aq. dest. ana ℨj
D. S.

im Ganzen 10 Gr. (also ⅛ Gr. Campher) in das Zellgewebe des
Oberarms. Der vorher kleine Puls wurde unmittelbar nach der
Injection voller und liess eine leichte Zunahme der Frequenz
bemerken; dieselbe stieg von 100 in 5 Minuten auf 108, in
15 Minuten auf 114, sank aber alsdann wieder bis auf 96. In
ähnlicher Weise wurden die Athemzüge ausgiebiger und tiefer,
ohne jedoch an Frequenz zuzunehmen; im Gegentheil sank ihre
Zahl nach einer Viertelstunde von 30 auf 26 in der Minute.
Die Hautausscheidung wurde etwas vermehrt; der nach etwa
einer Stunde eintretende Schlaf war ruhiger, als es sonst bei
dem Patienten der Fall zu sein pflegte. Eine anderweitige Wirkung liess sich nicht wahrnehmen. Die Stichstelle blieb zwar
eine kurze Zeit hindurch geröthet; doch wurden weder Schmerz,
noch nachträgliche Entzündungserscheinungen an derselben beobachtet. (Das Erysipelas selbst nahm einen günstigen Verlauf,
recidivirte aber noch zweimal, und der Kranke ging später ma-
rastisch zu Grunde.)

# Neunzehntes Kapitel.

## Liquor Ammonii anisatus.

Mit der hypodermatischen Injection von Liquor Ammonii anis. wurden einige Versuche gemacht bei bereits sehr vorgeschrittenem Collapsus, wo die innere Anwendung der Reizmittel nicht thunlich war oder keine Wirkung mehr zeigte — namentlich bei drohendem oder bereits ausgebrochenem Lungenödem, um vielleicht auf diese Weise noch energische Expectoration zu veranlassen. Es wurden 5—7 Tropfen Liq. Ammonii anis., theils mit doppelten, theils mit gleichen Mengen Aq. dest. verdünnt, und einmal sogar rein, injicirt. Der Erfolg war sehr unbedeutend, was, ausser der an sich desperaten Natur der Fälle, wohl auch dem Umstande zugeschrieben werden musste, dass wahrscheinlich die Resorption bei herannahender Agone gänzlich daniederlag. In den behandelten Fällen waren Encephalitis, Dysenterie und Lungentuberkulose die Todesursache; die Einspritzungen wurden an der inneren Seite des Oberarms oder Oberschenkels gemacht; eine örtliche Reaction zeigte sich, wie zu erwarten war, nicht mehr.

In dem einen Falle, bei einer 63jährigen, marastischen, an Dysenterie leidenden Patientin, wo hinzutretendes Lungenödem den letalen Ausgang beschleunigte, wurde der kaum fühlbare Puls wenige Minuten nach der Injection etwas kräftiger, ohne dass in der sehr bedeutenden Frequenz (160) ein Unterschied eintrat; ebenso that die Kranke statt der flachen und ausserordentlich häufigen Respiration einzelne tiefere, von Stertor begleitete Athemzüge; jedoch gingen diese Erscheinungen schon nach einigen Minuten spurlos vorüber. In den beiden anderen Fällen war gar keine Wirkung zu bemerken.

188

# Zwanzigstes Kapitel.

### Anwendung der Injectionen zur Hervorrufung örtlicher Gewebsveränderungen.

---

**1. Injection reizender Substanzen zur Erregung künstlicher Entzündung.**

Die Benutzung hypodermatischer Injectionen, um reizend oder umstimmend wirkende Substanzen in das Zellgewebe einzuführen und dadurch an Ort und Stelle entzündliche Veränderungen hervorzurufen, ist, obwohl sie sich an bekannte ältere Methoden (z. B. das Einimpfen von Crotonöl oder Tartarus stibiatus bei Naevis und erectilen Geschwülsten, das Durchziehen eines mit reizenden Substanzen bestrichenen Haarseils u. s. w.) anschliesst, doch von allerneuestem Datum, und es liegt darüber, ausser zwei interessanten Beobachtungen von Bourguet und Friedreich, nur eine allgemeiner gehaltene Abhandlung des Dr. Luton (in Rheims) vor. Derselbe machte von diesem Verfahren der Pariser Akademie (am 28. Sept. 1863) eine in den Comptes rendus abgedruckte Mittheilung, und beschrieb dasselbe unter dem pomphaften Titel der „Substitution parenchymateuse" als eine Methode, welche „in der künstlichen Erzeugung eines krankhaften Processes im Schoosse der erkrankten Gewebe durch Deposition einer entsprechend gewählten medicamentösen Substanz" bestehen sollte. Den Namen „substitution" verdiente diese Methode deshalb, weil man durch Anwendung mehr oder weniger reizend wirkender Stoffe angeblich jedem beliebigen Grade oder jeder Varietät eines Krankheitsprocesses eine analoge künstliche Störung substituiren, denselben in allen seinen Phasen genau nachahmen kann, von der einfachen schmerzhaften Irritation (substitution de douleur) und der congestiven Reizung (substitution par congestion ou fluxionnaire) bis zur wirklichen Entzündung mit allen ihren Ausgängen in Zertheilung, narbige Verwachsung, Induration, Atrophie, Eiterung, Brand u. s. w. (substitution inflammatoire). Den ersten Grad, die einfache Congestion doulonreuse, bewirkte Luton durch Einspritzen gesättigter Lösungen von Seesalz; etwas stärkere Irritation durch Alcohol, Tinct. Cantharidum, Tinct. Jodi; wirkliche phlegmonöse und suppurative Entzündung durch Lösungen von Arg. nitr. oder gesättigte Lösungen von Cupr. sulfuricum. Die Fälle, in denen Luton dieses Verfahren mit glücklichem Erfolge angewandt haben will, sind: Neuralgieen oder fixe Schmerzen sine materia (hier genügte meistens die einfache Congestion de douleur); indolente Drüsenbubonen, die keine spontane Zertheilung erwarten liessen; Tumor albus, localisirte Osteitis, Periostitis, Caries, malum Pottii (!), Kropf, Tumoren verschiedener Natur oder acut entstandene Geschwülste, Furunkel, Anthrax, Parotitis u. s. w. — Schädliche Folgen traten niemals ein. Die Arbeit schliesst mit den charakteristischen Worten, die freilich nach der Aufzählung obiger Krankheiten fast überflüssig werden: „Enfin on comprend que les applications possibles de la substitution parenchymateuse sont presque illimitées." —

Bourguet in Aix (Gaz. des hôp. 61, 1863) veröffentlichte folgenden Fall von Heilung · einer sehr hochgradigen Pseudarthrose am Femur durch reizende Injectionen zwischen die Bruchenden:

Ein 53jähriger, kräftiger Landmann erlitt im October 1861 durch einen Fall von einem Karren eine Fractur des Femur im mittleren Drittel. Dieselbe wurde in den ersten 14 Tagen mit Lagerung auf der doppeltgeneigten Ebene, dann mit Schienen und Kleisterverbänden behandelt. Nach 10 Wochen bestand Verkürzung um 8 Ctm. und Beweglichkeit der Bruchfragmente nach allen Richtungen hin: das obere ragte nach vorn und aussen hervor, das untere war nach hinten abgewichen; zwischen beiden bestand nirgends die mindeste Berührung. Weitere Anwendung von Schienen und Dextrinverbänden in Extension minderte zwar die Verkürzung um 3 Ctm., jedoch blieb die abnorme Beweglichkeit völlig unverändert. Die wiederholte Anwendung der Acupunctur hatte gar keinen Erfolg. Bourguet machte nun, 5½ Monate nach der Fractur, eine Injection von verdünntem Liquor Amm. caustici [7 Tropfen von 1 Theil Ammoniak auf 2 Theile Wasser] mit der Pravaz'schen Spritze zwischen die Fragmente gerade in der Mitte ihrer Kreuzung. Es folgte nur geringes Brennen; am folgenden Tage weder Anschwellung, noch Schmerzhaftigkeit. Dadurch ermuthigt, injicirte Bourguet nach 3 Tagen noch 20 Tropfen derselben Mischung unter der Mitte des oberen Bruchendes, was ein mehrtägiges Brennen und Stechen und leichte Anschwellung der Injectionsstelle zur Folge hatte. Nach 4 Tagen wurde ein Dextrinverband angelegt, der 7 Wochen liegen blieb. Nach Abnahme desselben zeigte sich eine grosse Veränderung: die Bruchstücke waren nicht mehr beweglich, sondern bereits mit ossificirendem Callus vereinigt, der namentlich au der Stelle der Injection bereits ziemliche Festigkeit erlangt hatte. Nachdem wieder

6 Wochen ein Dextrinverband gelegen hatte, war die Consolidation vollendet; das Bein wurde vollkommen brauchbar, blieb aber um 6 Ctm. verkürzt.

Offenbar hatte in diesem Falle die durch die Injectionen hervorgerufene Entzündung den Anstoss zu einer ossificirenden Exsudation gegeben, wenn auch die gleichzeitig angewandten festen Verbände mit zur Callusverlöthung beitrugen. Obwohl unzweifelhaft zur Heilung der Pseudarthrose auch andere, nicht minder erfolgreiche Wege offen standen, so sind doch gerade die am sichersten zum Ziele führenden Verfahren auch wieder mit grossen Schwierigkeiten und Bedenken verbunden, wie dies jedem Chirurgen aus eigener Erfahrung bekannt ist. Ein zugleich sicher wirkendes und gefahrloses Mittel ist daher keineswegs überflüssig, vielmehr in der Behandlung der Pseudarthrosen als Fortschritt zu begrüssen. —

Der von Friedreich publicirte Fall, wo eine zweifelhafte Bauchgeschwulst (ein extrauteriner Foetus?) durch Morphium-Injectionen zum Verschwinden gebracht wurde, ist bereits im achten Kapitel beschrieben worden; ich erwähne denselben hier nochmals, weil dieses, jedenfalls unschädliche Verfahren sich namentlich bei gutartigen Tumoren vor der operativen Entfernung derselben versuchsweise in Anwendung bringen liesse.

### 2. Injection von Brom bei Hospital-Gangrän.

Goldsmith in Nordamerika empfiehlt (Med. Times and Gaz. 1863 Nr. 678) bei Hospitalgangrän das Brom nicht nur als Verbandmittel, sondern auch, wenn dies nichts hilft, in Form hypodermatischer Injectionen in der Umgebung der Wunde. Er nahm einen Tropfen reines Brom auf jede Injection, und sah nach 48 Stunden den specifischen Charakter der Wunde sich verlieren.

### 3. Injection von Liquor Ferri sesquichlorati bei Naevus.

Wood, Richet, Appia, Demarquay, Schuh haben Fälle von Heilung erectiler Geschwülste mittelst Injectionen von Liq. Ferri sesquichl. in das Bindegewebe beobachtet. Schuh (Wiener Wochenschr. 1861 pp. 48 und 49) bediente sich einer Lösung von 20° Beaumé (2 Theile Liq. Ferri auf 5 Wasser), wovon 3—6 Tropfen an drei oder vier verschiedenen Stellen zugleich in mehrtägigen Intervallen eingespritzt wurden. Pauli sah nach Injection von nur einem Tropfen Eisenlösung bei einem halbjährigen Kinde heftige Entzündung und brandige Zerstörung folgen. — Kürzlich hat Ellinger (Virchow's Archiv XXX. Hft. 1 und 2) diese Methode wieder aufgenommen und in vier Fällen Versuche damit gemacht.

Der erste betraf eine handgrosse, erectile Geschwulst in der Lumbalgegend bei einem 8jährigen Mädchen. E. injicirte 5 Spritzen verdünnten Liq. Ferri sesquichl. (1 : 30) nach verschiedenen Richtungen in das Bindegewebe; am 4. Tage wieder dieselbe Dosis. Nach 13 Tagen war die Geschwulst nahezu verschwunden, der Rest derb und incompressibel. Eine Radicalheilung fand jedoch nicht statt, die Geschwulst recidivirte vielmehr fast bis zu ihrer früheren Grösse und wurde nachträglich durch Exstirpation glücklich beseitigt.

In dem zweiten Falle sass die Geschwulst am Mundwinkel eines 5jährigen Mädchens. Es wurden in mehrtägigen Intervallen dreimal Injectionen von je 4, 4 und 3 Spritzen gemacht. Die Reaction war fast null; der Tumor verschwand bis auf eine mässige Entstellung, musste jedoch ebenfalls später noch exstirpirt werden.

Ebenso verhielt es sich in den beiden übrigen Fällen, die Geschwülste am oberen Augenlid und der Concha auris betrafen.

Nach diesen Erfahrungen beschränkt sich der Nutzen der Eisenchlorid-Injectionen bei Naevus darauf, durch Coagulation des Blutes in den Gefässen einen Verschluss derselben und eine vorübergehende Schrumpfung des Neugebildes herbeizuführen, welche die operative Entfernung desselben erleichtert.

# Anhang.

## Die forensische Bedeutung der subcutanen Injectionen.

Auf die Wichtigkeit, welche die hypodermatische Methode
möglicherweise für die forensische Praxis haben kann, indem
durch subcutane Anwendung organischer Gifte der Nachweis
derselben erschwert und namentlich die Untersuchung des Ma-
gen- und Darminhalts illusorisch wird, hat zuerst A. v. Franque
(Aerztl. Intelligenzblatt 1862, 6.) und neuerdings Beer (Med.
Central-Ztg. 1864, 21.) aufmerksam gemacht. Ersterer hebt mit
Recht hervor, dass eine viel geringere. Substanzmenge hierbei
zur Vergiftung erforderlich, der Nachweis also auch von dieser
Seite her schwieriger ist. — Die schnellere Elimination injicirter Substanzen, wie wir sie auf experimentellem Wege kennen
gelernt haben, ist ebenfalls ein ungünstiges Moment für die
spätere Untersuchung, indem letztere nur noch eine relativ geringe Quote des Gifts im Organismus vorfindet.

Niemand wird in Abrede stellen, dass eine absichtliche Vergiftung durch hypodermatische Injection im Bereiche der Möglichkeit liegt. Wir sehen Verbrecher mit eiserner Ausdauer
und Consequenz Jahre lang den Fortschritten der Wissenschaft

nachschleichen, um letztere ihren Zwecken und Plänen dienst-
bar zu machen; und dass Vergiftungen auch von Aerzten und
wissenschaftlich hochstehenden Männern begangen werden können, hat erst die jüngste Zeit durch zwei traurige Beispiele bewiesen.

In der Regel wird es sich hierbei um organische Alcaloide
handeln, deren sicherer Nachweis ohnehin bei den kleinen Men-
genverhältnissen dieser Körper mit grossen Schwierigkeiten ver-
knüpft ist, falls nicht für eins oder das andere bereits prävali-
rende Verdachtsgründe vorliegen.

Um so mehr müssen wir also darauf bestehen, in derartigen
Fällen den einzigen Weg, der zum Ziele führen kann, einzu-
schlagen, und ausser den gewöhnlich untersuchten ersten Di-
gestionswegen auch andere Organtheile, namentlich aber die organischen Flüssigkeiten, der gerichtlich-chemischen Analyse zu
unterbreiten. Es geschieht dies allerdings häufig, obwohl nicht
constant, mit Stücken der Leber, der Milz und der Nieren.
Der grösste Werth ist aber auf die Untersuchung des Blutes
zu legen; hier dürfte zugleich der Nachweis, namentlich in sehr
acuten Vergiftungsfällen, bei der subcutanen Application leichter gelingen, weil das Gift in relativ grösserer Menge und zugleich weniger zersetzt in den Kreislauf übergeführt wird. Auch
die Untersuchung des in der Blase enthaltenen Harns, sowie
anderer Se- und Excrete kann unter diesen Umständen von
Werth sein.

Die Untersuchung der äusseren Haut, wie sie Beer bei
acuten Todesfällen unter verdächtigen Umständen dringend empfiehlt, dürfte, selbst wenn sie auf das Genaueste und an der
ganzen Körperoberfläche vorgenommen wird, kaum je zu einem
practisch brauchbaren Ergebnisse führen. Abgesehen davon,
dass die kleinen Stichwunden der Injectionsnadel überhaupt
kein pathognostisches Signum besitzen und daher leicht zu Ver-
wechselungen Anlass geben können, sind dieselben auch schon
in der Regel nach wenigen Stunden völlig verklebt, und die
länger, selbst Tage lang anhaltende leichte Hauthyperämie in
ihrer Umgebung wird nach dem Tode voraussichtlich sofort
schwinden. Ich habe öfters bei Leichen von Personen, die
während der letzten Zeit mit Injectionen behandelt waren, vergebens nach den Stichstellen gesucht, obwohl ich das benutzte

Terrain genau kannte. Nur wo die Injectionen in der Agone,
bei schon bedeutendem Daniederliegen aller vegetativen Functionen vorgenommen waren, vierrieth sich die Stichöffnung deutlich, weil hier ein Verschluss derselben durch plastisches Ex-
sudat nicht mehr stattfinden konnte.

# Nachtrag.

Während des Druckes sind theils durch fremde Publicationen, theils durch weitere eigene Beobachtungen einige Zusätze und Nachträge zu dem speciellen Theile der Arbeit nothwendig geworden. Ich gebe dieselben hier in derjenigen Reihenfolge, die bisher der Betrachtung der einzelnen Mittel zu Grunde gelegt wurde.

## 1) Morphium und andere Opiumbasen.

### Neuralgieen.

Dujardin-Beaumetz veröffentlicht (Gaz. des hôp. 1864 No. 136. und 138.) einige Beobachtungen über die Behandlung von Neuralgieen mittelst subcutaner Injectionen von Morphium.

Drei Fälle werden ausführlicher beschrieben. Der erste betrifft eine 42jährige Frau, die seit einem Monat an Neuralgia brachialis sin. mit unbekannter Veranlassung litt. Vom 3. Juli bis zum 13. August wurden fast täglich Injectionen (von 2—3 Ctgrmm. einer Lösung von 0,5 Grmm. Morph. muriat. in 10 Grmm. Wasser) an verschiedenen Stellen des Arms vorgenommen, und zuletzt völlige Heilung erzielt. — In dem zweiten Falle (Ischias rheumatic. dextra bei einem 35jährigen Manne) bewirkten 10 Injectionen, an hintereinander folgenden Tagen gemacht, ebenfalls definitive Herstellung. — Im dritten Falle (unerträgliche Schmerzen in der Lumbalgegend in Folge von Carcinoma uteri bei einer 62jährigen Frau) wurden die Schmerzen zwar ebenfalls durch die Morphium-Injectionen stets prompt und selbst für die Dauer von 1—2 Tagen wesentlich gemildert, doch erlag die Kranke sehr bald unter zunehmender Kachexie und urämischen Erscheinungen.

### Tetanus. Trismus.

Nach Erlenmeyer (Correspondenzblatt für Psychiatrie 1864, No. 15. und 16.) soll Vogel einen traumatischen Tetanus durch Morphium-Injectionen geheilt haben.

Neudörfer (feldärztlicher Bericht über die Verwundeten in Schleswig, in Langenbeck's Archiv VI. Heft 2. p. 526) wandte in 3 Fällen von Tetanus das Morphium subcutan an, und zwar in grossen Dosen und wiederholt (in einem Falle innerhalb 24 Stunden 3 Gran). Diese 3 Fälle verliefen jedoch, ebenso wie alle übrigen Fälle von Tetanus mit Ausnahme eines einzigen, letal.

Ich habe in mehreren Fällen von Trismus neonatorum zur Anwendung der Morphium-Injectionen Gelegenheit gehabt, jedoch keine eclatante Wirkung von denselben gesehen. In dem ersten Falle, bei einem 5 Tage alten Knaben, wurde wenige Stunden nach dem Auftreten der ersten Erscheinungen des Trismus eine Injection von Gr. $\frac{1}{16}$ in der Schläfengegend gemacht; der Tod erfolgte 8 Stunden nach der Injection unter allgemeinen Convulsionen, ohne dass Schlaf und Nachlass eingetreten war.

In dem zweiten Falle handelt es sich um einen 9tägigen, kräftigen Knaben, der bis zum Tage vorher noch gesund gewesen war, und die Brust genommen hatte; seitdem hatte man etwas Milch noch mit dem Löffel einflössen können. Gegenwärtig bestand Contractur in den Armen, namentlich in den Fingerbeugern; die Kiefer, fest zusammengepresst, lassen sich nur wenig von einander entfernen; die Stirn gerunzelt; Respiration ruhig. Ein warmes Bad erfolglos. Am Abend des 30. August um 10 Uhr Injection von $\frac{1}{10}$ Gr. Morphium in der linken Schläfe. Nachlass der Erscheinungen; es tritt Schlaf ein, um 2 Uhr Morgens erwacht das Kind jedoch wieder unter allgemeinen Krämpfen, und der Exitus letalis erfolgt zwischen 4 und 5 Uhr.

In einem dritten Falle wurden 2 Tropfen Tinct. Opii simpl., in einem vierten $\frac{1}{12}$ Gr. Morphium subcutan injicirt; die Kinder starben beide ebenfalls noch im Laufe des Tages. (Ebenso

in noch mehreren anderen Fällen, die in der geburtshülflichen
Poliklinik zur Behandlung kamen.)

**Hyoscyamus- und Atropin-Vergiftung.**

R e z e k (Allg. Wiener med. Zeitung 1864 No. 30) hat zwei
interessante Fälle von antidotischer Wirkung der Morphium-
Injectionen bei Hyoscyamus-Vergiftung mitgetheilt, die in einem
Auszuge hier folgen mögen:

1. Ein 3½jähriger Knabe hatte vor 4 Stunden eine unbekannte Quantität
unreifen Bilsenkrautsamens gegessen. Kurz darauf war er eingeschlafen und nach
halbstündigem Schlaf unter Krämpfen erwacht, die sich nach und nach über Extremitäten und Rumpf ausbreiteten. Bei der Untersuchung war Pat. völlig be-
wusstlos, das Gesicht dunkelgeröthet, Athmen beschleunigt, die Halsvenen pulsi-
rend, Temperatur sehr erhöht, die Pupillen stark erweitert; in kürzeren Intervallen traten Stösse in Händen und Füssen auf, die von einem lauten Geheul
des Kranken begleitet waren. — Eine Gabe von einer halben Drachme Ipecacuanha (die aber nur zum Theil geschluckt wurde, weil das Schlingen behindert
war) rief kein Erbrechen hervor; dagegen Tannin (in Wasser gelöst) zweimal.
Die Magen-Contenta enthielten weisse Samenkörner und grüne Pflanzentheile.
Jedoch trat nach dem Erbrechen noch bedeutende Verschlimmerung ein, die Convulsionen wurden heftiger, Opisthotonus, die Respiration kurz, krächzend, stridu-
lös, äusserste Dyspnoe, Cyanose. Blutegel und kalte Einwickelungen blieben ohne
Erfolg; die Tracheotomie wurde nicht gestattet. In der Verzweiflung griff R. zu
einer Morphium-Injection (¼ Gr.) in der vorderen Halsgegend. Schon nach 5 Minuten wurden die Krämpfe seltener; nach 10 Minuten schlief und athmete Pat.
so ruhig, als wäre nichts vorgefallen. Nach 6 Stunden Erwachen; die Convulsionen traten zwar wieder auf, aber in immer längeren Intervallen, der Glottis-
Krampf ebenfalls viel milder. Das Bewusstsein vorhanden. Pat. genoss etwas
Milch und war seitdem ausser aller Gefahr. Die nächsten 8 Tage noch etwas
Hitze und Nachts zuweilen Krampfhusten; dann völlige Reconvalescenz.

2. Einen ähnlichen Fall beobachtete R. 14 Tage darauf bei einem 1½jähri-
gen Knaben. Derselbe wurde erst nach 6 Stunden gebracht; Convulsionen u. s. w.
wie oben, doch die Respiration unbehindert. Sogleich Injection von ⅛ Gr. Morphium. Pat. wurde bedeutend ruhiger, hatte aber noch von Zeit zu Zeit schwache
Zuckungen, weshalb nach einer halben Stunde ⅛ Gr. injicirt wurde. Darauf ruhiger Schlaf. Die Erscheinungen kehrten nicht wieder, und nach zwei Tagen
war auch dieser Patient völlig genesen. —

R. bestätigt ebenfalls, dass er die nach Atropin-Injectionen
eintretenden alarmirenden Erscheinungen ( u. A. fortwährenden
Harndrang) durch Morphium-Injection „so zu sagen momentan"
habe verschwinden sehen. Die gleiche Beobachtung habe ich
kürzlich bei einer an Prosopalgie aller Aeste des rechten Tri-

geminus leidenden Dame gemacht, wo schon nach Injection von $\frac{1}{44}$ Gr. in der Schläfe die Erscheinungen der Atropin-Intoxication in wirklich bedenkenerregender Weise auftraten. Die Kranke warf sich in völliger Bewusstlosigkeit im Bette hin und her und hatte von Zeit zu Zeit furibunde Delirien; dabei wurden die Glieder und auch der Kopf von convulsivischen Stössen erschüttert. Die Pupillen waren mässig erweitert, der Puls klein, etwas beschleunigt (88 in der Minute). Ich injicirte sogleich $\frac{1}{4}$ Gr. Morphium an der Schläfe, in unmittelbarer Nähe der ersten Injectionsstelle. Der Erfolg war ein frappanter; die Zuckungen hörten nach kaum 3 Minuten auf und nach 10 Minuten verfiel die Kranke in einen festen, ruhigen Schlaf mit tiefer, stertoröser Respiration. Die Pulsfrequenz war auf 68 heruntergegangen. Beim Erwachen (8 Stunden nach der Injection) zeigten die Pupillen beiderseits normale Dimensionen; Intoxicationserscheinungen waren nicht mehr vorhanden.

### Delirium tremens.

Empfehlung des Morphiums, auch in subcutaner Form, durch Hardiwick (Med. Times and Gaz. 1863) nach vorheriger Erfüllung der causalen Indicationen.

### Stottern.

In einem Falle von Stottern will Saemann (Deutsche Klinik 1864 Nr. 45) durch Morphium-Injectionen zeitweise wesentliche Besserung bewirkt haben. (Ausserdem wurden dieselben von ihm bei heftigem Zahnschmerz, bei Otitis ext. und int., Gelenkrheumatismus, Gastrodynie und Hemicranie mit Erfolg angewandt.)

### Nach Operationen.

Humphry (Med. Times and Gaz., 13. August 1864 vol. II. No. 731) spricht sich gegen die innere oder hypodermatische Anwendung von Opium nach Operationen aus — eine Praxis, die (in England) viele Anhänger habe. Er befürchtet namentlich eine gefährliche Schwäche und Enervation in Folge der Sedativa.

Ich habe kürzlich in zwei Fällen, wo es sich um Exstirpationen des Unterkiefers wegen Carcinoms handelte, Injectionen von ½, resp. ¼ Gr. Morphium gegen das Ende der Operation und noch vor dem Erwachen des Kranken aus der Chloroformnarkose vorgenommen, mich jedoch nicht davon überzeugen können, dass eine wesentliche Verlängerung der Narkose durch die Injection erzielt wurde. Dagegen leisteten letztere in der Nachbehandlung gerade dieser Fälle die entschiedensten Dienste, namentlich während der ersten Tage, wo von der inneren Darreichung ganz abgestanden werden musste, und durch die öfters wiederholte subcutane Application jedesmal Linderung der Schmerzen, allgemeine Beruhigung der Patienten und Schlaf hervorgebracht wurden. — Das von Humphry geäusserte theoretische Bedenken ist, wenigstens in solcher Allgemeinheit ausgedrückt, kaum zutreffend, da in vielen Fällen keineswegs die verminderte, sondern gerade die abnorm gesteigerte Erregung des Nervensystems nach grösseren chirurgischen Eingriffen eine Quelle der übelsten Zufälle abgiebt, denen man durch frühzeitige und consequente Anwendung der Narcotica am sichersten vorbeugt.

## Narcein, Thebain und Narcotin.

Bekanntlich hat in jüngster Zeit Claude Bernard (Comptes rendus, 29. August 1864) eine Reihe von Experimental-Untersuchungen über die Alkaloide des Morphiums veröffentlicht, aus denen er u. A. den Schluss zog, dass von diesen Alkaloiden nur drei, nämlich das Morphium, Codein und Narcein, narkotische Eigenschaften besässen, und dass dieselben namentlich dem letztern in vorzüglichstem Maasse zukämen. Das Narcein sollte dagegen die aufregenden und Krämpfe erzeugenden Wirkungen des Morphiums, sowie anderer Alkaloide nicht haben; die damit vergifteten Thiere sterben mit erschlafften Muskeln.

Diese Resultate veranlassten Béhier (Gaz. hebd. 1844 p. 43), therapeutische Versuche mit subcutanen Injectionen von Narcein am Menschen anzustellen. Er wandte dasselbe in gleichen Dosen wie das Morphium an und beobachtete danach Beruhigung der Schmerzen ohne die übeln Nebenerscheinungen des Morphiums (Kopfschmerz, Unwohlsein beim Erwachen, Neigung zu Digestionsstörungen und Synkope); das Wohlbefinden war vielmehr beim Erwachen aus der Narkose vollständig. Eine eigen-

thümliche Wirkung scheint nach ihm das Narcein auf das uro-
poetische System auszuüben, indem es die Harnentleerung suspendirt, ohne die Empfindung des Bedürfnisses zum Harnlassen
aufzuheben oder zu modificiren.

Ich habe kürzlich mit zwei anderen Alkaloiden des Opiums,
dem Thebain und Narcotin, Versuche angestellt, die jedoch
noch nicht zum Abschluss gelangt sind. Beide Substanzen erhielt ich krystallistirt aus dem hiesigen chemischen Institut, und
bereitete von denselben mit Hülfe von Salzsäure eine Lösung
in Aq. dest. in gleichem Verhältniss, wie sie bei subcutaner Injection von Morphium in Anwendung kam (Gr. iv auf 5j).

Die Wirkung beider Alkaloide zeigt sich nach den bishe-
gen Versuchen als eine zunächst Puls beschleunigende, Temperatur und Respirationsfrequenz erhöhende — Eigenschaften, die
jedoch dem Thebain in höherem Grade zukommen, als dem
Narcotin; letzteres erscheint überhaupt als der relativ unwirk-
samere der beiden Körper. Vom Thebain wurde mit ⅙ Gr. begonnen und (nach öfterer Wiederholung bei demselben Kranken) bis zu ½ Gr. gestiegen: das Narcotin dagegen wurde in
Dosen von ⅓—⅔ Gr. injicirt. Das Thebain rief ein heftigeres
(jedoch rasch vorübergehendes) Brennen an der Stichstelle hervor, als das Narcotin; üble örtliche Erscheinungen traten bei
beiden Substanzen nicht ein. Einige Beispiele mögen die Wirkungen beider Mittel, namentlich in Hinsicht auf die Pulsfrequenz, illustriren:

1. Kosbold, 54jähriger Mann (Amputation beider Unterschenkel wegen
Frostgangrän). Injection von ½ Gr. Thebain an der Innenseite des Oberarms.

Vor der Injection Puls 78. Nachher: nach 1 Minute 80, nach 2 Min. 91,
nach 3 Min. 96, nach 4 Min. 98, nach 5 Min. 96, nach 10 Min. 100, nach
25 Min. 96. Die Respirationsfrequenz stieg von 22 auf 27. Es traten weder
Schlaf, noch Intoxicationserscheinungen ein.

2. Lorenz, 60jähriger Mann (Amputation des Unterschenkels wegen chronischen Geschwürs, in der Heilung begriffen). Injection von ½ Gr. Thebain am
Oberarm.

Vorher: Puls 68; Temper. 37,3; Respiration 18. Nachher: nach 1 Minute
Puls 72, nach 2 Min. 76, nach 3 Min. 76, nach 4 Min. 84, nach 5 Min. 80,
nach 6 Min. auch 80 — nach 10 Min. 86, nach 15 Min. 84. Die Temperatur
war in 15 Min. auf 37,6 — die Respirationsfrequenz auf 21—23 gestiegen. Pat.
schlief in der folgenden Nacht besser als sonst (wo er keine Narcotica genommen
hatte); Intoxicationserscheinungen traten nicht auf; ein gleichzeitig bestehender
Durchfall blieb unverändert.

3. Schreiber (Resection im Hüftgelenk wegen Caries; 26jähriger Mann). Injection von ⅓ Gr. Thebaïn am Oberarm.

Vorher: Puls 102; nachher: nach 1 Min. 108, nach 2 Min. 108, nach 3 Min. 110, nach 4 Min. 114 — nach 9 Min. 118, nach 20 Min. 126, nach 35 Min. 114. Die Respirationsfrequenz stieg von 28 auf 30 (in 4) und auf 34 (in 20 Minuten). Der Puls wurde mit wachsender Frequenz zugleich kleiner, blieb jedoch regelmässig.

Da nach 3 Stunden eine schlafmachende Wirkung noch nicht erfolgt war, so injicirte ich nochmals ⅓ Gr. Thebaïn, an derselben Stelle. Auch nach dieser zweiten Injection stellte sich kein Schlaf ein; dagegen wurde eine mässige Erweiterung und trägere Reaction beider Pupillen nach 10 Minuten beobachtet.

Diese letztere Erscheinung wurde auch in zwei anderen Fällen von Injection stärkerer Thebaïndosen wahrgenommen, und scheint die von Ozanam (Comptes rendus, 5. Sept. 1864) aufgestellte Behauptung zu rechtfertigen, dass das Thebaïn besonders auf den Cervicodorsaltheil des Rückenmarks einwirke. Direkt in das Auge gebracht, bewirkte das Mittel in mehreren Fällen zunächst eine Verengerung und darauffolgende geringe Erweiterung der Pupille.

4. Penz, 17jähriges Mädchen (Exstirpation eines Lipoms am Unterschenkel). Die Geschwulst war mit der Sehnenscheide der Mm. peronaei fest verwachsen, so dass ein Theil der letzteren mit entfernt werden musste. Wegen heftiger, auf die Operation folgender Schmerzen, die durch Druckverband, Eis u. s. w. nicht gelindert wurden, Injection von ⅓ Gr. Narcotin auf den N. peronaeus am Cap. fibulae.

Puls vorher 104. Nachher: nach 2 Min. 116, nach 3 Min. 118, nach 4 Min. 116, nach 5 Min. 124, nach 10 Min. 108, nach 15 Min. 108 — nach einer Stunde 96, nach 2 Stunden 68. Es war Abnahme der Schmerzen und zuletzt Schlaf eingetreten, welcher letztere etwa 3 Stunden anhielt. Nach Verlauf dieser Zeit erwachte Pat. von Neuem unter sehr heftigen Schmerzempfindungen, und es wurden dieselben nun durch eine Morphium-Injection in nachhaltigerer Weise gemildert.

5. Holtz, 40jähriger Mann (Exarticulation der Hand wegen Zermalmung durch Maschinengewalt). Starker Potator, bei dem Injectionen bis zu ⅓ Gr. Morphium erfolglos blieben. Versuchsweise wurde daher das Narcotin substituirt und ⅓ Gr. desselben an der Innenseite des Oberarms injicirt. —

Puls vorher 84, stieg nach 3 Minuten auf 102 — nach 20 Minuten 92 — nach 45 Min. 78. Es trat nur ein halbstündiger Schlaf ein; keine Intoxicationserscheinungen. — Am folgenden Abende Injection von ⅓ Gr. an derselben Stelle; Puls steigt von 92 bis auf 104 in 5 Minuten; kein Schlaf, während der Nacht grosse Aufregung, Delirien. Ebenso in der folgenden Nacht bei Anwendung einer gleich starken Narcotindosis. Veränderungen der Pupille traten bei diesem, sowie bei anderen mit Narcotin behandelten Patienten nicht ein.

Um die antodynische Wirkung beider Mittel zu erproben,
wurden mit denselben auch in zwei Fällen von Neuralgieen
(Prosopalgie, Ischias) Versuche angestellt, welche jedoch gänzlich negativ ausfielen. Bei einer an Prosopalgie leidenden Dame
wurden allerdings durch das Narcotin die üblen Nebenwirkungen vermieden, welche stärkere Morphium-Injectionen bei ihr
fast regelmässig zur Folge hatten, dafür aber der, wenigstens
im Anfange sehr sichere palliative Nutzen des Morphiums auch
nicht einmal annähernd erreicht. Weder hier noch in dem
Falle von (rheumatischer) Ischias liess sich ein Einfluss der
wiederholten Thebain- oder Narcotin-Injectionen auf Dauer und
Intensität der Anfälle wahrnehmen. — Es scheint somit, als
ob eine hypnotische sowohl als antodynische Wirkung beiden
Mitteln entweder gar nicht oder doch nur in minimaler Weise,
jedenfalls unendlich viel schwächer als dem Morphium, zukommt,
und es dürfte daher auch die therapeutische Verwerthung dieser
beiden Opium-Alkaloide nach dieser Richtung hin schwerlich
irgend welchen Nutzen versprechen. Ob dieselben dagegen umgekehrt als Reizmittel durch ihre, die Herzthätigkeit und Respiration primär steigernde Wirkung eine Bedeutung erlangen
können, wage ich nach den bisherigen Versuchen noch nicht
zu entscheiden.

## 2) Atropin.

Das Atropin wurde von Erlenmeyer (l. c.) bei Epilepsie
wirkungslos gefunden. Auch bei psychischen Krankheiten wandte
er dasselbe an, zu $\frac{1}{10}$ Gr. pro dosi. — Rezek (l. c.) injicirte
bei Hemicranie $\frac{1}{10}$ Gr. Atropin; ob mit Erfolg, ist nicht angegeben. Es wurden lebhafte Vergiftungserscheinungen, u. A. fortwährend Harndrang, beobachtet.

## 3) Coffein.

Von Pletzer (nach Erlenmeyer, l. c.) bei Neuralgieen
ohne Erfolg angewandt; zu $\frac{1}{4}$ Gr. pro dosi. (Die Dosis ist, nach
den von mir mitgetheilten Versuchen, zu niedrig gegriffen.)

## 4) Aconitin.

Ebenfalls von Pletzer bei Prosopalgie ohne Erfolg versucht.

## 5) Strychnin.

Saemann (Deutsche Klinik 1864, Nr. 44.) theilt einen interessanten Fall von Heilung einer plötzlich, ohne bekannte Veranlassung, aufgetretenen Amaurose durch Strychnin-Injection mit, der zu dem früher berichteten Fall von Frémineau ein Seitenstück bildet:

Ein 80jähriger Kaufmann, der ausser wiederholtem profusen Nasenbluten sich einer vollkommenen Gesundheit erfreute, war am 11. Juni d. J. plötzlich erblindet (Die Augen früher gesund; Hypermetropie ‖.) Die Pupillen waren durch Atropin wenig erweitert; die ophthalmoskopische Untersuchung lieferte ein negatives Resultat. Venäsection, Blutegel u. s. w. bewirkten keine Veränderung. Am 18. Juni Injection von ₁⁄₈ Gr. Strychnin in der Gegend des linken N. supraorbitalis. Nach kaum 2 Minuten erkannte Pat. (der bis dahin nicht einmal Lichtperception gehabt hatte) den Kirchthurm, die grünen Bäume, sah die Blätter an denselben sich bewegen und zählte Finger, vermochte jedoch kleinere Gegenstände nicht zu erkennen. — Am folgenden Tage wieder Abnahme der Sehkraft. Neue Injection (von ₁⁄₆ Gr.) mit gleichem Erfolge. Seitdem täglich bis zum 25. Juni ₁⁄₈ Gr. — am 27. und 29. Juni, 1., 3., 5. und 7. Juli ₁⁄₄ Gr. — am 11., 14., 18. und 23. Juli ₁⁄₆ Gr. — Die Wirkung war eine stetig progressive Steigerung des Sehvermögens. Am 3. Juli konnte Pat., wenn auch mühsam, Nr. 13 der Jäger'schen Schriftproben erkennen; nach der letzten Injection las er Nr. 2 mühsam, Nr. 4 bequemer. — Jede anderweitige Medication wurde vermieden.

### Lähmungen. — Aphonie.

Derselbe Autor erwähnt (Deutsche Klinik Nr. 45) einen Fall von frischer Facialis-Paralyse, der durch Strychnin-Injectionen völlig geheilt wurde. Bei allgemeinen Lähmungserscheinungen durch constitutionelle Lues bewirkten dieselben vorübergehende Besserung. — In einem Falle von Aphonie mit Larynxkatarrh stellte sich nach 4 Strychnin-Injectionen innerhalb acht Tagen die Sprache wieder her; gleichzeitig mit jeder Injection wurde jedoch eine locale Aetzung mit Sol. Arg. nitr. vorgenommen, so dass die Beobachtung nicht rein erscheint.

Der noch nicht ganz beseitigte Katarrh wurde schliesslich durch Salmiak-Inhalationen zum Verschwinden gebracht.

### Neuralgieen.

Bei Ischias sah Pletzer (l. c.) von den Strychnin-Injectionen zu $\frac{1}{30}$ Gr. günstige Wirkung.

## 6) Woorara.

Einen glücklich abgelaufenen Fall von Tetanus-Behandlung durch hypodermatische und endermatische Anwendung von Woorara berichtet Lochner (Bair. ärztl. Intelligenzbl. 1864 Nr. 48). Der Tetanus entwickelte sich bei einem bisher gesunden Manne aus einer kleinen Fingerverletzung (oder in Folge von Erkältung). Die Muskeln waren bretthart; das Sensorium frei; starke Transpiration. Die erste Injection von 13 Tropfen einer Lösung von Gr. j in Gtt. 60 am Oberschenkel hatte keine merkliche Wirkung. Nach Wiederholung derselben Dosis schien die Steifheit der Muskeln etwas abzunehmen. Abends waren die Muskeln der Beine ganz schlaff, ihre Bewegung nur schwer möglich; Bauchmuskeln hart, Sprache stossweise durch die Zähne gepresst, Respiration mühsam. Es war also theilweise Woorara-Wirkung eingetreten, die Beine gelähmt, auch die Athemmuskeln hatten etwas gelitten. Am folgenden Tage derselbe Zustand. Es wurde nun auf eine am Bauch erzeugte Excoriation ein mit 10 Tropfen Wooraralösung befeuchtetes Läppchen gelegt. Schon nach wenigen Minuten waren die Muskeln weicher. Wiederholung der Application ohne merklichen Erfolg; indessen besserte sich der Zustand stetig, und es trat Heilung ein. — Lochner schreibt letztere dem Woorara zu und macht ausserdem darauf aufmerksam, dass in der Wirkung desselben auf die Athemmuskeln eine Gefahr drohe und man daher immer auf die künstliche Unterhaltung der Respiration gefasst sein müsse.

## 7) Veratrin.

Erlenmeyer (l. c.) injicirte 4 Tropfen einer Lösung von Gr. j in ʒ iij (zuerst in Alcohol, Aether oder Chloroform, dann

Zusatz von Aq. dest.). Bei Neuralgieen sah er davon keine
Erfolge, wohl aber Herabgehen des Pulses.

## 8) Nicotin.

Nach Erlenmeyer (l. c.) in einem Falle von Tetanus mit
überraschendem Erfolg angewandt. Dosis: 4 Tropfen einer Lösung von Gr. $\beta$ in $\mathfrak{z}$ ij Wasser.

## 9) Coniin.

Nach demselben Autor bei Asthma, Emphysem, Angina
pectoris, Keuchhusten mitunter von günstigem Einflusse. — Ich
habe in einem Falle von äusserst heftigem Blepharospasmus bei
chronischer Iritis und Keratitis nach vergeblicher Anwendung
anderer Mittel (Arlt'sche Salbe, Morphium-Injectionen u. s. w.)
auch das Coniin in hypodermatischer Form versucht, da diesem
Mittel von Manchen eine specifische Wirkung zugeschrieben
wird. Es wurde eine Lösung von Gr. $\beta$ in Spir. vini $3\beta$, Aq.
dest. $3$ i$\beta$ benutzt und $\frac{1}{12} - \frac{1}{16}$ Gr. in der Schläfengegend oder
auf den N. supraorbitalis der betreffenden Seite injicirt. Der
Puls wurde nach jeder Injection rasch um 10 — 20 Schläge verlangsamt (wie dies auch nach innerer Anwendung des Mittels
von Nega und Wertheim beobachtet worden ist). Oefters
trat Schlaf und bei der stärkeren Dosis leichtes Schwindelgefühl
ein. Die Besserung des Blepharospasmus war nur eine sehr
vorübergehende, so dass nach 4 Injectionen von dieser Therapie
Abstand genommen wurde.

## 10) Blausäure.

Ich vervollständige hier die früher gegebene Notiz über
die Beobachtungen von M'Leod (Med. Times and Gaz. 1863,
March 14, 21, 28). Er wandte bei Geisteskranken die verdünnte
(Scheele'sche) Blausäure an, theils innerlich, theils in subcutaner Injection und zwar bei letzterer zu m 5 in m 30 Wasser. Er
empfiehlt das Mittel bei jeder Form der Geistesstörung mit
„hypernoia", besonders in acuten Fällen von Manie und Melancholie und bei maniakalischen und melancholischen Anfällen.

Es soll nicht blos beruhigend wirken, sondern auch den Uebergang in chronische Form einerseits, in Erschöpfung und Tod
andererseits verhüten. Der Effekt äussert sich durch sehr merk-
bare, plötzliche oder allmälige Abnahme der hypernoietischen
Erscheinungen, mit oder ohne Schlaf. Die Vortheile vor anderen Narcoticis beruhen nach M. namentlich in der Schnelligkeit, Sicherheit und Einfachheit der Wirkung, sowie in der
gänzlichen Abwesenheit cumulativer Erscheinungen und übler
Nebenwirkungen; Appetit und Verdauung werden nicht gestört,
sondern eher befördert. — Die Erfahrungen von M. beziehen
sich auf 44 Fälle, worunter 40 von Manie, die übrigen von
Melancholie.

## 11) Ergotin.

Mit Injectionen von Ergotin habe ich nur in einem Falle
von sehr hartnäckiger, schon seit drei Monaten bestehender
Tussis convulsiva bei einem 3jährigen Mädchen Versuche gemacht, nachdem innere Medicamente sich erfolglos zeigten. Es
wurde folgende Lösung benutzt:

$R\!\!\!/$
Ergotini Gr. Ij
Spir. vini rect.
Glycerini puri ana 3 $\beta$.

Von dieser Lösung wurden 6 — 10 Theilstriche (entsprechend
$\frac{1}{15} - \frac{1}{9}$ Gr. Ergotin) in allmäliger Steigerung injicirt. Die Injectionen schienen wenig schmerzhaft zu sein und riefen keine
übeln Nebenerscheinungen hervor; nach den stärkeren Dosen
erfolgte zweimal Erbrechen. Die Hustenparoxysmen wurden jedesmal vorübergehend gemildert und namentlich eine bessere
Nachtruhe durch die Abends gemachten Injectionen erzielt; eine
nachhaltige Besserung liess sich jedoch nicht wahrnehmen, und
es wurde daher diese Therapie wieder verlassen, nachdem die
Injection in Zeit von 20 Tagen elfmal wiederholt und im Ganzen gerade 1 Gran Ergotin auf diese Weise beigebracht war.

## 12) Chinin.

Ueber subcutane Chinin-Injectionen liegen von Rosenthal,
Saemann, Erlenmeyer und Zülzer neue Beobachtungen

vor. Rosenthal (Wiener med. Wochenschrift 1864 Nr. 33)
empfiehlt dieselben bei Intermittens hartnäckiger Art und bei
Neuralgieen; auch er fand $1\frac{1}{2}$ — 2 Gran genügend. — Saemann
(l. c.) bewirkte durch zwei Injectionen von je 2 Gran in einem
Falle von Intermittens tertiana Heilung, nachdem Э j innerlich
ohne Erfolg gereicht war. — Nach Erlenmeyer (l. c.) ist der
Erfolg sicherer und schneller, die Dosis kleiner, die Application
angenehmer, als bei innerer Anwendung des Mittels. — Auch
Zülzer (Wiener Med..Halle 1864 Nr. 38) sah nach Injection
von 3 — 8 (!) Gr. schnelles Verschwinden der Anfälle; doch gelang es nur sehr schwer, die bestehenden Milztumuren dadurch
zur Rückbildung zu bringen, und Z. glaubt daher dieser Behandlung der Intermittens im Allgemeinen nicht das Wort re-
den zu können. Ich möchte mir die Frage erlauben, ob Z.
hofft oder den Beweis vor Augen hat, dass sich durch die innere Behandlung die Zertheilung zurückbleibender Milztumoren
in kürzerer Frist erzielen lasse? Uebrigens wurde erst kürzlich
hier in der Klinik des Herrn Prof. Mosler ein Fall beobachtet, in welchem nach wiederholten Chinin-Injectionen eine bedeutende Verkleinerung und ein Verschwinden des nach Intermittens bestehenden Milztumors constatirt werden konnte.

Die rasche temperaturvermindernde Wirkung der Chinin-
Injectionen wurde in einem Falle von Febris remittens, den ich
vor Kurzem zu beobachten Gelegenheit hatte, sehr deutlich constatirt, indem von Stunde zu Stunde Messungen der
Temperatur vorgenommen wurden.

Der Fall betraf einen 19jährigen, anämisch aussehenden Mann, der früher
längere Zeit an Intermittens gelitten hatte und jetzt nach mehreren Frostanfällen
im Quotidiantypus von einem Fieber mit remittirendem Charakter heimgesucht
wurde. Pat. erfreute sich im Uebrigen vollkommener Gesundheit. Milzvergrösserung war deutlich zu fühlen. Die Morgen- und Abend-Temperaturen betrugen:

| | | | |
|---|---|---|---|
| Am 23. November (Morgens 8 Uhr) | . . . . . . . | 38,8 ° C. |
| | (Abends 6 · ) | . . . . . . . | 40,3 |
| 24. | - | Morgens | . . . . . . . . . . . 38,8 |
| | | Abends | . . . . . . . . . . . 40,4 |
| 25. | - | Morgens | . . . . . . . . . . 38,8 |
| | | Abends | . . . . . . . . . . . 40,0 |

Am 26. Nov. stundenweise Messung, die folgendes Resultat lieferte:

| | | |
|---|---|---|
| Vormittags 8 Uhr | . . . . . . . . . . . | 38,6 ° C. |
| - 9 - | . . . . . . . . . . . . | 38,8 |
| - 10 - | . . . . . . . . . . . | 39,0 |

Vormitt. 11 Uhr . . . . . . . . . . . . . . . 39,2 ° C.

- 12 - . . . . . . . . . . . . . . . 39,6

Nachmitt. 1 - . . . . . . . . . . . . . . . 39,8

- 2 - . . . . . . . . . . . . . . . 39,8

- 3 - . . . . . . . . . . . . . . . 40,0

- 4 - . . . . . . . . . . . . . . . 40,0

- 5 - . . . . . . . . . . . . . . . 40,0

- 6 - . . . . . . . . . . . . . . . 40,4

Am 27. Nov. wurde um 3 Uhr Nachmittags, also während des Ansteigens der Temperatur-Curve, eine Injection von 2 Gr. Chin. sulf. eingeschaltet:

Vormittags 8 Uhr . . . . . . . . . . . . . . . 38,8 ° C.

- 9 - . . . . . . . . . . . . . . . 38,8

- 10 - . . . . . . . . . . . . . . . 39,0

- 11 - . . . . . . . . . . . . . . . 39,5

- 12 - . . . . . . . . . . . . . . . 39,8

Nachmitt. 1 - . . . . . . . . . . . . . . . 39,8

- 2 - . . . . . . . . . . . . . . . 39,9

- 3 - . . . . . . . . . . . . . . . 40,0

Injection von Chinin.

- 4 - . . . . . . . . . . . . . . . 39,8

- 5 - . . . . . . . . . . . . . . . 39,8

- 6 - . . . . . . . . . . . . . . . 39,6

Die Folge der Injection war also, dass statt des typischen Ansteigens sofort ein allmäliges Absinken der Temperatur-Curve eintrat, und dass dieselbe zu der Zeit, wo sie sonst ihre Acme erreichte (Abends 6 Uhr), um 0,4° niedriger war, als vor der Injection, und um 0,8° niedriger, als zu der entsprechenden Zeit am vorhergehenden Tage.

Am 28. Nov. Wiederholung des Versuchs in derselben Weise, nur dass die Injection bereits zwei Stunden früher (Nachmittags 1 Uhr) gemacht wurde, um die Dauer der Wirkung zu bestimmen.

Vormittags 4 Uhr . . . . . . . . . . . . . . . 39,0 ° C.

- 5 - . . . . . . . . . . . . . . . 39,0

- 6 - . . . . . . . . . . . . . . . 38,8

- 7 - . . . . . . . . . . . . . . . 38,6

- 8 - . . . . . . . . . . . . . . . 38,6

- 9 - . . . . . . . . . . . . . . . 39,0

- 10 - . . . . . . . . . . . . . . . 39,0

- 11 - . . . . . . . . . . . . . . . 39,2

- 13 - . . . . . . . . . . . . . . . 39,4

Nachmitt. 1 - . . . . . . . . . . . . . . . 39,8

Injection.

- 2 - . . . . . . . . . . . . . . . 39,6

- 3 - . . . . . . . . . . . . . . . 39,4

- 4 - . . . . . . . . . . . . . . . 39,6

Nachmitt. 5 Uhr . . . . . . . . . . . . . . . 39,6 ° C.

- 6 - . . . . . . . . . . . . . . . 39,8 -

Auch hier also allmäliges Absinken, jedoch nach zwei Stunden ein Wiederansteigen der Temperatur, die freilich zur Zeit
der Acme (6 Uhr) erst dieselbe Höhe erreichte, wie unmittelbar
vor der Injection, und um 0,6 ° hinter dem injectionsfreien Tage
(26. Nov.) zurückblieb.

Am 29. Nov. wurde die Injection bereits am Vormittag um 8 Uhr (gleich
im Beginn des Ansteigens) vorgenommen.

Vormittags 6 Uhr . . . . . . . . . . . . . 38,4 ° C.

- 7 - . . . . . . . . . . . . . . . 38,3

- 8 - . . . . . . . . . . . . . . . 38,6

Injection.

- 9 - . . . . . . . . . . . . . . . 38,6

- 10 - . . . . . . . . . . . . . . . 38,8

- 11 - . . . . . . . . . . . . . . . 38,8

- 12 - . . . . . . . . . . . . . . . 39,0

Nachmitt. 1 - . . . . . . . . . . . . . . . 39,0

- 2 - . . . . . . . . . . . . . . . 39,0

- 3 - . . . . . . . . . . . . . . . 39,6

- 4 - . . . . . . . . . . . . . . . 39,6

- 5 - . . . . . . . . . . . . . . . 39,4

- 6 - . . . . . . . . . . . . . . . 39,2

Es konnte also hier das Ansteigen der Curve überhaupt
zwar nicht coupirt, aber doch erheblich verlangsamt und ihr
Maximum auf eine viel geringere Höhe reducirt werden; ja es
trat sogar gegen Abend statt des gewöhnlichen Zuwachses ein
Absinken der Temperatur ein, so dass letztere zu der Zeit, welche
eigentlich der Acme entsprach, um 1,2 ° niedriger war, als am
injectionsfreien Tage. — Ein ähnliches, nur schwächer ausge-
prägtes Resultat lieferte die Beobachtung des folgenden Tages
(30. Nov.):

Vormittags 6 Uhr . . . . . . . . . . . . . 38,4 ° C.

- 7 - . . . . . . . . . . . . . . . 38,4

- 8 - . . . . . . . . . . . . . . . 38,6

Injection.

- 9 - . . . . . . . . . . . . . . . 38,8

- 10 - . . . . . . . . . . . . . . . 38,9

- 11 - . . . . . . . . . . . . . . . 39,0

- 12 - . . . . . . . . . . . . . . . 39,0

Nachmitt. 1 - . . . . . . . . . . . . . . . 39,3

- 2 - . . . . . . . . . . . . . . . 39,2

- 3 - . . . . . . . . . . . . . . . 39,4

```
Nachmitt.  4 Uhr . . . . . . . . . . . . . .  39,4 ° C.
    -      5   -  . . . . . . . . . . . . . .  39,6
    -      6   -  . . . . . . . . . . . . . .  39,6
Am folgenden Tage (1. December) wurde die Chinin-Injection ausgesetzt.
Vormittags  6 Uhr  . . . . . . . . . . . . . .  38,6 ° C.
    -      7   -  . . . . . . . . . . . . . .  38,7
    -      8   -  . . . . . . . . . . . . . .  38,8
    -      9   -  . . . . . . . . . . . . . .  39,0
    -     10   -  . . . . . . . . . . . . . .  39,2
    -     11   -  . . . . . . . . . . . . . .  39,2
    -     12   -  . . . . . . . . . . . . . .  39,4
Nachmitt.  1   -  . . . . . . . . . . . . . .  39,6
    -      2   -  . . . . . . . . . . . . . .  39,6
    -      3   -  . . . . . . . . . . . . . .  39,8
    -      4   -  . . . . . . . . . . . . . .  40,0
  -  -      5   -  . . . . . . . . . . . . . .  40,0
    -      6   -  . . . . . . . . . . . . . .  40,4.
```

Sogleich stellte sich also der alte Typus wieder her und die Temperatur erreichte zur Zeit der Acme ganz dieselbe Höhe, wie am Tage vor den Injectionen. — Die Pulsfrequenz zeigte sich während dieser ganzen Zeit durch den Chiningebrauch nicht wesentlich beeinflusst; sie schwankte, vorher wie nachher, in den Gränzen von 80 bis 96.

## 13) Sublimat.

Nach Zeissl (Lehrbuch der constitutionellen Syphilis, Erlangen 1864, p. 381) wurden von Hebra, sowie auch schon früher von Ch. Hunter Sublimat-Injectionen bei Syphilis in Anwendung gebracht. Hunter machte bei einem 21jährigen Mädchen wöchentlich zwei Injectionen zu Gr. j auf 3 j (Wasser) und will auf diese Weise innerhalb 25 Wochen 25 Gr. Sublimat eingeführt haben, ohne dass Salivation eintrat. Hebra benutzte jedesmal 12 Tropfen einer Lösung von Gr. j in 3 β, und beobachtete, dass in der Umgebung der Injectionsstellen die syphilitischen Efflorescenzen rascher schwanden, als an entfernteren Hautregionen.

# Register der Autoren.

# Register

der

## mit Injectionen behandelten Krankheiten.

# Erklärung der Abbildungen.

Fig. 1.  Spritze nach Pravaz (natürliche Grösse).
    a) Glasspritze.
    b) Canule des Troikarts.
    c) Troikart.

Fgi. 2.  Spritze nach Luer (natürliche Grösse)
    a) Glasspritze mit Scala.
    b) Stahllanze zum Anstecken an die Spritze (durch den Canal derselben ist eine feine Metallsonde geführt).
    c) Das Seite 20 beschriebene Stilet zum Reinigen der Stahllanze.

Fig. 3 u. 4.  Spritze nach Rynd.
    $A$ die Canüle, bei $B$ wird dieselbe an das Instrument angeschraubt, und durch eine Oeffnung $E$ mit der Flüssigkeit gefüllt. Der mit einer Feder verbundene Knopf $C$ wird in die Höhe gedrückt und durch einen Halter $D$ an seiner Stelle erhalten, wodurch die Spitze der Nadel etwas vorspringt (Fig. 4). Nach dem Einstich wird durch Druck auf den Handgriff der Halter in die Höhe gehoben, wodurch die Nadel zurückspringt und die Flüssigkeit austreten lässt.

Fig 5 — 7.  Spritze nach Leiter.

Fig. 5.  Die Spritze (in natürlicher Grösse) in ihrer Messinghülse; letztere geöffnet, um zu zeigen, wie das abgeschraubte Lanzenrohr in die durchbohrte Stempelstange gesteckt wird (um die Spitze beim Transport unbeschädigt zu erhalten).

Fig. 6.  Spritze mit angeschraubtem Lanzenrohr.

Fig. 7.  Die einzelnen Theile des Instruments.
    a) Glascylinder; jeder Theilstrich der Scala entspricht einem Gran Flüssigkeit.
    b) Metallenes Schraubengewinde zum Anschrauben des Lanzenrohrs $f$.
    c) Platte am unteren Ende der (aus Hartkautschouk gefertigten) Stempelstange; in ihrer Mitte befindet sich eine Oeff-

nung, welche die Spitze des umgestürzten Lanzenrohrs aufnimmt.

d) Elastische Lederkappe am oberen Ende des Stempels, von der Spitze desselben (e) etwas überragt.

g) Reservekappe.

h) Reservering für den an der Montur des Lanzenrohrs *f* befindlichen (zum luftdichten Anschluss an den Glascylinder).

i) Ein Bündel Silberdrähte zum Reinigen des Lanzenrohrs.

    (Die Stücke *g — i* sind nebst der Spritze in der zu letzterer gehörigen Messinghülse untergebracht).

Gedruckt bei Julius Sittenfeld in Berlin.

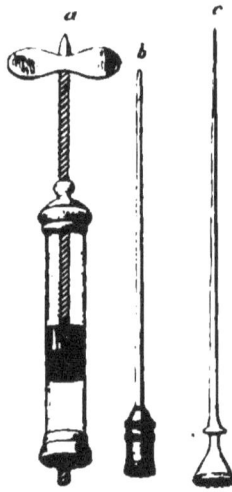

*Fig. 1.*

*Fig. 3.*